应用型人才培养"十三五"规划教材

混凝土结构施工构造 与 BIM 建模

（附混凝土结构施工图与BIM建模指导）

张宪江　主编

穆静波　主审

化学工业出版社

·北京·

本书依据最新《混凝土结构施工图平面整体表示方法制图规则和构造详图》（16G101）、《混凝土结构施工钢筋排布规则与构造详图》（12G901）、《G101系列图集施工常见问题答疑图解》（13G101）等系列图集及《混凝土结构设计规范》（2015年版）（GB 50010—2010）与《混凝土结构工程施工规范》（GB 50666—2011），基于BIM技术，结合实际工程案例，以职业核心能力培养为目标，主要内容涵盖了混凝土结构的基础、柱、墙、梁、板、楼梯等全部构件的施工图识读、施工构造与BIM建模及钢筋翻样技术。本书主要内容经过工程专家和一线施工技术人员审议，强化工程实践能力的培养，具有较强的实用性与可操作性。

　　本书主要适用于应用型高等院校建筑工程类专业的课程教学，也可供设计、施工、监理等单位从事建筑工程技术工作的人员参考。

图书在版编目（CIP）数据

混凝土结构施工构造与 BIM 建模/张宪江主编. —北京：化学工业出版社，2017.5
应用型人才培养"十三五"规划教材
ISBN 978-7-122-29340-4

Ⅰ.①混… Ⅱ.①张… Ⅲ.①混凝土结构-混凝土施工-高等职业教育-教材②建筑设计-计算机辅助设计-应用软件-高等职业教育-教材 Ⅳ.①TU755②TU201.4

中国版本图书馆 CIP 数据核字（2017）第 060977 号

责任编辑：李仙华　　　　　　　　　　　文字编辑：汲永臻
责任校对：宋　玮　　　　　　　　　　　装帧设计：关　飞

出版发行：化学工业出版社（北京市东城区青年湖南街13号　邮政编码100011）
印　　装：中煤（北京）印务有限公司
787mm×1092mm　1/16　印张18¼　字数467千字　2017年11月北京第1版第1次印刷

购书咨询：010-64518888（传真：010-64519686）　售后服务：010-64518899
网　　址：http://www.cip.com.cn
凡购买本书，如有缺损质量问题，本社销售中心负责调换。

定　　价：59.80元　　　　　　　　　　　　　版权所有　违者必究

前言

应用型人才培养必须以能力培养为目标，以岗位能力分析为基础，以最新规范为依据，以典型工程为主线，以教学内容的实用性为突破口，以教学手段的革新为载体。

混凝土结构是目前建筑工程中应用最为广泛的一种结构类型，掌握其施工技术是施工人员最为基本与核心的能力。按照结构施工图进行施工，必须全面、深刻理解钢筋混凝土结构平法施工图、施工构造与施工工艺。BIM（Building Information Modeling）技术作为一种全新的建筑行业生产力革命性技术，被国内外众多工程师们认为是继CAD技术后建筑行业的第二次革命性技术。将BIM技术引入混凝土结构课程教学是培养职业核心能力的一条有效的途径。

本书依据最新《混凝土结构施工图平面整体表示方法制图规则和构造详图》（16G101）、《混凝土结构施工钢筋排布规则与构造详图》（12G901）、《G101系列图集施工常见问题答疑图解》（13G101）等系列图集及《混凝土结构设计规范》（2015年版）(GB 50010—2010)与《混凝土结构工程施工规范》(GB 50666—2011)，基于BIM技术，结合实际工程案例，将钢筋混凝土结构信息3D多维度动态展示，提高学习兴趣，有效地培养施工图识读能力、结构构造处理能力、BIM建模能力、钢筋翻样能力等职业核心能力，实现"以就业为导向，以岗位能力培养为核心"的教育基本目标。

本书主要内容经过工程专家和一线施工技术人员审议，与实际工程施工技术无缝对接。内容组织采用单元模块＋学习项目＋工作任务的体系，涵盖了混凝土结构的基础、柱、墙、梁、板、楼梯等全部构件的施工图识读、施工构造与BIM建模及钢筋翻样技术，强化工程实践能力的培养。**本书配套有基础知识链接二维码、《混凝土结构施工图与BIM建模指导》及BIM数字化模型。**

本书由张宪江担任主编；李文川参编了模块一、模块四；朱磊对工程图纸进行了校订，谢恩普参与了BIM建模工作。北京建筑大学穆静波教授对本书进行了审阅，本书编写过程中得到了化学工业出版社、浙江侨兴建设集团有限公司及有关专家和学者的热情帮助，在此一并表示感谢。

本书是对混凝土结构课程内容、教学手段改革的尝试与探索，能对应用型教育改革有所裨益为编者所盼。由于编者水平有限，虽尽心尽力、反复推敲，仍不免存在疏漏或不妥之处，恳请读者与同行专家批评指正。

编者

2017年4月

目录

资源目录

序号	名　　称	页码
二维码 1	钢筋混凝土组成材料的技术要求	2
二维码 2	结构抗震基本知识	7
二维码 3	混凝土结构的环境类别	9
二维码 4	钢筋连接接头技术要求	15
二维码 5	基础及柱下独立基础配筋及施工图表达方式	15
二维码 6	钢筋混凝土柱配筋及施工图表达方式	19
二维码 7	钢筋混凝土梁配筋及施工图表达方式	27
二维码 8	板式楼梯配筋及施工图表达方式	48
二维码 9	现浇板配筋及施工图表达方式	64
二维码 10	剪力墙施工图平法表达方式	111
二维码 11	钢筋软件 G101.CAC 钢筋翻样示例	176
二维码 12	××××经济适用住房结构施工图	建模指导 28

模块一
熟悉钢筋混凝土结构

导入 钢筋混凝土结构是目前建筑工程中应用最为广泛的一种结构类型，故掌握钢筋混凝土结构施工技术是施工技术人员最为基本与核心的能力。按照结构施工图进行施工，必须熟悉钢筋混凝土结构基本受力性能、混凝土结构平法施工图表达与混凝土结构施工构造，才能够保证混凝土结构施工质量。

项目1 了解钢筋混凝土结构基本概念

任何建筑物都是由许许多多的构件和配件组成的，如梁、板、墙、柱和基础等，它们是建筑物的主要承重构件。这些构件相互支撑，连成整体，构成了房屋的承重系统。房屋的承重系统称为建筑结构，简称结构，组成这个系统的各个构件称为结构构件。

任务1 了解混凝土结构分类

主要以混凝土为主制成的结构称为混凝土结构。混凝土结构包含以下几种类型：

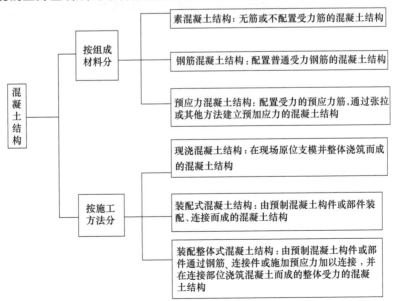

目前，建筑工程中广泛采用的是现浇钢筋混凝土结构（若未加特别指明，本书中所说的混凝土结构均指现浇钢筋混凝土结构）。混凝土结构基本构件见图1.1.1，其中钢筋混凝土梁（以下简称梁）在结构中主要受弯、受剪、受扭；钢筋混凝土柱（以下简称柱）在结构中主要受压、受弯；钢筋混凝土板（以下简称板）在结构中主要受弯；钢筋混凝土剪力墙（以下简称剪力墙）在结构中主要受剪、受压；钢筋混凝土基础（以下简称基础）在结构中主要受压、受弯、抗冲切。

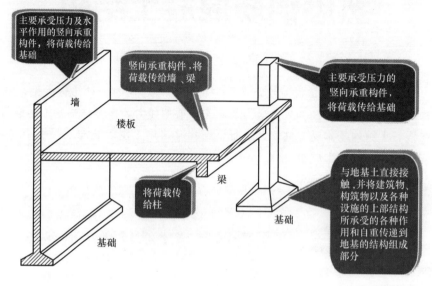

图1.1.1 混凝土结构构件

 组成钢筋混凝土结构的混凝土和钢筋有哪些技术要求？
如不熟悉，请扫描右侧二维码了解一下吧！

任务2 了解混凝土结构体系

为了便于分析结构内力，从而进行配筋设计，根据受力和构造特点不同，将混凝土结构划分为框架结构、剪力墙结构、框架-剪力墙结构、部分框支剪力墙结构、筒体结构、板柱结构、单层厂房结构等几种结构体系。

一、框架结构

由梁、柱和板为主要构件组成的承受竖向和水平作用的结构称为框架结构（见图1.1.2），它是多层房屋的常用结构形式。

特·别·提·示

框架结构体系的最大特点是承重结构和围护、分隔构件完全分开，墙只起围护、分隔作用。框架结构在水平作用下表现出抗侧移刚度小、水平位移大的特点，属于柔性结构，故随着房屋层数的增加，水平作用逐渐增大，因此会由于侧移过大而不能满足使用要求，或形成肥梁胖柱的不经济结构。

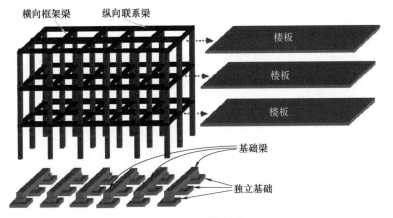

图 1.1.2　框架结构

二、剪力墙结构

利用钢筋混凝土剪力墙作为竖向承重及抗侧力构件的结构称为剪力墙结构（见图 1.1.3）。所谓剪力墙，实质上是固结于基础的钢筋混凝土墙片，具有很高的抗侧移能力。因其既承担竖向荷载，又承担水平作用产生的剪力，故名剪力墙。

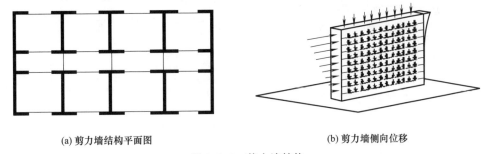

(a) 剪力墙结构平面图　　　　　　　　　　　　(b) 剪力墙侧向位移

图 1.1.3　剪力墙结构

三、框架-剪力墙结构

为了弥补框架结构中随房屋层数增加，水平作用迅速增大而侧向刚度不足的缺点，可在框架结构中设置部分钢筋混凝土剪力墙，形成框架和剪力墙共同承受竖向和水平作用的体系，即框架-剪力墙结构，简称框-剪结构，如图 1.1.4 所示。剪力墙可以是单片墙体，也可以是电梯井、楼梯井、管道井组成的封闭式井筒。

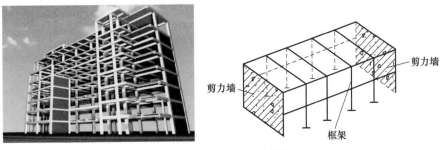

图 1.1.4　框架-剪力墙结构

　　框-剪结构的侧向刚度比框架结构大，大部分水平作用由剪力墙承担，而竖向荷载主要由框架承受。同时由于它只在部分位置上有剪力墙，保持了框架结构易于分割空间、立面易于变化等优点。此外，这种体系的抗震性能也较好。所以，框-剪体系在多层及高层办公楼、住宅等建筑中得到了广泛应用。

四、部分框支剪力墙结构

　　当剪力墙结构的底部要求有较大空间时，可将底部一层或几层部分剪力墙设计为框支剪力墙（剪力墙不落地），形成部分框支剪力墙结构，如图 1.1.5 所示。部分框支剪力墙结构属竖向不规则结构，上下层不同结构的内力和变形通过转换层传递，抗震性能较差，烈度为 9 度的地区不应采用。

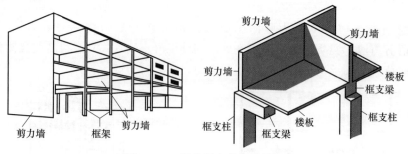

图 1.1.5　部分框支剪力墙结构

五、简体结构

　　以简体为主组成的承受竖向和水平作用的结构称为简体结构，如图 1.1.6 所示。所谓简体，是指由若干片剪力墙围合而成的封闭井筒式结构，其受力类似于固结于基础上的筒形悬臂构件。

　　根据房屋高度及其所受水平作用的不同，简体结构可以布置成框架核心筒结构、筒中筒结构等结构形式。简体结构多用于高层或超高层公共建筑中，如饭店、银行、通信大楼等。

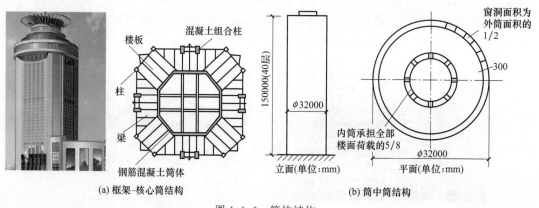

图 1.1.6　简体结构

六、板柱-剪力墙结构

板柱-剪力墙结构是由无梁楼盖与柱组成的板柱框架与剪力墙共同承受竖向和水平作用的结构（见图 1.1.7）。板柱-剪力墙结构形式在地下工程中广泛应用。

板柱框架是由楼板和柱组成承重体系的房屋结构，也称无梁楼盖体系（见图 1.1.18）。它的特点是室内楼板下没有梁，空间通畅简洁，平面布置灵活，能降低建筑物层高。

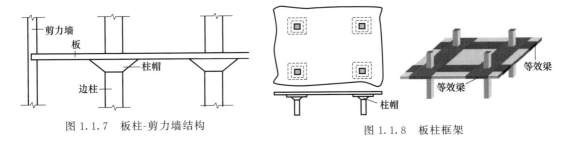

图 1.1.7　板柱-剪力墙结构　　　　图 1.1.8　板柱框架

七、单层厂房结构

单层厂房结构是由屋面横梁（屋架或屋面大梁）和柱及基础组成，主要用于单层工业厂房，如图 1.1.9（a）所示。设计分析时，一般假定屋面横梁与柱的顶端铰接，柱的下端与基础顶面固结，形成铰接排架，如图 1.1.9（b）所示。

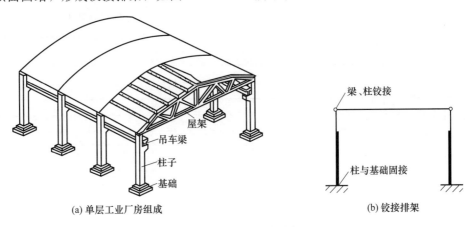

(a) 单层工业厂房组成　　　　　　　(b) 铰接排架

图 1.1.9　单层厂房结构

项目 2　**熟悉钢筋锚固长度与混凝土保护层厚度**

任务 1　熟悉钢筋锚固长度

思考　钢筋与混凝土的材料性能相差很大，为什么能够共同受力、协调变形呢？

受力钢筋依靠其表面与混凝土的黏结作用或端部构造的挤压作用而达到设计承受应力所需的长度称为钢筋的锚固长度。只有钢筋有足够的锚固长度，才能积累足够的黏结力，从而实现钢筋与混凝土的共同受力、协调变形；如锚固失效，则结构将丧失承载能力并由此导致结构破坏。《混凝土结构施工图平面整体表示方法制图规则和构造详图（现浇混凝土框架、剪力墙、梁、板)》(16G101-1)中关于受拉钢筋的基本锚固长度 l_{ab} 及根据锚固条件修正后的实际锚固长度 l_a 规定见表1.2.1与表1.2.2；抗震设计时受拉钢筋的基本锚固长度 l_{abE} 及根据锚固条件修正后的实际抗震锚固长度 l_{aE} 规定见表1.2.3与表1.2.4。

表 1.2.1　受拉钢筋的基本锚固长度 l_{ab}　　　　　　　　单位：mm

钢筋种类	混凝土强度等级								
	C20	C25	C30	C35	C40	C45	C50	C55	≥C60
HPB300	$39d$	$34d$	$30d$	$28d$	$25d$	$24d$	$23d$	$22d$	$21d$
HRB335、HRBF335	$38d$	$33d$	$29d$	$27d$	$25d$	$23d$	$22d$	$21d$	$21d$
HRB400、HRBF400、RRB400	—	$40d$	$35d$	$32d$	$29d$	$28d$	$27d$	$26d$	$25d$
HRB500、HRBF500	—	$48d$	$43d$	$39d$	$36d$	$34d$	$32d$	$31d$	$30d$

表 1.2.2　受拉钢筋的锚固长度 l_a　　　　　　　　单位：mm

钢筋种类	混凝土强度等级																	
	C20		C25		C30		C35		C40		C45		C50		C55		≥C60	
	$d{\leqslant}25$	$d{>}25$	$d{\leqslant}25$	$d{>}25$	$d{\leqslant}25$	$d{>}25$	$d{\leqslant}25$	$d{>}25$	$d{\leqslant}25$	$d{>}25$	$d{\leqslant}25$	$d{>}25$	$d{\leqslant}25$	$d{>}25$	$d{\leqslant}25$	$d{>}25$	$d{\leqslant}25$	$d{>}25$
HPB300	$39d$	—	$34d$	—	$30d$	—	$28d$	—	$25d$	—	$24d$	—	$23d$	—	$22d$	—	$21d$	—
HRB335 HRBF335	$38d$	$42d$	$33d$	$36d$	$29d$	$32d$	$27d$	$30d$	$25d$	$28d$	$23d$	$25d$	$22d$	$24d$	$21d$	$23d$	$21d$	$23d$
HRB400 HRBF400	—	—	$40d$	$44d$	$35d$	$39d$	$32d$	$35d$	$29d$	$32d$	$28d$	$31d$	$27d$	$30d$	$26d$	$29d$	$25d$	$28d$
HRB500 HRBF500	—	—	$48d$	$53d$	$43d$	$47d$	$39d$	$43d$	$36d$	$40d$	$34d$	$37d$	$32d$	$35d$	$31d$	$34d$	$30d$	$33d$

表 1.2.3　抗震设计时受拉钢筋基本锚固长度 l_{abE}　　　　　　　　单位：mm

钢筋种类	抗震等级	混凝土强度等级								
		C20	C25	C30	C35	C40	C45	C50	C55	≥C60
HPB300	一、二级	$45d$	$39d$	$35d$	$32d$	$29d$	$28d$	$26d$	$25d$	$24d$
	三级	$41d$	$36d$	$32d$	$29d$	$26d$	$25d$	$24d$	$23d$	$22d$
HRB335 HRBF335	一、二级	$44d$	$38d$	$33d$	$31d$	$29d$	$26d$	$25d$	$24d$	$24d$
	三级	$40d$	$35d$	$31d$	$28d$	$26d$	$24d$	$23d$	$22d$	$22d$
HRB400 HRBF400	一、二级	—	$46d$	$40d$	$37d$	$33d$	$32d$	$31d$	$30d$	$29d$
	三级	—	$42d$	$37d$	$34d$	$30d$	$29d$	$28d$	$27d$	$26d$
HRB500 HRBF500	一、二级	—	$55d$	$49d$	$45d$	$41d$	$39d$	$37d$	$36d$	$35d$
	三级	—	$50d$	$45d$	$41d$	$38d$	$36d$	$34d$	$33d$	$32d$

注：四级抗震时，$l_{abE}=l_{ab}$。

表 1.2.4　受拉钢筋的抗震锚固长度 l_{aE}　　　　　　　　单位：mm

钢筋种类	抗震等级	C20		C25		C30		C35		C40		C45		C50		C55		≥C60	
		$d{\leqslant}25$	$d{>}25$	$d{\leqslant}25$	$d{>}25$	$d{\leqslant}25$	$d{>}25$	$d{\leqslant}25$	$d{>}25$	$d{\leqslant}25$	$d{>}25$	$d{\leqslant}25$	$d{>}25$	$d{\leqslant}25$	$d{>}25$	$d{\leqslant}25$	$d{>}25$	$d{\leqslant}25$	$d{>}25$
HPB300	一、二级	$45d$	—	$39d$	—	$35d$	—	$32d$	—	$29d$	—	$28d$	—	$26d$	—	$25d$	—	$24d$	—
	三级	$41d$	—	$36d$	—	$32d$	—	$29d$	—	$26d$	—	$25d$	—	$24d$	—	$23d$	—	$22d$	—
HRB335 HRBF335	一、二级	$44d$	$48d$	$38d$	$41d$	$33d$	$37d$	$31d$	$35d$	$29d$	$32d$	$26d$	$29d$	$25d$	$28d$	$24d$	$26d$	$24d$	$26d$
	三级	$40d$	$44d$	$35d$	$38d$	$30d$	$34d$	$28d$	$32d$	$26d$	$29d$	$24d$	$26d$	$23d$	$25d$	$22d$	$24d$	$22d$	$24d$

钢筋种类	抗震等级	混凝土强度等级																
		C20		C25		C30		C35		C40		C45		C50		C55		≥C60
		$d{\leq}25d$	$>25d$	$\leq25d$	$>25d$	$\leq25d$	$>25d$	$\leq25d$	$>25d$	$\leq25d$	$>25d$	$\leq25d$	$>25d$	$\leq25d$	$>25d$	$\leq25d$	$>25d$	$\leq25d$	>25
HRB400 HRBF400	一、二级	—	—	46d	51d	40d	45d	37d	40d	33d	37d	32d	36d	31d	35d	30d	33d	29d	32d
	三级	—	—	42d	46d	37d	41d	34d	37d	30d	34d	29d	33d	28d	32d	27d	30d	26d	29d
HRB500 HRBF500	一、二级	—	—	55d	61d	49d	54d	45d	49d	41d	46d	39d	43d	37d	40d	36d	39d	35d	38d
	三级	—	—	50d	56d	45d	49d	41d	45d	38d	42d	36d	39d	34d	37d	33d	36d	32d	35d

结构抗震等级是如何划分的？

如不熟悉，请扫描右侧二维码了解一下吧！

为保证钢筋和混凝土之间的黏结力，防止钢筋在受拉时滑动，可采用钢筋末端弯钩（图 1.2.1）（对于 HPB300 级钢筋，由于表面光滑，锚固强度低，故作为主受力筋时末端应做 180°弯钩，但作受压钢筋时可不做弯钩），或者采用机械锚固措施（见图 1.2.2）。

混凝土结构中的纵向受压钢筋，当计算中充分利用其抗压强度时，锚固长度不应小于相应受拉锚固长度的 70%。

(a) 末端90°弯折　　　(b) 末端带135°弯钩　　　(c) 光圆钢筋末端180°弯钩

注：钢筋弯折 90°的弯弧内直径 D 应符合下列规定。

1. 光圆钢筋，不应小于钢筋直径的 2.5 倍。

2. 335MPa 级、400MPa 级带肋钢筋，不应小于钢筋直径的 4 倍。

3. 500MPa 级带肋钢筋，当直径 $d{\leq}25$ 时，不应小于钢筋直径的 6 倍；当直径 $d{>}25$ 时，不应小于钢筋直径的 7 倍。

4. 位于框架结构顶层端节点处的梁上部纵向钢筋和柱外侧纵向钢筋，在节点角部弯折处，当钢筋直径 $d{\leq}25$ 时，不应小于钢筋直径的 12 倍；当直径 $d{>}25$ 时，不应小于钢筋直径的 16 倍。

5. 箍筋弯折处尚不应小于纵向受力钢筋直径；箍筋弯折处纵向受力钢筋为搭接或并筋时，应按钢筋实际排布情况确定箍筋弯弧内直径。

图 1.2.1　弯钩锚固的形式和技术要求

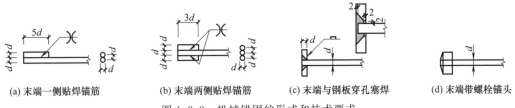

(a) 末端一侧贴焊锚筋　　　(b) 末端两侧贴焊锚筋　　　(c) 末端与钢板穿孔塞焊　　　(d) 末端带螺栓锚头

图 1.2.2　机械锚固的形式和技术要求

任务 2   熟悉混凝土保护层厚度

为了保护钢筋（防腐、防火）及保证钢筋与混凝土之间的黏结力，混凝土构件中，最外层钢筋（箍筋、构造筋、分布筋）外边缘至混凝土表面之间需有一定厚度的混凝土层，称为混凝土保护层，这一保护层的厚度称为混凝土保护层厚度 c（见图 1.2.3，图中 c_{min} 为混凝土保护层最小厚度，见表 1.2.5）。

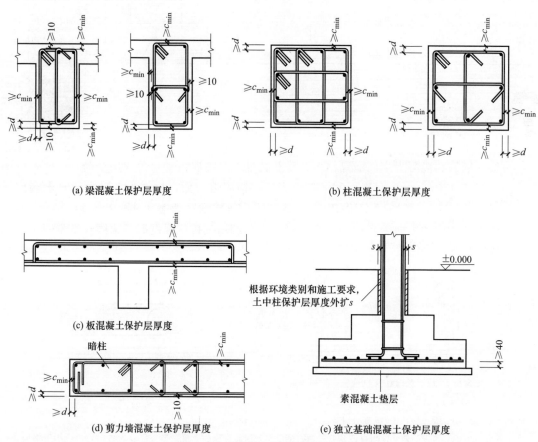

图 1.2.3   混凝土保护层厚度示意图

设计使用年限为 50 年的混凝土结构，其混凝土保护层最小厚度 c_{min} 见表 1.2.5。

表 1.2.5   混凝土保护层的最小厚度
单位：mm

环境类别	板、墙		梁、柱		基础梁（顶面和侧面）		独立基础、条形基础、筏形基础（顶面和侧面）	
	≤C25	≥C30	≤C25	≥C30	≤C25	≥C30	≤C25	≥C30
一	20	15	25	20	25	20	—	—
二 a	25	20	30	25	30	25	25	20
二 b	30	25	40	35	40	35	30	25
三 a	35	30	45	40	45	40	35	30
三 b	45	40	55	50	55	50	45	40

注：钢筋混凝土基础宜设置混凝土垫层，基础底部钢筋的混凝土保护层厚度应从垫层顶面算起，且不应小于 40mm；无垫层时，不应小于 70mm。

结构所处环境类别是如何划分的？
如不熟悉，请扫描右侧二维码了解一下吧！

项目3　熟悉混凝土结构施工图的组成与表示方法

任务1　熟悉混凝土结构施工图组成

结构施工图是建筑工程图的重要组成部分，是在建筑专业施工图给出的框架之内，对建筑的结构体系、结构构件进行详细规划和设计的专业图纸。是主体结构施工放线、基槽开挖、绑扎钢筋、支设模板、浇筑混凝土以及计算工程造价、编制施工组织设计的依据。结构施工图用"结施"或"JS"进行分类。

结构施工图的基本内容包括图纸和文字资料两个部分：第一部分是图纸，包括结构布置图和构件详图；第二部分是文字资料，包括结构设计说明和结构计算书（只作为设计单位内部审核资料，不提供给施工单位）。

一、结构设计说明

结构设计说明是结构施工图的综合性文件，它要结合现行规范的要求，针对建筑工程结构的通用性与特殊性，将结构设计的依据、选用的结构材料、选用的标准图和对施工的特殊要求等，用文字及表格的表述方式形成的设计文件。它一般要包括以下的内容。

（1）工程概况：如建设地点、抗震设防烈度、结构抗震等级、荷载等级、结构形式等。

（2）材料的情况：如混凝土的强度等级、钢筋的级别以及砌体结构中块材和砌筑砂浆的强度等级等。

（3）结构的构造要求：如混凝土保护层厚度、钢筋的锚固、钢筋的接头要求等。

（4）地基基础的情况：如地质（包括土质类别、地下水位、土壤冻深等）情况、不良地基的处理方法和要求、对地基持力层的要求、基础的形式、地基承载力特征值或桩基的单桩承载力特征值、试桩要求、沉降观测要求以及地基基础的施工要求等。

（5）施工要求：如对施工顺序、方法、质量标准的要求及与其他工种配合施工方面的要求等。

（6）选用的构件标准图集。

二、结构平面布置图

结构平面布置图主要包括以下内容。

（1）基础平面图：主要表示基础平面布置及定位关系。如果采用桩基础，还应标明桩位；当建筑内部设有大型设备时，还应有设备基础布置图。

（2）楼层结构平面布置图：主要表示各楼层的结构平面布置情况，包括柱、梁、板、墙、楼梯、雨篷等构件的尺寸和编号等。

（3）屋顶结构平面布置图：主要表示屋盖系统的结构平面布置情况。

三、结构详图

结构详图包括：梁、板、柱及基础详图，楼梯详图以及其他构件详图等。

施工图是建筑生产过程中最重要、最基本的技术文件，所有的施工过程都是在设计图纸的框架之内展开的。图纸是在建筑成为实物之前借助线条、图形、数字、文字等载体对建筑的全部技术信息进行描述的工程语言，并对建筑的整体具有权威的控制作用。由于施工图中大量的技术信息是用相对抽象的线条、图例和符号传递的，专业化程度较高，往往不能被基层的技能与劳务型的人员所认知。建筑施工企业的技术及管理人员担负着准确领会、全面掌握施工图传递的所有工程语言的责任，根据图纸的要求把图纸传递的工程语言演化成为操作层人员能够理解的行动命令。因此，熟练掌握识读图纸的能力，是从事建筑工程技术与管理工作的最起码的业务素质，也是能够与参与建筑生产工作的其他技术人员对话的基本"语言能力"。

一般情况下，一套完整的建筑工程设计图是由建筑专业、结构专业、设备专业（给排水、电气、供暖通风等）等专业的图纸构成的。拿到一套施工图时，一般的识读方法是：先粗看后细看，先整体后局部、细部；先建筑、后结构、再设备，相互对照发现问题、记录问题。

建筑施工图部分是整个工程施工图的龙头部分，它反映了整个建筑物的形状、大小、功能及立面造型等，应首先熟悉建筑施工图，在脑海中形成建筑物的整体轮廓。建筑施工图由图纸目录、建筑总平面图、建筑总说明、建筑平面图、建筑立面图、建筑剖面图及建筑详图六大部分组成。

任务 2 熟悉混凝土结构施工图表示方法

目前，钢筋混凝土结构施工图的表现方式采用平面整体表示方法（以下简称"平法"）。所谓平法就是把结构构件尺寸和钢筋等，按照平面整体表示方法的制图规则，整体直接表达在各类构件的结构平面布置图上，再与标准构造详图相配合，构成一套完整的结构施工图的方法。钢筋混凝土结构平法施工图的识读方法及其施工构造要求，将在后续章节中结合实际工程案例、通过 BIM 技术详加介绍。

目前已出版发行的常用平法标准设计系列国标图集（图 1.3.1）较多，对于现浇钢筋混凝土结构而言，主要涉及有：

（1）国家建筑标准设计图集 16G101-1：《混凝土结构施工图平面整体表示方法制图规则和构造详图（现浇混凝土框架、剪力墙、梁、板）》（以下简称《16G101-1》）；

（2）国家建筑标准设计图集 16G101-2：《混凝土结构施工图平面整体表示方法制图规则和构造详图（现浇混凝土板式楼梯）》（以下简称《16G101-2》）；

（3）国家建筑标准设计图集 16G101-3：《混凝土结构施工图平面整体表示方法制图规则和构造详图（独立基础、条形基础、筏形基础及桩基承台）》（以下简称《16G101-3》）。

图 1.3.1 《16G101》与《12G901》系列图集

　　另外，还出版了与平法图集配套使用的系列图集，实现结构设计与施工构造的有机结合，为施工人员进行钢筋排布和下料提供技术依据。主要有：

　　（1）国家建筑标准设计图集 12G901-1：《混凝土结构施工钢筋排布规则与构造详图（现浇混凝土框架，剪力墙、梁、板）》（以下简称《12G901-1》）。此图集是对 16G101-1 钢筋排布的细化和延伸，可配合 16G101-1 解决施工中现浇混凝土框架、剪力墙、梁、板的筋翻样计算和现场安装绑扎。

（2）国家建筑标准设计图集 12G901-2：《混凝土结构施工钢筋排布规则与构造详图（现浇混凝土板式楼梯）》（以下简称《12G901-2》）。此图集是对 16G101-2 钢筋排布的细化和延伸，可配合 16G101-2 解决施工中现浇混凝土板式楼梯的钢筋翻样计算和现场安装绑扎。

（3）国家建筑标准设计图集 12G901-3：《混凝土结构施工钢筋排布规则与构造详图（独立基础、条形基础、筏形基础、桩基承台）》（以下简称《12G901-3》）。此图集是对 16G101-3 钢筋排布的细化和延伸，配合 16G101-3 解决施工中独立基础、条形基础、筏形基础及桩基承台的钢筋翻样计算和现场安装绑扎。

（4）国家建筑标准设计图集 13G101-11：《G101 系列图集施工常见问题答疑图解》（以下简称《13G101-11》）。此图集针对 G101 系列图集在使用中反馈的问题进行汇总、整理、分析，并将常见问题按国家现行标准、规范和规程及较为成熟的经验给出构造做法，解决工程中遇到的疑惑，避免因错误做法而造成返工。

（5）国家建筑标准设计图集 11G902-1：《G101 系列图集施工常用构造三维节点详图（框架结构、剪力墙结构、框架-剪力墙结构）》（以下简称《11G902-1》）。此图集用于指导施工人员进行钢筋施工排布设计、钢筋翻样计算和现场安装绑扎，确保施工时钢筋排布规范有序，使实际施工构造满足规范规定和设计要求。

《13G101-11》与《11G902-1》见图 1.3.2。

图 1.3.2　《13G101-11》与《11G902-1》

特·别·说·明

《12G901》系列图集对应《11G101》系列图集，明确其中的钢筋排布与构造。目前，《16G101》系列图集已替代《11G101》系列图集，但与之对应的钢筋排布与构造详图图集尚未发布。本书内容主要依据《16G101》系列图集、参照《12G901》系列图集编写。

模块二
框架结构施工构造
与BIM建模实例

导入 结构施工图主要表示构件截面尺寸大小及钢筋配筋信息，并按混凝土结构施工图平面整体表示方法制图规则绘制，而有关钢筋的构造做法，如钢筋锚固、截断位置、连接位置等，则要按混凝土结构施工钢筋构造详图的规定施工。因此，要全面、正确地理解图纸并付诸实践，必须把图纸和施工构造很好地结合。数字看图纸，施工按构造，两者缺一不可。

项目1　熟悉建筑施工图

特别提示

在进行混凝土结构平法施工图识读前，首先应熟悉建筑施工图，了解整个建筑物的形状、大小、功能及立面造型等，在脑海中形成建筑物的整体轮廓。

任务　阅读建筑施工图

请认真阅读"××××电缆生产基地办公综合楼"建筑施工图（见本书配套《钢筋混凝土结构施工图与BIM建模指导》附录一1.1），并回答如下问题：

（1）拟建建筑物用途为_____，设计合理使用年限为_____年。拟建建筑物朝向为_____。

（2）拟建建筑物总建筑面积为_____ m²，地上共_____层，建筑高度_____m，其中一层层高为_____m，二至三层层高均为_____m。建筑基底长_____m，宽_____m。

（3）本工程±0.000相当于绝对标高_____。建筑出入口处的室内外高差为_____mm。

（4）本工程有_____个出入口，出入口设置_____雨篷，主入口汽车坡道位于_____侧，无障碍坡道位于_____侧。三层较二层收进_____m。

（5）本工程楼梯间布置于_____～_____轴与_____～_____之间；卫生间布置于

_____～_____轴与_____～_____之间，卫生间楼（地）面低于建筑标高_____ mm，前室和开水间楼（地）面低于建筑标高_____ mm；中庭位于_____～_____轴与_____～_____之间，中庭净高约为_____ m。

（6）卫生间周边墙体下部浇筑_____ mm 高 C20 混凝土挡槛。为防止裂缝，混凝土反槛顶部设纵筋_____，箍筋_____与楼面梁顶部纵筋拉接。

（7）本工程屋面形式为_____（平屋面或坡屋面），屋面女儿墙顶标高为_____ m。

项目 2   识读结构设计总说明

任务   阅读结构设计总说明

请认真阅读"××××电缆生产基地办公综合楼"结构设计总说明（结施 1/13、2/13）（见本书配套《钢筋混凝土结构施工图与 BIM 建模指导》附录一 1.2，以下不再一一说明），并回答如下问题：

（1）本工程抗震措施按抗震设防烈度_____度采用，抗震设防类别为_____，建筑结构安全等级为_____级。

（2）本工程为_____结构，结构高度为_____ m。采用_____基础，框架抗震等级为_____级。

（3）本工程框架梁、现浇板的混凝土强度等级为_____；框架柱的混凝土强度等级为_____；构造柱、现浇过梁的混凝土强度等级为_____。

（4）室内地坪以下及卫生间、露天构件混凝土构件环境类别为_____类，其余为_____类。混凝土板钢筋的保护层厚度为_____ mm；±0.000 以上混凝土梁钢筋的保护层厚度 c 为_____ mm，±0.000 以下混凝土梁钢筋的保护层厚度 c 为_____ mm；±0.000 以上混凝土柱钢筋的保护层厚度 c 为_____ mm，±0.000 以下混凝土柱钢筋的保护层厚度 c 为_____ mm。

（5）框架梁、框架柱主筋宜采用_____接头；梁、柱箍筋除单肢箍外，其余采用_____形式，并做成_____度弯钩，弯钩长度为_____ d（d 为箍筋直径）。

（6）本工程钢筋混凝土结构施工构造主要依据的图集为_____和_____。

（7）本工程 HRB400 级纵向钢筋的锚固长度 l_{abE} 为_____ d（d 为纵筋直径），且锚固长度 l_{abE} 的最小值为_____ mm。

（8）柱纵筋在基础内应设置纵筋的稳定箍筋_____道。

（9）板的底部钢筋伸入支座长度应_____ d（d 为板筋直径），且不小于_____ mm 及伸入到支座中心线。板的上部钢筋伸入板内的长度应自_____起算。

（10）双向板的底部钢筋，_____钢筋置于下排，_____钢筋置于上排。除图中注明外，板厚为 100mm 的板内分布钢筋采用_____，板厚为 120mm 的板内分布钢筋采用_____，板厚为 150mm 的板内分布钢筋采用_____。

（11）梁内第一根箍筋距柱边或梁边_____ mm 起。主梁与次梁结点处，_____箍筋应贯通布置，主梁上附加箍筋的肢数、直径同_____箍筋，间距_____ mm。主次梁高度相同时，次梁的下部纵向钢筋应置于主梁下部纵向钢筋之_____（上或下）。

（12）梁的纵向钢筋需要设置接头时，底部钢筋应在距支座_____跨度范围内接头，上部钢筋应在跨中_____跨度范围内接头。同一接头范围内的接头数量不应超过总钢筋数量的_____%。

（13）构造柱施工时应留出相应插筋。当构造柱边长不大于 240mm 时，插筋一般为_____，且自地面或楼面伸出_____ mm。

（14）本工程结构施工图设计所注标高均为建筑标高，施工应扣除建筑面层_____ mm（屋面层除外）。

钢筋连接接头应符合哪些技术要求？
如不熟悉，请扫描右侧二维码了解一下吧！

项目 3　基础施工图及其施工构造

任务 1　阅读基础平面布置图

请认真阅读"××××电缆生产基地办公综合楼"基础平面布置图（结施 3/13），并回答如下问题：

（1）本建筑采用柱下独立基础，截面形式为_____形。持力层取_____层，基础底做_____ mm 厚 C15 素混凝土垫层，垫层顶标高为_____ m，垫层应超出基础各边缘_____ mm。

（2）基础底部设计标高为_____ m（基底高程为_____ m）。阶形基础有_____阶，每阶高度均为_____ mm，阶形基础有_____种，其编号和平面尺寸分别为_____。

（3）独立柱基的混凝土强度等级为_____，基础所处环境类别为_____类，基础主筋保护层厚为_____ mm，基础柱的混凝土保护层厚度为_____ mm。

（4）钢筋混凝土柱纵向受力钢筋在基础内的弯锚长度为_____ mm；DJ$_J$-4 主筋的长度可减短_____ mm，交错布置。

（5）请分别说明 DJ$_J$-1、DJ$_J$-4 与轴线的位置关系：_____
_____
_____。

柱下独立基础中配有哪些钢筋？施工图中如何表达？
如不熟悉，请扫描右侧二维码了解一下吧！

任务 2　基础施工构造与 BIM 建模

请利用 BIM 建模软件，对"××××电缆生产基地办公综合楼"基础（结施 3/13）进行 BIM 建模，掌握钢筋混凝土基础的施工构造要求。

> **特·别·提·示**
>
> 本书采用 TEKLA STRUCTURES 20.0 软件进行混凝土结构 BIM 建模，教学中也可采用 REVIT 等软件。若尚未学习 BIM 软件应用课程，建议先学习本书配套的《混凝土结构施工图与 BIM 建模指导》附录三　混凝土结构 BIM 建模（TEKLA STRUCTURES 20.0 软件）基本操作，初步掌握 BIM 建模软件的基本操作方法。

指导

（1）本工程柱下独立基础施工图采用平法截面注写方式中的列表注写表达方式（见《16G101-3》）。

（2）独立基础底板配筋排布应满足的构造要求见图 2.3.1、图 2.3.2。特别注意，独立基础底板双向交叉钢筋长向设置在下，短向设置在上。

（3）当独立基础底板边长≥2500mm 时，除外侧钢筋外，底板钢筋长度可取相应方向钢筋长度的 0.9 倍（见图 2.3.2）。

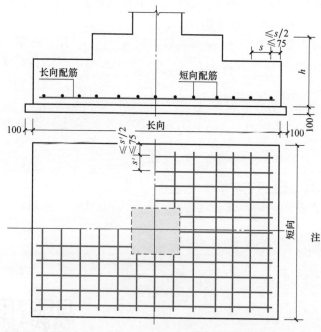

注：1.本图适用于普通独立基础和杯口独立基础，基础的截面形式为阶梯形截面 DJ_J、BJ_J 或坡形截面 DJ_P、BJ_P。
2.几何尺寸及配筋按具体结构设计和本图集构造规定。
3.独立基础底部双向交叉钢筋长向设置在下，短向设置在上，独立基础的长向为何向详见具体工程设计。

图 2.3.1　独立基础底板配筋排布构造（《12G901-3》2-1）

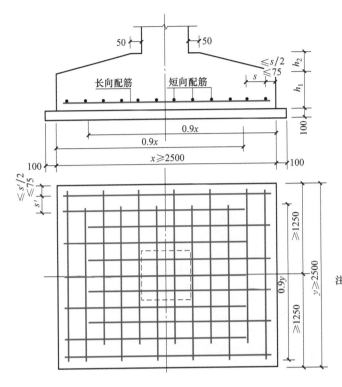

图 2.3.2　独立基础底板配筋长度减短 10％的钢筋排布构造 (《12G901-3》2-4)

注：1.当对称独立基础底板长度≥2500mm时，
　　　除外侧钢筋外，底板配筋长度可减短10%，
　　　缩短后的钢筋必须伸过阶形基础的第一台阶。
　　2.当非对称独立基础底板长度≥2500mm，
　　　但该基础某侧从柱中心至基础底板边缘
　　　的距离＜1250mm时，钢筋在该侧不应减短。
　　3.图中x向为长向，y向为短向。对称独立基
　　　础的长向为何向详见具体工程设计。

（4）请参照基础配筋施工构造示例及附录 BIM 建模指导，对本工程的基础进行 BIM 建模，并多维度动态观察所建基础 BIM 模型，理解基础施工图中表达的信息及施工构造要求。

示例 1：DJ~J~-1 配筋构造

基础 BIM 模型及基础编号见图 2.3.3。DJ~J~-1 配筋施工构造见图 2.3.4。

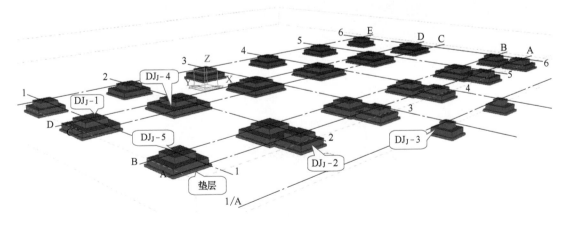

图 2.3.3　基础 BIM 模型

示例 2：DJ~J~-4 配筋构造

DJ~J~-4 配筋施工构造见图 2.3.5。

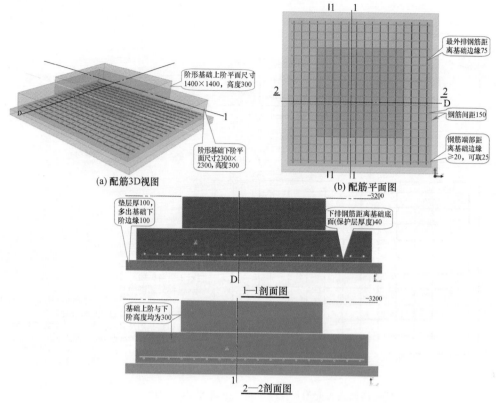

图 2.3.4 DJ_J-1 配筋构造

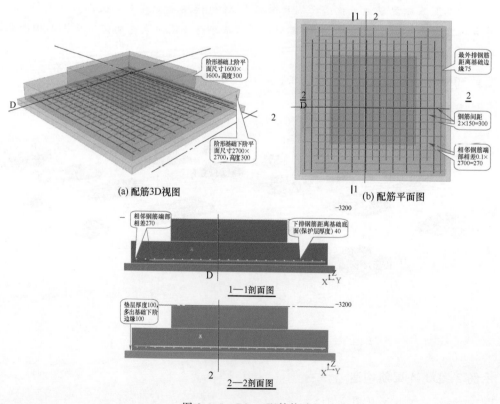

图 2.3.5 DJ_J-4 配筋构造

任务 1 阅读柱平面布置图（标高〈基顶～4.200〉柱平面图）

请认真阅读"××××电缆生产基地办公综合楼"标高＜基顶～4.200＞柱平面图（结施4/13），并回答如下问题：

（1）基础顶面标高为_____ m。KZ-1～KZ-4在基顶～－0.100之间混凝土强度等级为_____，保护层厚度为_____ mm。

（2）KZ-1在基顶～－0.100之间截面尺寸为_____，纵筋为_____（其中角部纵筋为_____），箍筋为_____；KZ 2在基顶～－0.100之间截面尺寸为_____，纵筋为_____（其中角部纵筋为_____），箍筋为_____；KZ-3在基顶～－0.100之间截面尺寸为_____，纵筋为_____（其中角部纵筋为_____），箍筋为_____；KZ-3在基顶～－0.100之间截面尺寸为_____，纵筋为_____（其中角部纵筋为_____），箍筋为_____。

（3）请分别说明KZ-1～KZ-4与轴线的位置关系：_____
_____
_____。

钢筋混凝土柱中配有哪些钢筋？施工图中如何表达？
如不熟悉，请扫描右侧二维码了解一下吧！

任务 2 标高基顶～－0.100柱施工构造与BIM建模

请利用BIM建模软件，对"××××电缆生产基地办公综合楼"基顶～－0.100柱（结施4/13）进行BIM建模，掌握基础段钢筋混凝土柱的施工构造要求。

指导

（1）目前，钢筋混凝土柱施工图一般采用平法表达形式（详见《16G101-1》），本工程框架柱施工图为非典型的平法截面注写方式，各柱截面详图采用列表形式集中表达。

（2）为方便施工，柱与基础连接处应设置插筋。柱插筋应伸至基础底部且支在基础底部钢筋网片上，并在基础高度范围内设置间距不大于500mm且不少于两道箍筋（见图2.4.1）。按照结构设计总说明第十条3.(3)，在基础内设置纵筋的稳定箍筋三道。按照结施3/13基础 A-A 剖面图设计要求，插筋水平弯折段长度为250mm。

室内地坪以下为二 a 类环境，混凝土保护层厚度 $c=25$ mm；室内地坪以上为一类环境，$c=20$ mm，为方便施工，基础段柱截面外扩5mm（即柱截面边长增加5mm）（图2.4.2），柱钢筋位置不变。

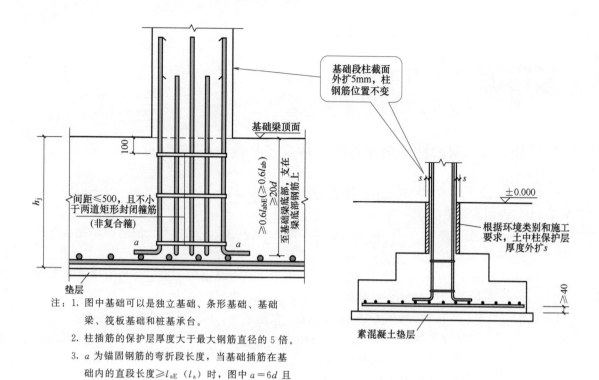

注：1. 图中基础可以是独立基础、条形基础、基础
梁、筏板基础和桩基承台。
2. 柱插筋的保护层厚度大于最大钢筋直径的 5 倍。
3. a 为锚固钢筋的弯折段长度，当基础插筋在基
础内的直段长度 $\geqslant l_{aE}$（l_a）时，图中 $a = 6d$ 且
$\geqslant 150mm$，其他情况 $a = 15d$。

图 2.4.1　柱插筋在基础中的排布构造
（《12G901-3》1-7）

图 2.4.2　基础柱混凝土保护层厚度
（《13G101-11》1-13）

重点说明 ▶▶▶

框架柱中的钢筋骨架一般有如下称谓（表 2.4.1）。

表 2.4.1　框架柱的钢筋骨架名称

钢筋种类	钢筋位置	钢筋名称
纵筋	基础层	柱插筋
	中间层	柱身纵筋
	顶层	柱顶层纵筋
箍筋	基础层	插筋范围箍筋
	柱根以上加密区	加密区箍筋
	柱根以上非加密区	非加密区箍筋

（3）本工程柱纵向钢筋接头采用焊接（电渣压力焊）连接，框架抗震等级为三级，所以
纵向钢筋连接区域应满足图 2.4.3 所示的构造要求。与之相应的箍筋分布区域应满足图
2.4.4 所示的构造要求。

（4）柱箍筋、拉筋弯钩构造应满足图 2.4.5 的要求。

（5）请参照 KZ 基础段配筋施工构造示例及附录 BIM 建模指导，对本工程的 KZ 基础段
进行 BIM 建模，并多维度动态观察所建柱 BIM 模型，理解钢筋混凝土柱施工图表达的信息
及施工构造要求。

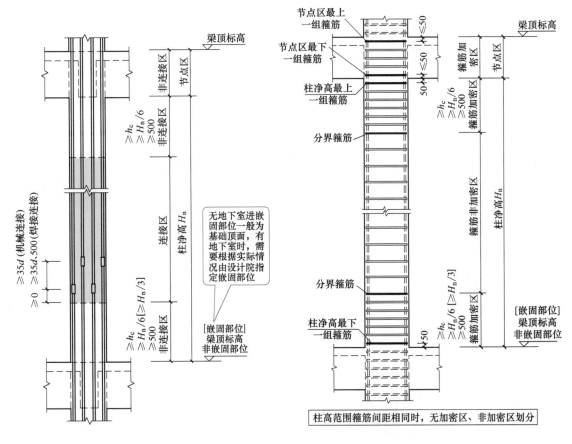

注：1. 图中 h_c 为柱截面长边尺寸（圆柱为直径）。

2. 柱相邻纵向钢筋连接接头应相互错开，位于同一连接区段纵向钢筋接头面积百分率不大于50%。

3. 框架柱纵向钢筋直径 d ＞25mm 时，不宜采用绑扎搭接接头。

4. 框架柱纵向钢筋应贯穿中间层节点，不应在中间各层节点内截断，钢筋接头应设在节点区以外。

5. 框架柱纵向钢筋连接接头位置应避开柱端箍筋加密区，当无法避开时，应采用机械连接或焊接，且钢筋接头面积百分率不应超过50%。

6. 机械连接和焊接接头的类型及质量应符合国家现行有关标准的规定。

7. 具体工程中，框架柱的嵌固部位详见设计图纸标注。

图 2.4.3 抗震框架柱纵向钢筋连接位置
（《12G901-1》2-6）

注：1. 在不同配置要求的箍筋区域分界处应设置一道分界箍筋，分界箍筋应按相邻区域配置要求较高的箍筋配置。

2. 柱净高范围最下一组箍筋距底部梁顶50mm，最上一组箍筋距顶部梁底50mm。节点区最下、最上一组箍筋距节点区梁底、梁顶不大于50mm，当顶层柱顶与梁顶标高相同时，节点区最上一组箍筋距梁顶不大于150mm。节点区内部柱箍筋间距依据设计要求并综合考虑节点区梁纵向钢筋排布位置设置。节点区箍筋排布示意见本图集第2-11页～2-32页。

3. 具体工程中，柱箍筋加密设置应以设计要求为准。

4. 具体工程中，框架柱的嵌固部位详见设计图纸标注。

图 2.4.4 柱箍筋排布构造
（《12G901-1》2-8）

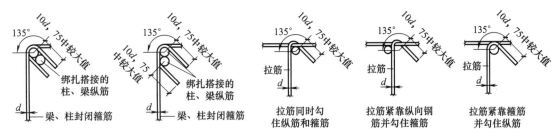

图 2.4.5 柱箍筋、拉筋弯钩构造（《16G101-1》62）

示例：KZ-1 基础段配筋构造

柱下独立基础及 KZ 插筋 BIM 模型见图 2.4.6。KZ-1 配筋施工构造见图 2.4.7～图 2.4.10。

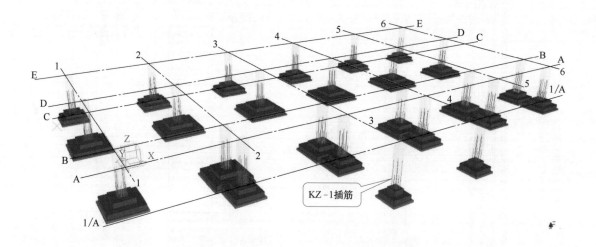

图 2.4.6　柱下独立基础及 KZ 插筋 BIM 模型

（1）KZ-1 插筋构造

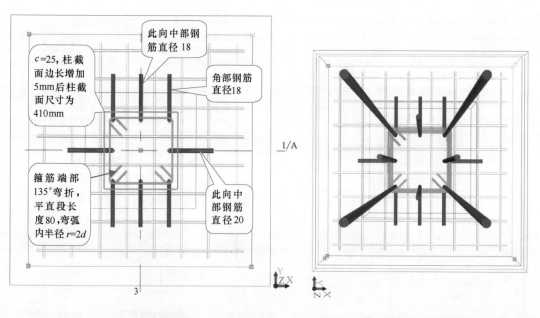

(a)KZ-1 插筋平面图　　　　　　　　　　　(b)KZ-1 插筋 3D 俯视图

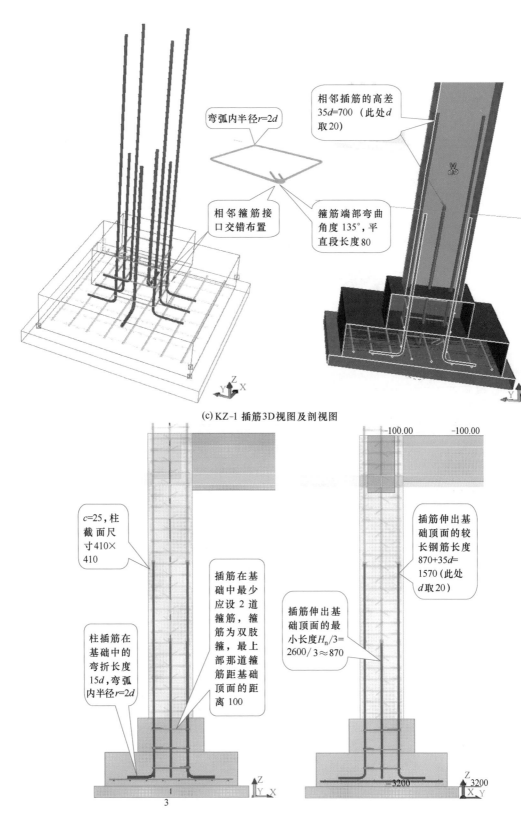

相邻插筋的高差 35d=700（此处 d 取 20）

弯弧内半径 r=2d

相邻箍筋接口交错布置

箍筋端部弯曲角度 135°，平直段长度 80

(c) KZ-1 插筋 3D 视图及剖视图

-100.00　　-100.00

c=25，柱截面尺寸 410×410

插筋伸出基础顶面的较长钢筋长度 870+35d=1570（此处 d 取 20）

插筋在基础中最少应设 2 道箍筋，箍筋为双肢箍，最上部那道箍筋距基础顶面的距离 100

插筋伸出基础顶面的最小长度 $H_n/3=2600/3≈870$

柱插筋在基础中的弯折长度 15d，弯弧内半径 r=2d

-3200

(d) KZ-1 插筋立面图（两垂直向）

图 2.4.7　KZ-1 插筋构造

（2）KZ-1 地下层配筋构造

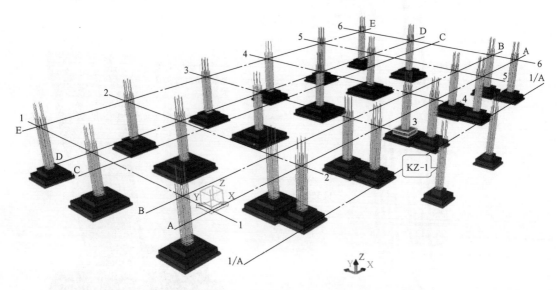

图 2.4.8　基础柱 BIM 模型

重点说明 ▶▶▶

柱横截面复合箍筋排布应符合图 2.4.9 要求。

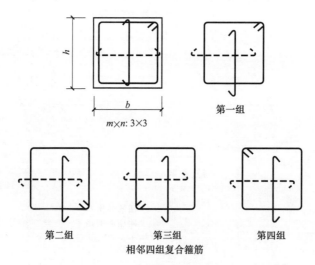

图 2.4.9　柱复合箍筋排布要求

注：1. 柱横截面内部横向复合箍筋应紧靠外封闭箍筋一侧（图中为下侧）绑扎，竖向复合箍筋应紧靠外封闭箍筋另一侧（图中为上侧）绑扎，使沿外封闭箍筋周边箍筋局部重叠不宜多于两层。

2. 柱封闭箍筋（外封闭大箍与内封闭小箍）弯钩应沿柱竖向按顺时针方向（或逆时针方向）顺序排布。

3. 柱内部复合箍筋采用拉筋时，也应符合第 1 条规定，且拉筋宜紧靠纵向钢筋并勾住外封闭箍筋。

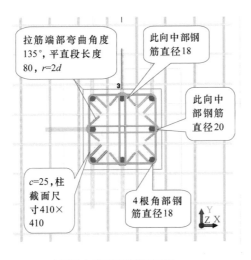

（a）KZ-1 地下层配筋平面图

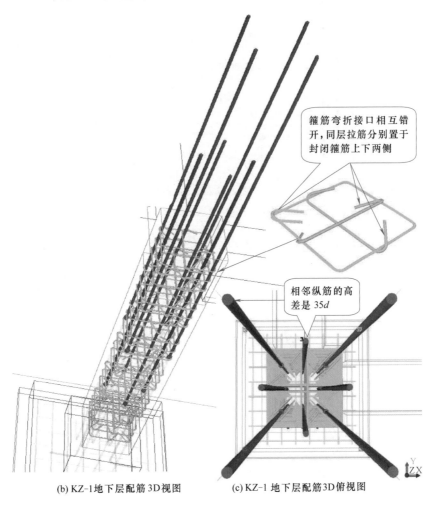

（b）KZ-1 地下层配筋 3D 视图　　　（c）KZ-1 地下层配筋 3D 俯视图

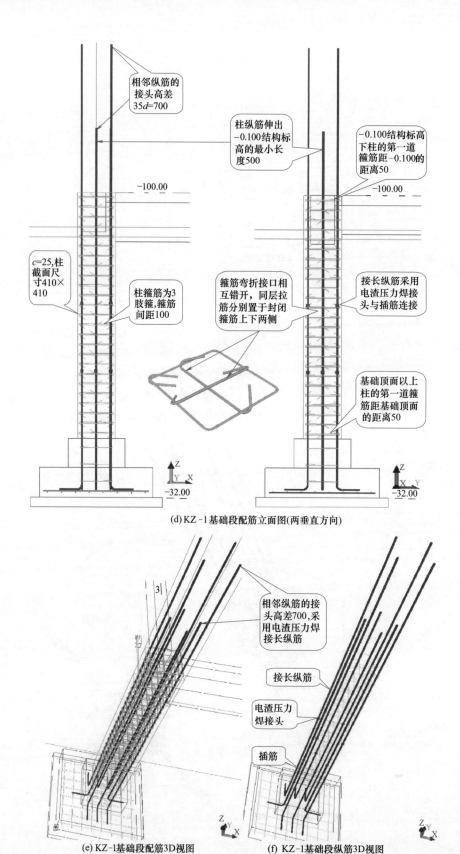

相邻纵筋的
接头高差
35d=700

柱纵筋伸出
−0.100结构标
高的最小长
度500

−0.100结构标高
下柱的第一道
箍筋距−0.100的
距离50

−100.00

−100.00

c=25,柱
截面尺
寸410×
410

柱箍筋为3
肢箍,箍筋
间距100

箍筋弯折接口相
互错开,同层拉
筋分别置于封闭
箍筋上下两侧

接长纵筋采用
电渣压力焊接
头与插筋连接

基础顶面以上
柱的第一道箍
筋距基础顶面
的距离50

−32.00

−32.00

(d) KZ −1基础段配筋立面图(两垂直方向)

3

相邻纵筋的接
头高差700,采
用电渣压力焊
接长纵筋

接长纵筋

电渣压力
焊接头

插筋

(e) KZ-1基础段配筋3D视图

(f) KZ-1基础段纵筋3D视图

图 2.4.10   KZ-1 基础段配筋构造

项目 5　标高−0.100结构层梁平法施工图及其施工构造

任务 1　阅读标高−0.100结构层梁平法施工图

请认真阅读"××××电缆生产基地办公综合楼"标高−0.100结构层梁平法施工图（结施6/13），并回答如下问题。

（1）标高−0.100结构层梁混凝土强度等级为_____，保护层厚度为_____mm。框架梁、柱的抗震等级为_____级。

（2）水平向KL5梁顶面标高为_____m，位于_____轴，有_____跨，梁的截面尺寸为_____，底部通长钢筋为_____，顶部通长钢筋为_____，支座处纵筋为_____，其中附加钢筋位于梁截面的_____，箍筋加密区为_____，非加密区为_____。

（3）垂直向KL8梁顶面标高为_____m，位于_____轴，有_____跨，梁的截面尺寸为_____，底部通长钢筋为_____，顶部通长钢筋为_____，跨中支座处纵筋为_____，其中附加钢筋位于梁截面的_____，箍筋加密区为_____，非加密区为_____。

（4）次梁L1梁顶面标高为_____m，位于_____轴，有_____跨，梁的截面尺寸为_____，底部通长钢筋为_____，顶部通长钢筋为_____，箍筋为_____。L1与KL6与KL7相交处在_____梁两边各附加_____道箍筋，箍筋直径及肢数同_____梁箍筋。

（5）请分别说明KL5、KL8、L1与轴线的位置关系：_____。

重点说明 ▶▶▶

当独立基础埋置深度较大，设计人员仅为了降低底层柱的计算高度，也会设置与柱相连的梁（不同时作为联系梁设计），此时设计应将该梁定义为框架梁KL，按框架梁的构造要求施工。本工程标高−0.100结构层梁即按框架梁KL的构造要求施工。

钢筋混凝土梁中配有哪些钢筋？施工图中如何表达？
如不熟悉，请扫描右侧二维码了解一下吧！

任务 2　标高−0.100结构层梁施工构造与BIM建模

请利用BIM建模软件，对"××××电缆生产基地办公综合楼"标高−0.100m结构层梁（结施6/13）进行BIM建模，掌握钢筋混凝土梁的施工构造要求。

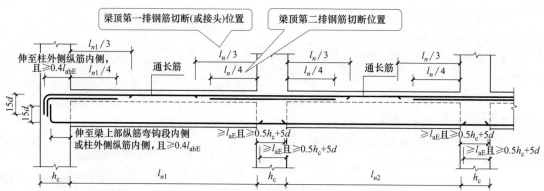（指导图标）

指导

（1）目前，钢筋混凝土梁施工图一般采用平法表达形式（详见《16G101-1》），本工程框架梁施工图采用平法平面注写方式。

（2）楼层框架梁纵向钢筋构造应满足图 2.5.1 的要求；非框架梁的配筋构造应满足图 2.5.2 的要求。

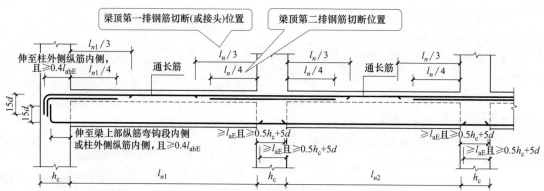

图 2.5.1　楼层框架梁 KL 纵向钢筋构造（《16G101-1》84）

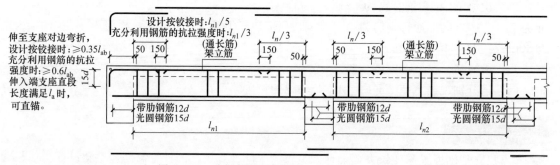

图 2.5.2　非框架梁配筋构造（《16G101-1》89）

重点说明 ▶▶▶

（1）对于楼层框架梁端支座纵筋（上部纵筋、下部纵筋和受扭纵筋）应首选直锚，只有当直锚不能满足锚固长度要求时（见图 2.5.3）才选择弯锚锚固。楼层框架梁纵向钢筋采用弯锚时，其弯弧内直径，335MPa 级、400MPa 级带肋钢筋不应小于钢筋直径的 4倍；500MPa 级带肋钢筋，当直径 $d \leqslant 25$mm 时，不应小于钢筋直径的 6 倍，当直径 $d >$ 25mm 时，不应小于钢筋直径的 7 倍（见《16G101-1》57）。

（2）当非框架梁端支座下部纵筋伸入端支座的长度满足直锚条件（l_a）时可直锚，当不满足直锚要求时，钢筋端部应弯锚，并满足图 2.5.4（a）所示的构造要求。受扭非框架梁纵筋应满足图 2.5.4（b）所示的构造要求。

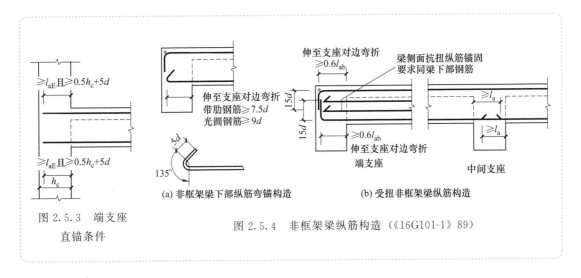

图 2.5.3 端支座
直锚条件

(a) 非框架梁下部纵筋弯锚构造

(b) 受扭非框架梁纵筋构造

图 2.5.4 非框架梁纵筋构造（《16G101-1》89）

（3）本工程梁纵向钢筋接头采用焊接（闪光对焊，工作面采用机械连接）连接，框架抗震等级为三级，所以框架梁纵向钢筋连接区域应满足图 2.5.5 所示的构造要求；非框架梁纵向钢筋连接区域应满足图 2.5.6 所示的构造要求。

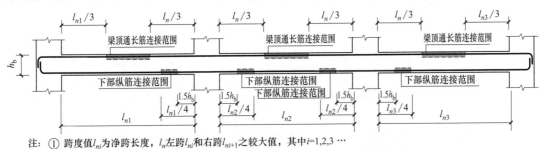

注：① 跨度值 l_{ni} 为净跨长度，l_n 左跨 l_{ni} 和右跨 l_{ni+1} 之较大值，其中 $i=1,2,3\cdots$
② 梁上部设置的通长纵筋可在梁跨中图示范围内连接，在此范围内相邻纵筋连接接头应相互错开，位于同一连接区段纵向钢筋接头面积百分率不应大于50%。

图 2.5.5 框架梁纵向钢筋连接接头允许范围（《12G901-1》2-1）

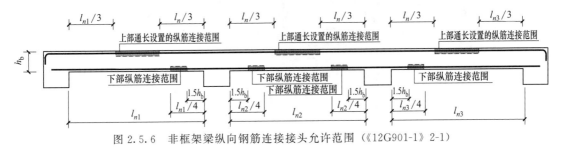

图 2.5.6 非框架梁纵向钢筋连接接头允许范围（《12G901-1》2-1）

（4）梁同一根纵筋在同一跨内设置连接接头不得多于1个。悬臂梁的纵向钢筋不得设置连接接头。

（5）框架梁的箍筋加密区范围及箍筋、拉筋排布构造应满足图 2.5.7 所示的要求。

（6）梁箍筋、拉筋弯钩构造应满足图 2.5.8 的要求。

（7）框架节点钢筋排布构造。框架结构能够抵抗外部作用的前提是框架节点的刚性，所以保证框架节点的施工质量，才能确保"强节点、强锚固"的实现。而实际情况是框架节点处钢筋纵横交叉密布，当梁高相同或梁顶平齐时，交叉梁纵向钢筋会发生碰撞，必须采用合

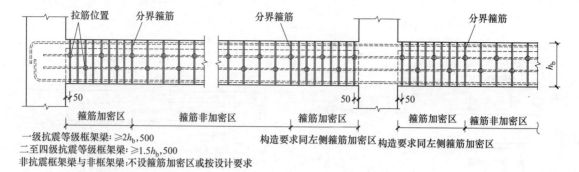

一级抗震等级框架梁:≥2h_b,500
二至四级抗震等级框架梁:≥1.5h_b,500
非抗震框架梁与非框架梁:不设箍筋加密区或按设计要求

图 2.5.7 框架梁的箍筋加密区范围及箍筋、拉筋排布构造

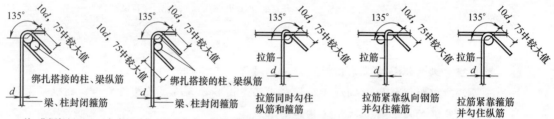

注:非框架梁以及不考虑地震作用的悬挑梁,箍筋及拉筋弯钩平直段长度可为5d;当其受扭时,应为10d。

图 2.5.8 梁箍筋、拉筋弯钩构造

理的排布构造才能保证施工质量。

① 本工程框架中间层梁端节点钢筋排布选用图 2.5.9 所示构造形式(其他未尽节点构造要求,请查阅《12G901-1》图集)。

② 本工程框架梁标高不同时梁顶、梁底钢筋构造选用图 2.5.10 所示构造形式。

③ 框架梁、柱侧面平齐时钢筋的排布选用图 2.5.11 所示构造形式。

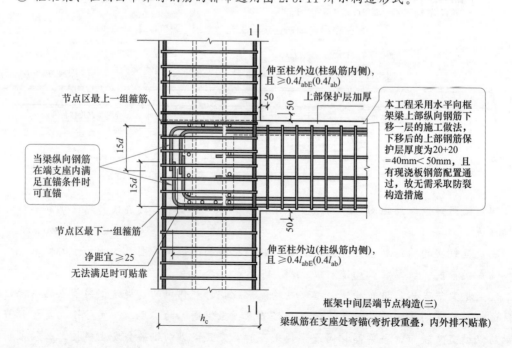

框架中间层端节点构造(三)
梁纵筋在支座处弯锚(弯折段重叠,内外排不贴靠)

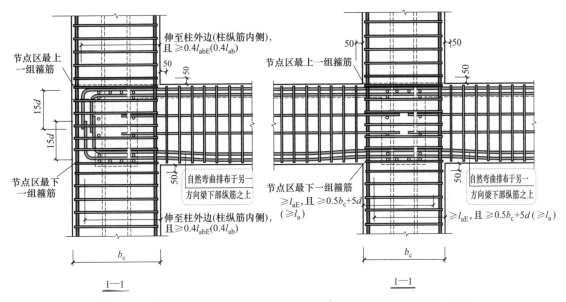

图 2.5.9　框架中间层端节点钢筋排布构造示例（《12G901-1》2-13、2-14）

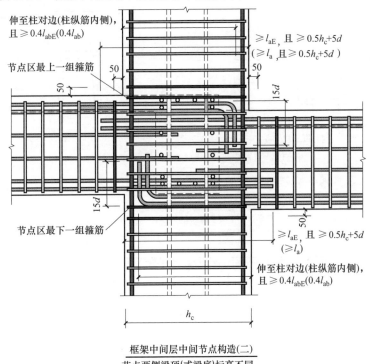

框架中间层中间节点构造(二)
节点两侧梁顶(或梁底)标高不同

图 2.5.10　框架梁标高不同时梁顶、梁底钢筋构造（《12G901-1》2-16）

特·别·说·明

　　（1）关于框架梁、柱侧面平齐时钢筋排布构造，根据目前工程经验，采用图 2.5.11 的工程做法比较常见，故本书采用这种排布构造做法。但这种做法施工时纵筋弯曲较多，实际施工操作规范性差。

　　《12G901-1》2-37 中给出的框架梁、柱侧面平齐时的三种钢筋排布做法说明如下。

构造（一）：梁宽不变，平齐一侧梁混凝土保护层加厚，厚度为 $c_柱 + $ 柱纵筋直径 $d_柱$。这种做法梁截面宽度不变，但梁纵筋有效宽度减少。

构造（二）：梁宽度加宽，加宽厚的梁宽为 $(b + c_柱 + d_柱 - c_梁)$，平齐一侧梁混凝土保护层厚度为 $c_柱 + d_柱$。这种做法梁截面宽度增加，但梁纵筋有效宽度不变。

构造（三）：将梁向平齐一侧整体平移，平移距离为 $(c_柱 + d_柱 - c_梁)$，梁混凝土保护层厚度不变。这种做法梁截面宽度、梁纵筋有效宽度均不变，但梁平面位置略有改变。

注：上述构造做法中，$c_柱$、$c_梁$ 为柱、梁纵筋混凝土保护层厚度，$d_柱$ 为柱纵筋直径，b 为梁宽。

以上三种钢筋排布做法，施工时应提请设计确认后实施。但这三种排布做法施工操作规范性好，建议施工方积极与设计方沟通，尽可能选用。

（2）图 2.5.11 中，与框架柱纵筋碰撞的框架梁纵筋应按 1:6 缓斜弯折后排布于柱纵筋内侧，但在《11G902-1》9 中，要求按 1:12 缓斜弯折后排布于柱纵筋内侧。根据工程经验，本书采用框架梁纵筋自然弯曲排布于柱纵筋内侧的排布构造做法。

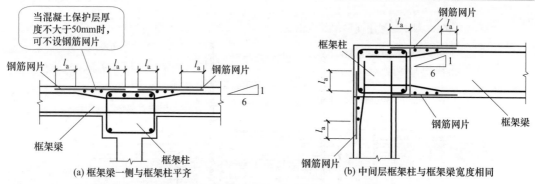

(a) 框架梁一侧与框架柱平齐　　(b) 中间层框架柱与框架梁宽度相同

图 2.5.11　框架梁、柱侧面平齐时钢筋排布构造（《13G101-11》1-13）

④ 本工程主、次梁节点钢筋排布构造选用图 2.5.12 所示构造形式。

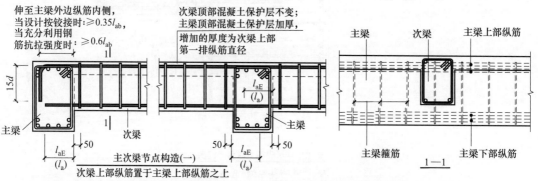

注：1.次梁下部纵筋伸入支座直锚长度 l_{aE}；带肋钢筋为12d，光面钢筋为15d(末端做180°弯钩)。
　　2.主梁箍筋在主次梁交叉区域按自身间距排布设置，不受次梁及附加横向钢筋(箍筋、吊筋)的影响。

图 2.5.12　主、次梁节点钢筋排布构造详图（《12G901-1》2-41）

当主、次梁截面高度相同时，次梁上部纵筋应置于主梁纵筋之上（图 2.5.12），但当按照钢筋整体排布，某主梁上部纵筋已经排布于上层时，则该主梁上部纵筋宜在与次梁交接处自然弯沉避让次梁上部纵筋，使次梁上部纵筋置于主梁纵筋之上，避免次梁上部混凝土保护层厚度不足（图 2.5.13）。《12G901-1》2-41 也给出了次梁上部纵筋置于主梁上部纵筋之下的构造做法，但应经设计确认后采用。

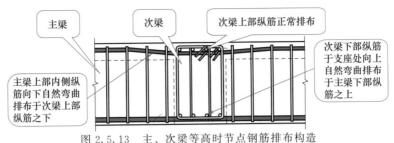

图 2.5.13　主、次梁等高时节点钢筋排布构造

（8）梁钢筋整体排布方案

本工程次梁大多数为水平方向，为避免过多的框架主梁上部纵筋弯曲避让次梁上部纵筋的情况发生，本工程梁钢筋的整体排布方案为：

1）①～⑥轴方向梁上部纵筋位置不变，下部纵筋于支座处自然弯曲排布于Ⓐ～Ⓔ方向梁下部纵筋之上。

2）Ⓐ～Ⓔ轴方向梁上部纵筋位置整体下移一层，下部纵筋位置不变，排布于①～⑥方向梁下部纵筋之下。

3）次梁上部纵筋排布于主梁上部纵筋之上，当两者同高时，主梁上部纵筋向下自然弯曲，避让次梁上部纵筋；次梁下部纵筋排布于主梁下部纵筋之上，当两者同高时，次梁下部纵筋向上自然弯曲，避让主梁下部纵筋。

本工程标高－0.100结构层梁钢筋的整体排布方案已标于该结构施工图（结施6/13）中，请参考学习。

重点说明 ▶▶▶

（1）节点处平面相交的框架梁顶标高相同时，其一方向梁上部钢筋将排布于另一方向梁上部同排的纵向钢筋之下，纵向钢筋排于下方的梁顶部保护层加厚，增加的厚度为另一方向梁上部第一排纵筋直径（当第一排纵筋直径不同时，取较大直径）。当梁、柱纵向受力钢筋的混凝土保护层厚度大于50mm，宜对保护层采取有效的防裂构造措施；若梁顶部保护层厚度大于50mm，而梁顶部有现浇板钢筋配置通过时，可视为已采取防裂构造措施。

（2）钢筋排布躲让时，梁上部纵筋向下（或梁下部纵筋向上）竖向位移距离不得大于需躲让的纵筋直径。梁纵向钢筋在节点处排布躲让时，对于同一根梁，其上部纵筋向下躲让与下部纵筋向上躲让不应同时进行；当无法避免时，应由设计单位对该梁按实际截面的有效高度进行复核计算。

（3）节点处弯折锚固的框架梁纵向钢筋的竖向弯折段，如需与相交叉的另一方向框架梁的纵向钢筋排布躲让时，可调整其伸入节点的水平段长度。水平段向柱外边方向调整时，最长可伸至紧靠柱箍筋内侧位置。弯折锚固的梁各排纵向钢筋均应满足弯折前水平投影长度不小于$0.4l_{abE}$（$0.4l_{ab}$）的要求，并应在考虑排布躲让因素后，伸至能达到的最长位置处。

（4）当梁侧面钢筋为构造钢筋时，其伸入支座的锚固长度为$15d$；当梁侧面钢筋为受扭钢筋时，其伸入支座的锚固长度与方式同梁下部纵筋，弯折锚固的梁侧面纵筋应伸至柱外边（柱纵筋内侧）向横向弯折，当梁上部或下部纵筋也弯折锚固时，梁侧面纵筋应伸至上部或下部弯折锚固纵筋的内侧横向弯折。横向弯折前的水平投影长度应满足不小于$0.4l_{abE}$（$0.4l_{ab}$）的要求。

（5）节点处平面相交叉的框架梁在不同方向纵向钢筋排布躲让时，钢筋上下排布位置应请设计单位确认。

（9）请参照标高－0.100KL 配筋施工构造示例及附录 BIM 建模指导，对本工程的标高－0.100 结构层梁进行 BIM 建模，并多维度动态观察所建标高－0.100m 结构层梁 BIM 模型，理解钢筋混凝土梁施工图表达的信息及施工构造要求。

示例 1：KL6、KL3 与 KZ-4 节点配筋构造

标高－0.100m 框架梁编号及柱 BIM 模型见图 2.5.14。

KL6、KL3 与 KZ-4 节点配筋施工构造见图 2.5.15、图 2.5.16。

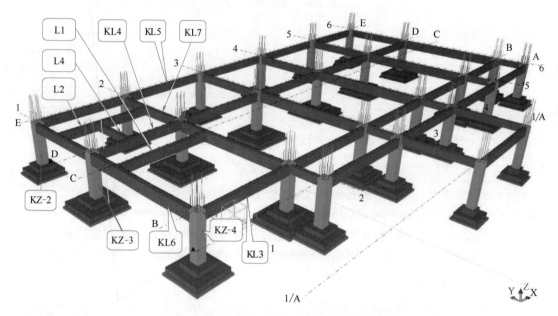

图 2.5.14　标高－0.100m 框架梁及柱 BIM 模型

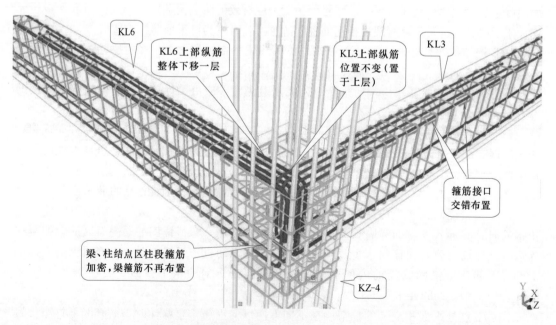

图 2.5.15　KL6、KL3 与 KZ-4 节点配筋 3D 视图

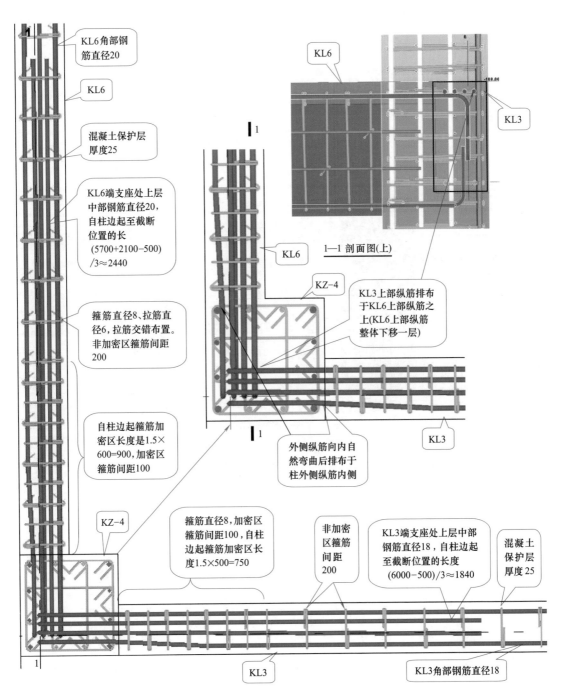

KL6角部钢筋直径20

KL6

混凝土保护层厚度25

KL6端支座处上层中部钢筋直径20，自柱边起至截断位置的长(5700+2100−500)/3≈2440

箍筋直径8、拉筋直径6，拉筋交错布置。非加密区箍筋间距200

自柱边起箍筋加密区长度是1.5×600=900，加密区箍筋间距100

KZ-4

箍筋直径8，加密区箍筋间距100，自柱边起箍筋加密区长度1.5×500=750

非加密区箍筋间距200

KL3端支座处上层中部钢筋直径18，自柱边起至截断位置的长度(6000−500)/3≈1840

混凝土保护层厚度25

KL3

KL3角部钢筋直径18

KL6

KL3

1—1 剖面图(上)

KZ-4

KL3上部纵筋排布于KL6上部纵筋之上(KL6上部纵筋整体下移一层)

外侧纵筋向内自然弯曲后排布于柱外侧纵筋内侧

KL3

(a) KL6、KL3与KZ-4节点配筋平面图

图2.5.16

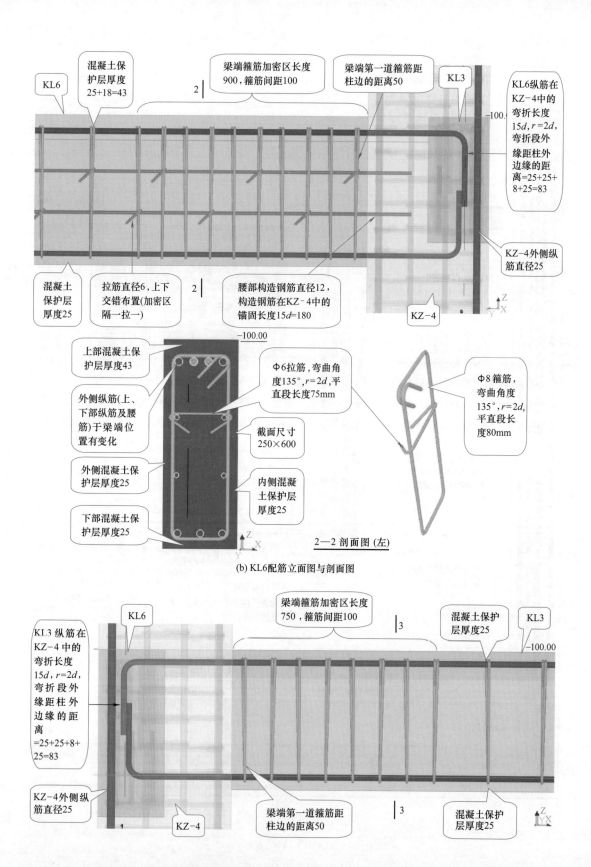

混凝土保护层厚度 25+18=43

KL6

梁端箍筋加密区长度900，箍筋间距100

2

梁端第一道箍筋距柱边的距离50

KL3

−100.

KL6纵筋在KZ-4中的弯折长度15d，r=2d，弯折段外缘距柱外边缘的距离=25+25+8+25=83

混凝土保护层厚度25

拉筋直径6，上下交错布置(加密区隔一拉一)

2

腰部构造钢筋直径12，构造钢筋在KZ-4中的锚固长度15d=180

KZ-4

KZ-4外侧纵筋直径25

−100.00

上部混凝土保护层厚度43

外侧纵筋(上、下部纵筋及腰筋)于梁端位置有变化

外侧混凝土保护层厚度25

下部混凝土保护层厚度25

Φ6拉筋，弯曲角度135°，r=2d，平直段长度75mm

截面尺寸250×600

内侧混凝土保护层厚度25

Φ8箍筋，弯曲角度135°，r=2d，平直段长度80mm

2—2 剖面图 (左)

(b) KL6配筋立面图与剖面图

KL3纵筋在KZ-4中的弯折长度15d，r=2d，弯折段外缘距柱外边缘的距离=25+25+8+25=83

KL6

梁端箍筋加密区长度750，箍筋间距100

3

混凝土保护层厚度25

KL3

−100.00

KZ-4外侧纵筋直径25

KZ-4

梁端第一道箍筋距柱边的距离50

3

混凝土保护层厚度25

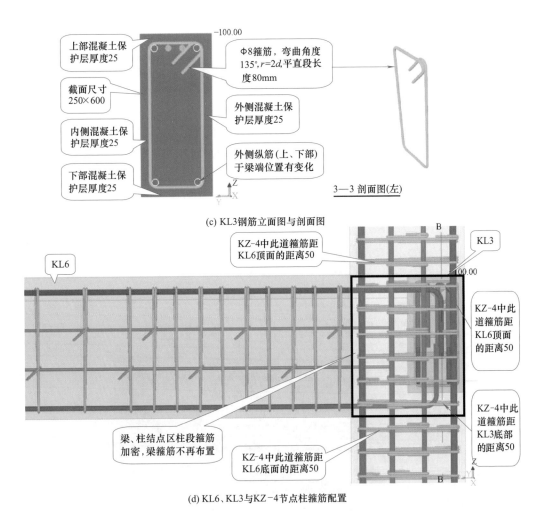

上部混凝土保护层厚度25

Φ8箍筋，弯曲角度135°，r=2d，平直段长度80mm

截面尺寸250×600

外侧混凝土保护层厚度25

内侧混凝土保护层厚度25

外侧纵筋(上、下部)于梁端位置有变化

下部混凝土保护层厚度25

3—3 剖面图(左)

(c) KL3钢筋立面图与剖面图

KZ-4中此道箍筋距KL6顶面的距离50

KL3

KL6

KZ-4中此道箍筋距KL6顶面的距离50

梁、柱结点区柱段箍筋加密，梁箍筋不再布置

KZ-4中此道箍筋距KL6底面的距离50

KZ-4中此道箍筋距KL3底部的距离50

(d) KL6、KL3与KZ-4节点柱箍筋配置

图 2.5.16　KL6、KL3 与 KZ-4 节点配筋构造

示例 2：KL6、KL5 与 KZ-2 节点配筋构造

KL6、KL5 与 KZ-2 节点配筋施工构造见图 2.5.17。

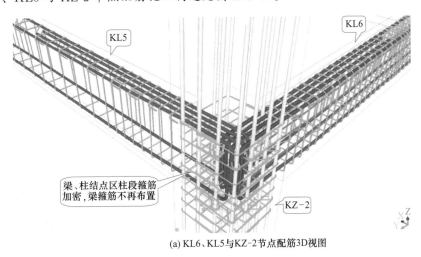

KL5

KL6

梁、柱结点区柱段箍筋加密，梁箍筋不再布置

KZ-2

(a) KL6、KL5与KZ-2节点配筋3D视图

图 2.5.17

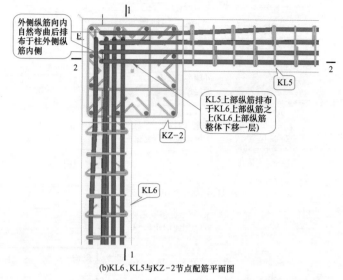

(b)KL6、KL5与KZ-2节点配筋平面图

KL6上部纵筋整体下移一层，置于KL5上部纵筋之下

KL5上部纵筋置于KL6上部纵筋之上

腰部抗扭纵筋直径12，在KZ-2中的锚固长度$l_{aE}=37d=444$(优先直锚)

KL5下部内侧纵筋于支座处向上自然弯曲后排布于竖向梁下部纵筋之上

KL5下部外侧纵筋位置不变

1-1剖面   2-2剖面

图 2.5.17　KL6、KL5 与 KZ-2 节点配筋构造

示例 3：KL6、KL4 与 KZ-3 节点配筋构造

KL6、KL4 与 KZ-3 节点配筋施工构造见图 2.5.18、图 2.5.19。

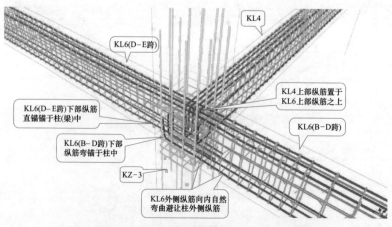

KL6(D-E跨)下部纵筋直锚锚于柱(梁)中

KL6(B-D跨)下部纵筋弯锚于柱中

KL4上部纵筋置于KL6上部纵筋之上

KL6外侧纵筋向内自然弯曲避让柱外侧纵筋

图 2.5.18　KL6、KL4 与 KZ-3 节点配筋 3D 视图

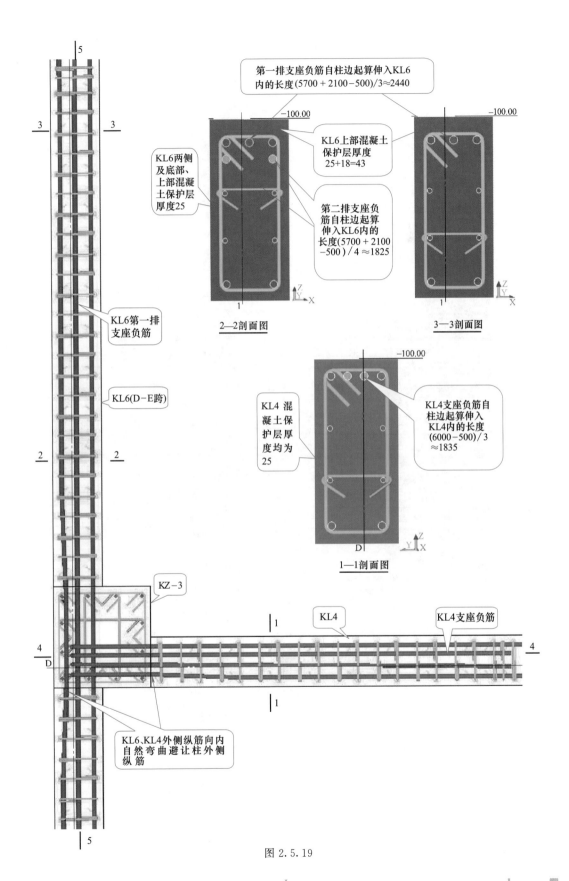

第一排支座负筋自柱边起算伸入KL6内的长度(5700＋2100−500)/3≈2440

−100.00

−100.00

KL6两侧及底部、上部混凝土保护层厚度25

KL6上部混凝土保护层厚度25＋18=43

第二排支座负筋自柱边起算伸入KL6内的长度(5700＋2100−500)/4≈1825

2—2剖面图

3—3剖面图

KL6第一排支座负筋

KL6(D−E跨)

−100.00

KL4混凝土保护层厚度均为25

KL4支座负筋自柱边起算伸入KL4内的长度(6000−500)/3≈1835

1—1剖面图

KZ−3

KL4

KL4支座负筋

KL6、KL4外侧纵筋向内自然弯曲避让柱外侧纵筋

图 2.5.19

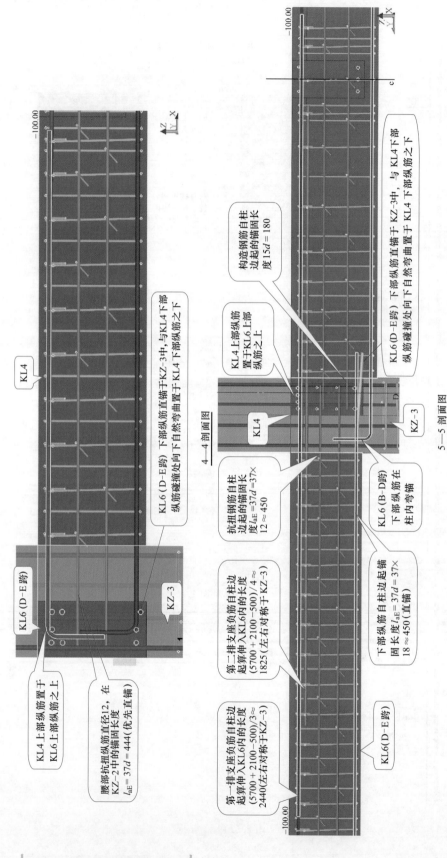

KL4

KL6（D-E跨）

KZ-3

KL4 上部纵筋置于
KL6 上部纵筋之上

腰部抗扭纵筋直径12，在
KZ-2中的锚固长度
$l_{aE} = 37d = 444$（优先直锚）

KL6（D-E跨）下部纵筋直锚于KZ-3中，与KL4下部
纵筋碰撞处向下自然弯曲锚置于KL4 下部纵筋之下

4—4 剖面图

KL4 上部纵筋
置于KL6 上部
纵筋之上

抗扭钢筋自柱
边起的锚固长
度 $l_{aE} = 37d = 37 \times$
$12 \approx 450$

第二排支座负筋自柱边
起算伸入KL6内的长度
$(5700 + 2100 - 500) / 4 \approx$
1825（左右对称于 KZ-3）

第一排支座负筋自柱边
起算伸入KL6内的长度
$(5700 + 2100 - 500) / 3 \approx$
2440（左右对称于 KZ-3）

KL6（D-E跨）

构造钢筋自柱
边起的锚固长
度 $15d = 180$

KL6（D-E跨）下部纵筋直锚于 KZ-3中，与 KL4下部
纵筋碰撞处向下自然弯曲锚置于 KL4 下部纵筋之下

KL4

KZ-3

KL6（B-D跨）
下部纵筋在
柱内弯锚

下部纵筋自柱边起锚
固长度 $37d = 37 \times$
$18 \approx 450$（直锚）

5—5 剖面图

图 2.5.19　KL6（D-E跨）、KL4 与 KZ-3 节点配筋平面图与剖面图

示例 4：KL6、L2 与 L4 节点配筋构造

KL6、L2 与 L4 节点配筋施工构造见图 2.5.20、图 2.5.21。

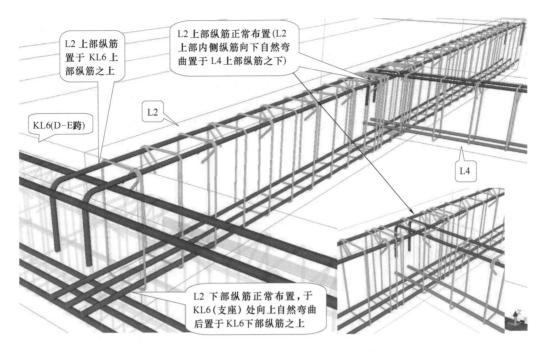

图 2.5.20　KL6、L2 与 L4 节点配筋 3D 视图

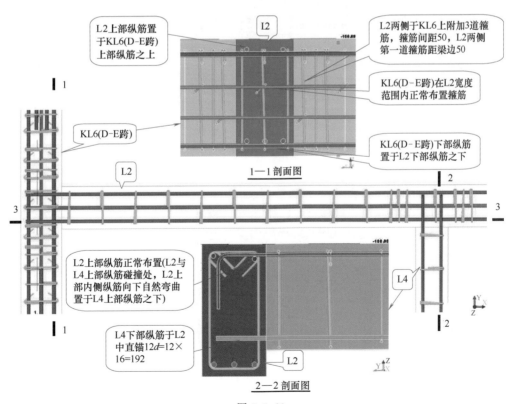

图 2.5.21

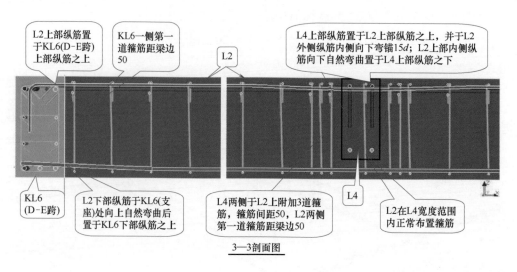

图 2.5.21　KL6（D-E 跨）、L2 与 L4 节点配筋构造

任务 1　阅读柱平面布置图（标高〈基顶～4.200〉柱平面图）

请认真阅读"××××电缆生产基地办公综合楼"柱平面布置图（标高〈基顶～4.200〉柱平面图），并回答如下问题：

（1）KZ-1 柱顶结构标高为_____ m，除 KZ-1 外，其他首层柱本层柱段上部结构标高为_____ m。首层柱混凝土强度等级为_____，保护层厚度为_____ mm。

（2）KZ-1 在−0.100～3.600 之间截面尺寸为_____，纵筋为_____（其中角部纵筋为_____），箍筋为_____ _____；KZ-2 在−0.100～4.150 之间截面尺寸为_____，纵筋为_____（其中角部纵筋为_____），箍筋为_____。位于Ⓐ轴与⑥轴交点的 KZ-2 的柱顶标高为_____ m；KZ-4 在−0.100～4.150 之间截面尺寸为_____，纵筋为_____（其中角部纵筋为_____），箍筋为_____。

（3）KZ-3 在−0.100～4.1500 之间截面尺寸为_____，纵筋为_____（其中角部纵筋为_____）。_____轴、_____轴交点及_____轴、_____轴交点的 KZ-3 在−0.100～4.150 之间截箍筋为_____，其他 KZ-3 的箍筋为_____。

任务 2　标高−0.100～4.200 柱施工构造与 BIM 建模

请利用 BIM 建模软件，对"××××电缆生产基地办公综合楼"标高−0.100～4.200柱（结施 4/13）进行 BIM 建模，掌握首层钢筋混凝土柱的施工构造要求。

（1）请参考"项目 4 基顶～－0.100 柱平法施工图及其施工构造"中相关柱的施工构造，完成结施首层柱（标高－0.100～4.200）的 BIM 建模任务。

（2）本工程 KZ-1 柱顶标高为 3.600（柱顶为自由端），其顶端钢筋构造选用图 2.6.1 所示的构造形式。⑥轴与Ⓐ轴交点处 KZ-2 柱顶标高为 4.200（边柱），其顶端钢筋构造选用图 2.6.2 所示的构造形式，其钢筋排布构造见图 2.6.3。

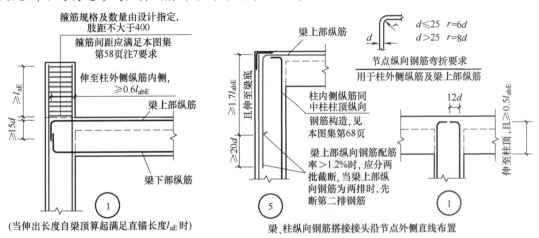

图 2.6.1 KZ-1 顶端钢筋构造
（《16G101-1》69）

图 2.6.2 KZ-2 顶端钢筋构造（《16G101-1》67、68）

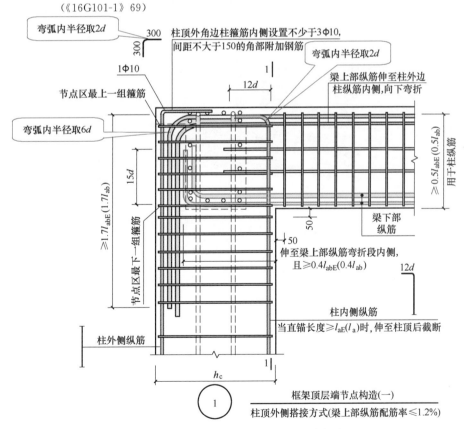

图 2.6.3 框架柱（边柱）顶层端节点钢筋排布构造（《12G901-1》2-20）

（3）请参照首层（标高－0.100～4.200）KZ 配筋施工构造示例及附录 BIM 建模指导，对本工程首层 KZ 进行 BIM 建模，并多维度动态观察所建首层柱的 BIM 模型，加深理解钢筋混凝土柱结构施工图表达的信息及施工构造要求。

示例 1：KZ-4 配筋构造

回填土施工完成后的施工现场模型见图 2.6.4，KZ-4 配筋施工构造见图 2.6.5、图 2.6.6。

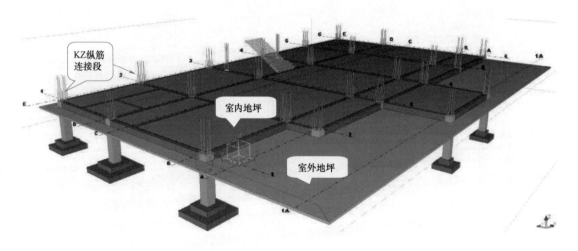

图 2.6.4　回填土施工完成后的施工现场

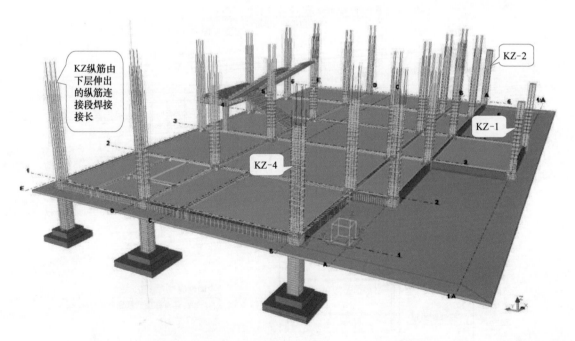

图 2.6.5　首层 KZ（标高－0.100～4.150）BIM 模型

示例 2：KZ-1、KZ-2 柱顶配筋构造

KZ-1、KZ-2 柱顶配筋施工构造见图 2.6.7、图 2.6.8。

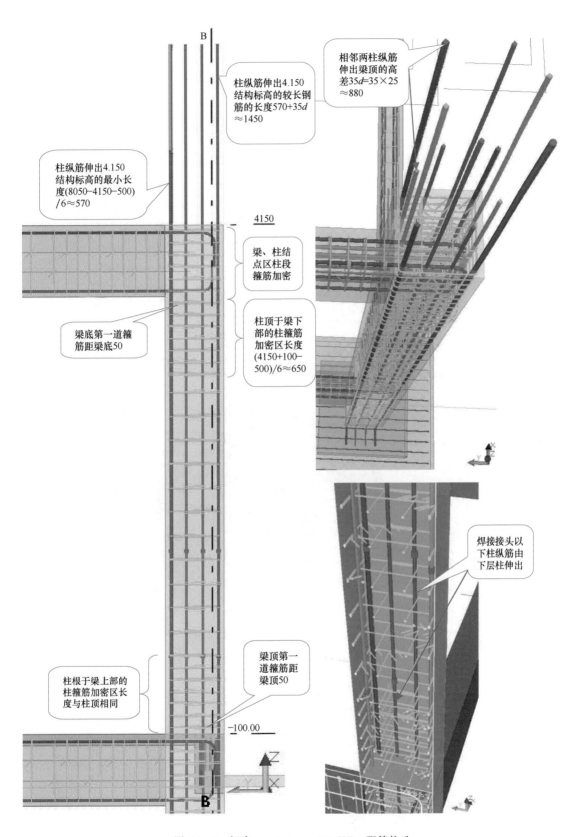

相邻两柱纵筋
伸出梁顶的高
差35d=35×25
≈880

柱纵筋伸出4.150
结构标高的较长钢
筋的长度570+35d
≈1450

柱纵筋伸出4.150
结构标高的最小长
度(8050-4150-500)
/6≈570

梁、柱结
点区柱段
箍筋加密

柱顶于梁下
部的柱箍筋
加密区长度
(4150+100-
500)/6≈650

梁底第一道箍
筋距梁底50

焊接接头以
下柱纵筋由
下层柱伸出

柱根于梁上部的
柱箍筋加密区长
度与柱顶相同

梁顶第一
道箍筋距
梁顶50

4150

-100.00

图 2.6.6　标高-0.100~4.150 KZ-4 配筋构造

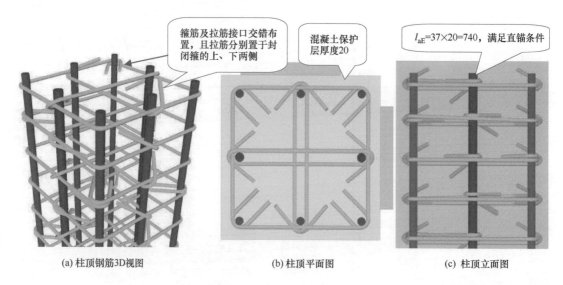

(a) 柱顶钢筋3D视图 (b) 柱顶平面图 (c) 柱顶立面图

箍筋及拉筋接口交错布置，且拉筋分别置于封闭箍的上、下两侧

混凝土保护层厚度20

$l_{aE}=37\times20=740$，满足直锚条件

图 2.6.7　KZ-1 顶部纵筋构造

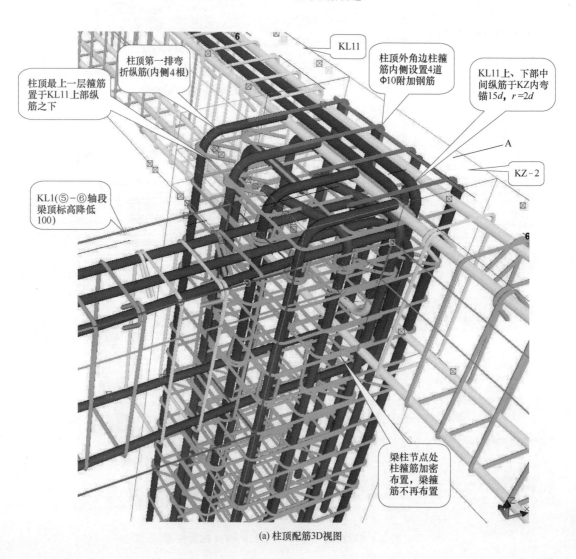

柱顶最上一层箍筋置于KL11上部纵筋之下

柱顶第一排弯折纵筋(内侧4根)

KL11

柱顶外角边柱箍筋内侧设置4道Φ10附加钢筋

KL11上、下部中间纵筋于KZ内弯锚15d，$r=2d$

A

KZ-2

KL1(⑤-⑥轴段梁顶标高降低100)

梁柱节点处柱箍筋加密布置，梁箍筋不再布置

(a) 柱顶配筋3D视图

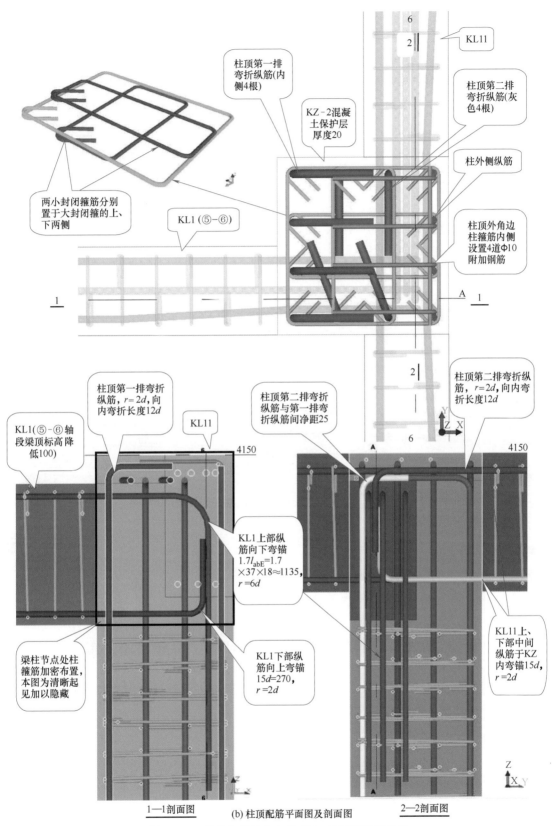

柱顶第一排弯折纵筋(内侧4根)

KZ-2混凝土保护层厚度20

柱顶第二排弯折纵筋(灰色4根)

柱外侧纵筋

两小封闭箍筋分别置于大封闭箍的上、下两侧

KL1(⑤-⑥)

柱顶外角边柱箍筋内侧设置4道Φ10附加钢筋

KL11

柱顶第一排弯折纵筋,$r=2d$,向内弯折长度12d

柱顶第二排弯折纵筋与第一排弯折纵筋间净距25

柱顶第二排弯折纵筋,$r=2d$,向内弯折长度12d

KL1(⑤-⑥轴段梁顶标高降低100)

4150

4150

KL1上部纵筋向下弯锚1.7l_{abE}=1.7×37×18≈1135,$r=6d$

KL11上、下部中间纵筋于KZ内弯锚15d,$r=2d$

梁柱节点处柱箍筋加密布置,本图为清晰起见加以隐藏

KL1下部纵筋向上弯锚15d=270,$r=2d$

1—1剖面图

(b) 柱顶配筋平面图及剖面图

2—2剖面图

图 2.6.8 Ⓐ轴与⑥轴交点的 KZ-2 柱顶部纵筋构造

任务 1　阅读楼梯详图（首层）

请认真阅读"××××电缆生产基地办公综合楼"楼梯详图（结施 13/13）中楼梯一层、二层平面布置图及其详图，并回答如下问题：

（1）楼梯的混凝土强度等级为＿＿＿＿＿＿＿，TL、TZ、PTL 的混凝土保护层厚度为＿＿＿＿＿＿＿ mm，平台板混凝土保护层厚度为＿＿＿＿＿＿＿ mm。

（2）楼梯间位于＿＿＿＿＿轴、＿＿＿＿＿轴与＿＿＿＿＿轴、＿＿＿＿＿轴之间。楼梯一层平面布置图中，TB-1 第一跑宽度是＿＿＿＿＿＿＿ mm，第二跑宽度是＿＿＿＿＿＿＿ mm。2.100 处楼梯平台的平台板及 TL、TZ 顶标高为＿＿＿＿＿＿＿ m，4.200 处结构标高为＿＿＿＿＿＿＿ m。

（3）TB-1 板厚为＿＿＿＿＿＿＿ mm，共有＿＿＿＿个踏步，踏步高度为＿＿＿＿＿＿＿ mm，宽度为＿＿＿＿＿＿＿ mm，板底纵向受力钢筋为＿＿＿＿＿＿＿，分布筋为＿＿＿＿＿＿＿，板面纵向受力钢筋为＿＿＿＿＿＿＿，分布筋为＿＿＿＿＿＿＿。

（4）TZ 截面尺寸＿＿＿＿＿＿＿，纵筋为＿＿＿＿＿＿＿，箍筋为＿＿＿＿＿＿＿；TL 截面尺寸＿＿＿＿＿＿＿，上部纵筋为＿＿＿＿＿＿＿，下部纵筋为＿＿＿＿＿＿＿，箍筋为＿＿＿＿＿＿＿，腰筋为＿＿＿＿＿＿＿，腰筋的拉筋为＿＿＿＿＿＿＿；PTL 截面尺寸＿＿＿＿＿＿＿，上部纵筋为＿＿＿＿＿＿＿，下部纵筋为＿＿＿＿＿＿＿，箍筋为＿＿＿＿＿＿＿。

（5）楼梯平台板厚为＿＿＿＿＿＿＿ mm，板底两个板边方向的钢筋均为＿＿＿＿＿＿＿，板面两个板边方向的钢筋均为＿＿＿＿＿＿＿。

板式楼梯中配有哪些钢筋？施工图中如何表达？
如不熟悉，请扫描右侧二维码了解一下吧！

任务 2　首层楼梯结构施工构造与 BIM 建模

请利用 BIM 建模软件，对"××××电缆生产基地办公综合楼"首层楼梯结构进行 BIM 建模，掌握钢筋混凝土楼梯结构施工构造要求。

指导

（1）目前，楼梯施工图的表达通常分为两类：传统表达方式和平法表达方式。本工程的楼梯施工图采用传统表达方法。

（2）本工程第一跑楼梯与 KL4 的连接构造选用图 2.7.1 的形式。由于第一跑楼梯第一

个踏步结构标高为 $0.000-0.05=-0.05$，而 KL4 顶面结构标高为 -0.100，故踏步推高 $0.05\mathrm{m}$，选用图 2.7.2 的构造形式。

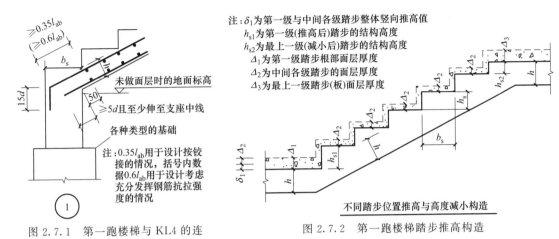

图 2.7.1 第一跑楼梯与 KL4 的连
接构造（《16G101-2》51）

图 2.7.2 第一跑楼梯踏步推高构造
（《16G101-2》50）

（3）楼梯梯段斜板的配筋构造选用图 2.7.3 的构造形式。需要注意的是本工程梯段斜板的板面纵筋为贯通的配筋形式。

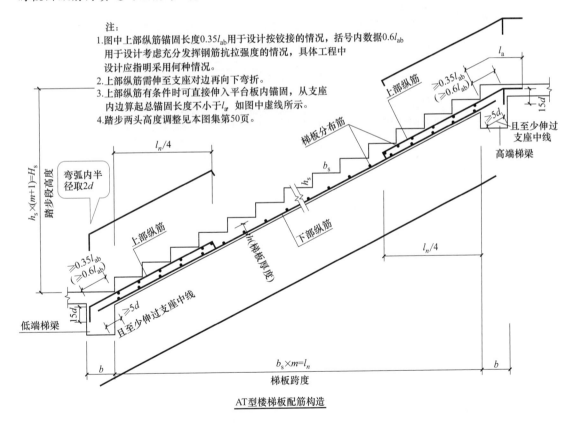

图 2.7.3 楼梯梯段斜板的配筋构造（《16G101-2》24）

（4）本工程平台板的配筋构造选用图 2.7.4 的构造形式。

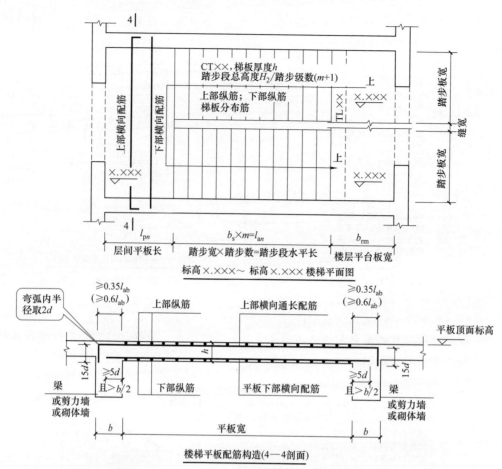

注：图中上部纵筋锚固长度0.35l_{ab}用于设计按铰接的情况，括号内数据0.6l_{ab}用于设计考虑充分发挥钢筋抗拉强度的情况，具体工程中设计应指明采用何种情况。

图 2.7.4　平台板配筋构造（《16G101-2》36、39）

> **特别说明**
>
> 　　HPB300 级光圆钢筋，当作为板中分布筋（不作为抗温度收缩钢筋使用），或者按构造详图已经设有≤15d 的直钩时，可不再设 180°弯钩（见《13G101-11》1-4）。

　　（5）本工程楼梯柱（TZ）与框架梁节点钢筋排布构造选用图 2.7.5 所示构造形式。由于 TZ 高度较小，本工程 TZ 纵筋采用自梁中直接贯通至柱顶，不再留设接头。

> **特别说明**
>
> 　　TZ 顶部纵筋按 KZ 中柱柱顶构造施工，TL、PTL 按楼层框架梁构造施工。

　　（6）请参考"项目 4　基顶～—0.100 柱平法施工图及其施工构造"中相关柱的施工构造、"项目 5　标高—0.100 结构层梁平法施工图及其施工构造"中相关梁的施工构造及首层楼梯配筋构造示例，完成首层楼梯结构的 BIM 建模任务，并结合所建 BIM 模型，理解钢筋混凝土楼梯结构施工图表达的信息及施工构造要求。

示例 1：TB-1 配筋构造

　　回填土施工完成后的施工现场见图 2.7.6。TB-1 配筋施工构造见图 2.7.7、图 2.7.8。

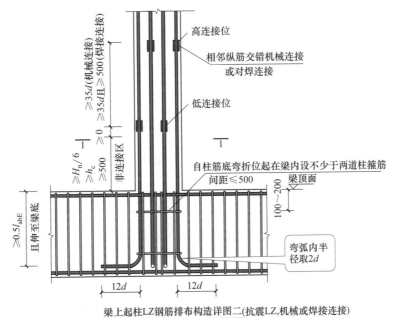

图 2.7.5 楼梯柱（TZ）与框架梁节点钢筋排布构造详图（《12G901-1》2-50）

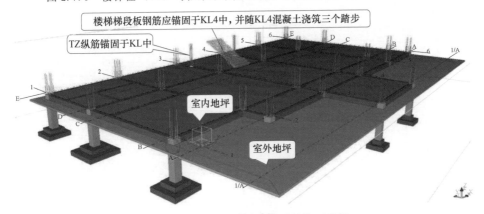

图 2.7.6 回填土施工完成后的施工现场

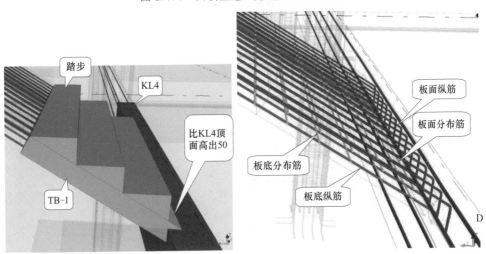

图 2.7.7 TB-1 与 KL4 节点配筋 3D 视图

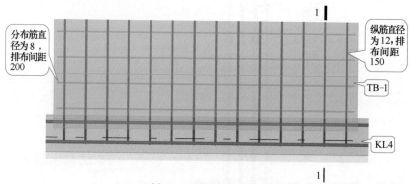

分布筋直径为8，排布间距200

纵筋直径为12，排布间距150

TB-1

KL4

1

1

(a) TB-1 配筋平面图(局部俯视)

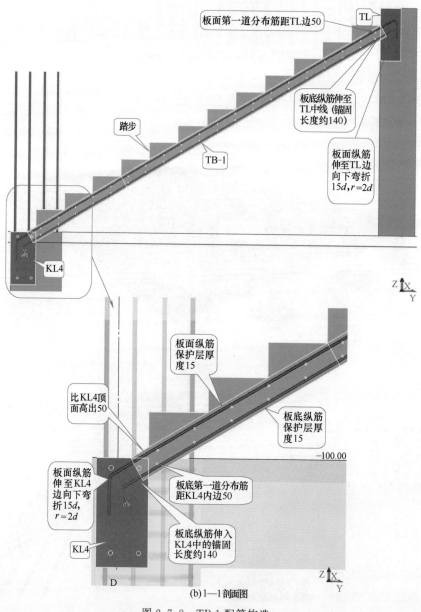

板面第一道分布筋距TL边50

TL

板底纵筋伸至TL中线（锚固长度约140）

板面纵筋伸至TL边向下弯折15d，r=2d

踏步

TB-1

KL4

板面纵筋保护层厚度15

比KL4顶面高出50

板底纵筋保护层厚度15

−100.00

板面纵筋伸至KL4边向下弯折15d，r=2d

板底第一道分布筋距KL4内边50

KL4

板底纵筋伸入KL4中的锚固长度约140

D

(b) 1—1 剖面图

图 2.7.8　TB-1 配筋构造

示例2：TZ、TL、PTL 节点配筋构造

TZ、TL、PTL 节点配筋施工构造见图2.7.9～图2.7.11。

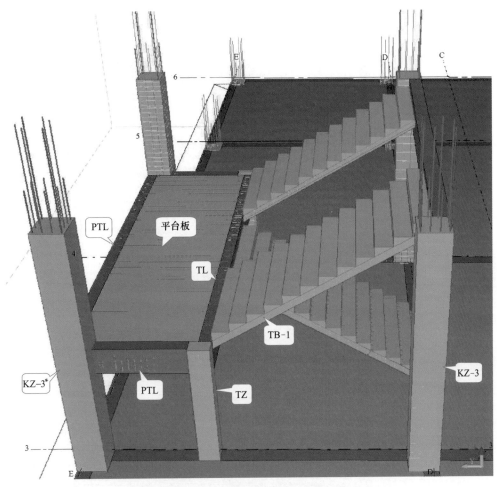

图 2.7.9　楼梯首层 BIM 模型

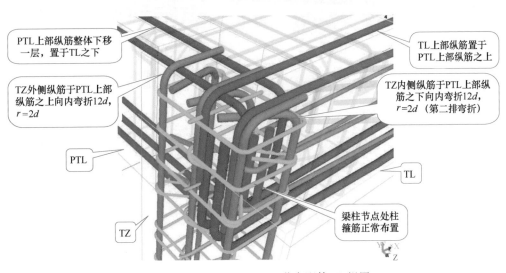

图 2.7.10　TZ、TL、PTL 节点配筋 3D 视图

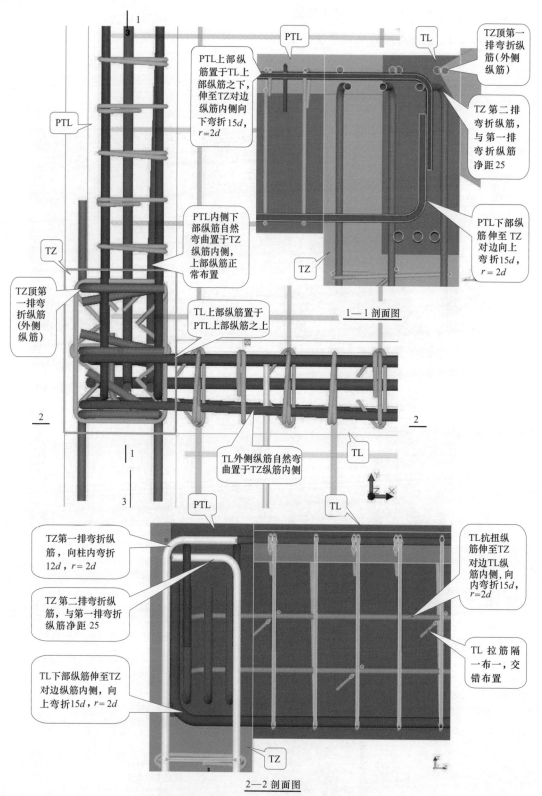

PTL

TL

TZ顶第一排弯折纵筋（外侧纵筋）

PTL上部纵筋置于TL上部纵筋之下，伸至TZ对边纵筋内侧向下弯折15d，r=2d

PTL

TZ第二排弯折纵筋，与第一排弯折纵筋净距25

PTL内侧下部纵筋自然弯曲置于TZ纵筋内侧，上部纵筋正常布置

TZ

PTL下部纵筋伸至TZ对边向上弯折15d，r=2d

TZ

TZ顶第一排弯折纵筋（外侧纵筋）

TL上部纵筋置于PTL上部纵筋之上

1—1 剖面图

2

2

1

TL外侧纵筋自然弯曲置于TZ纵筋内侧

3

TL

PTL

TL

TZ第一排弯折纵筋，向柱内弯折12d，r=2d

TL抗扭纵筋伸至TZ对边TL纵筋内侧，向内弯折15d，r=2d

TZ第二排弯折纵筋，与第一排弯折纵筋净距25

TL下部纵筋伸至TZ对边纵筋内侧，向上弯折15d，r=2d

TL拉筋隔一布一，交错布置

TZ

2—2 剖面图

（a）TZ顶、TL、PTL 节点配筋平面图与剖面图

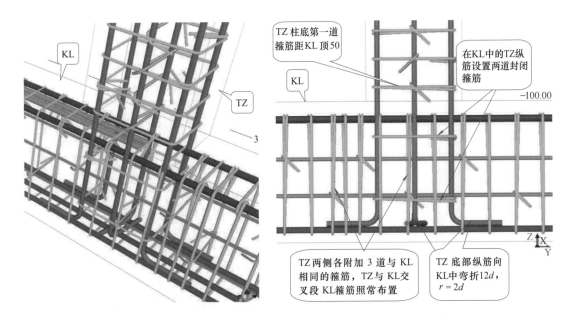

（b）TZ 柱底配筋 3D 视图及立面图

图 2.7.11　TZ、TL、PTL 节点配筋构造

特·别·说·明

　　关于 TL 纵筋锚固构造，应满足图 2.7.12 的要求，即采用弯折锚固时，梁的纵向受力钢筋应伸至节点对边柱纵筋内侧并向下弯折，直段长度应$\geqslant 0.4 l_{abE}$。

　　本工程 TL 支撑于 TZ 上，而梯柱宽度（TL 向）为 250mm，扣除混凝土保护层厚度 20mm、箍筋直径 8mm 及柱纵筋直径 16mm 后，TL 纵筋在 TZ 中的锚固的最大直段长度为：$250-20-8-16=206$mm。对于 TL 下部纵筋：$0.4 l_{abE}=0.4 \times 37 \times 22=325.6$mm（三级抗震，HRB400 级钢筋，C30 级混凝土）；对于 TL 上部纵筋：$0.4 l_{abE}=0.4 \times 37 \times 16=236.8$mm。由此可见 TL 纵筋在 TZ 中的锚固构造不满足规范要求，应及时与设计方进行协商处理。

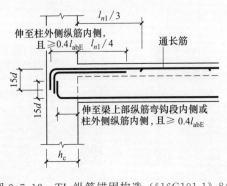

图 2.7.12　TL 纵筋锚固构造（《16G101-1》84）

示例 3：平台板配筋构造

平台板配筋施工构造见图 2.7.13。

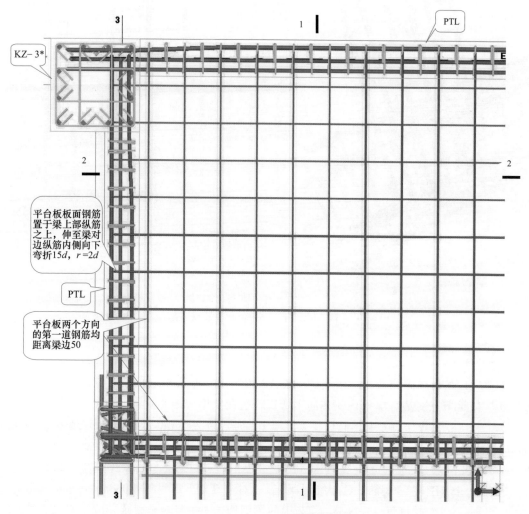

平台板板面钢筋置于梁上部纵筋之上，伸至梁对边纵筋内侧向下弯折15d，r=2d

平台板两个方向的第一道钢筋均距离梁边50

KZ-3*

PTL

PTL

(a) 平台板配筋平面图

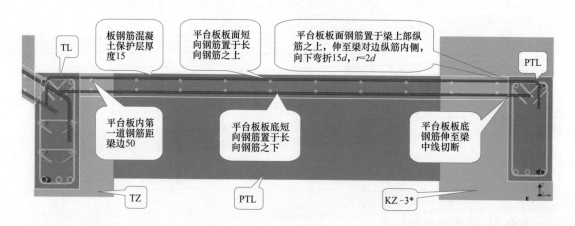

TL

板钢筋混凝土保护层厚度15

平台板板面短向钢筋置于长向钢筋之上

平台板板面钢筋置于梁上部纵筋之上，伸至梁对边纵筋内侧，向下弯折15d，r=2d

PTL

平台板内第一道钢筋距梁边50

平台板板底短向钢筋置于长向钢筋之下

平台板板底钢筋伸至梁中线切断

TZ

PTL

KZ-3*

(b) 1—1 剖面图

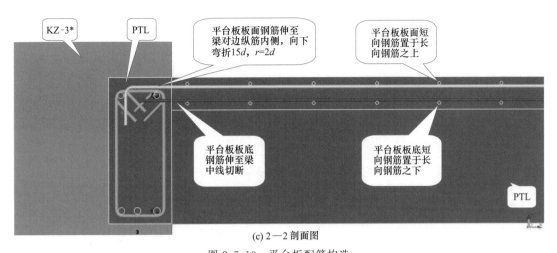

(c) 2—2 剖面图

图 2.7.13　平台板配筋构造

注：板长边方向钢筋图中简称长向钢筋，短边方向钢筋简称短向钢筋，下同。

项目 8　**标高 4.200 结构层梁平法施工图及其施工构造**

任务 1　阅读标高 4.200 结构层梁平法施工图

请认真阅读"××××电缆生产基地办公综合楼"标高 4.200 结构层梁平法施工图（结施 7/13），并回答如下问题。

（1）标高 4.200 结构层梁混凝土强度等级为＿＿＿＿＿＿，保护层厚度为＿＿＿＿＿ mm。

（2）KL1 于⑤～⑥间梁段梁顶面结构标高为＿＿＿＿＿ m；L7、L9 梁顶面结构标高为＿＿＿＿＿＿ m。除此之外，本层梁顶面结构标高均为＿＿＿＿＿ m。

（3）L4 与 KL ＿＿＿、KL ＿＿＿、KL ＿＿＿交接处应在 KL 上梁、次梁两侧各附加＿＿＿＿＿＿箍筋，同时应附加＿＿＿＿＿＿吊筋。

（4）KL10 的集中标注中 3A 表达的信息是＿＿＿＿＿＿＿＿＿；集中标注中 2Φ22 排布于 KL10 的＿＿＿＿＿＿（上部或下部，下同）；集中标注中 G4Φ12 排布于 KL10 的＿＿＿＿＿＿；KL10 的原位标注中 5Φ22 3/2 排布于 KL10 的＿＿＿＿＿＿，排布要求是＿＿＿＿＿＿；KL10 的原位标注中 6Φ22 2/4 排布于 KL10 的＿＿＿＿＿＿，排布要求是＿＿＿＿＿＿；KL10 的原位标注中 6Φ22 4/2 排布于 KL10 的＿＿＿＿＿＿，排布要求是＿＿＿＿＿＿＿＿＿＿。

（5）L7 的集中标注中 2Φ18；4Φ25，其中 2Φ18 排布于 L7 的＿＿＿＿＿＿＿＿＿＿，4Φ25 排布于 L7 的＿＿＿＿＿＿＿＿＿＿；L7 的集中标注中（－0.050）的表达的信息是＿＿＿＿＿＿＿＿＿＿。

（6）L4 的原位标注中 2Φ18＋2Φ20 表达的信息是＿＿＿＿＿＿，排布要求是＿＿＿＿＿＿。

任务 2　标高 4.200 结构层梁施工构造与 BIM 建模

请利用 BIM 建模软件，对"××××电缆生产基地办公综合楼"标高 4.200 结构层梁进行 BIM 建模，掌握钢筋混凝土梁的施工构造要求。

指导

（1）本工程标高 4.200 结构层梁钢筋的总体排布构造已标于该结构施工图中，请参考学习。

（2）本工程悬挑梁梁顶标高与 KL 顶标高相同，悬挑梁钢筋施工构造选用图 2.8.1 的形式。

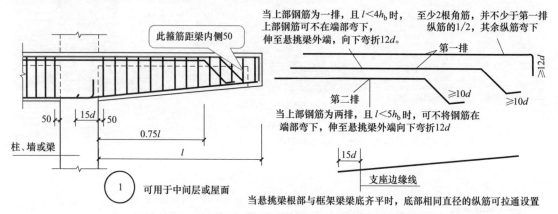

图 2.8.1　悬挑梁钢筋排布构造详图（《16G101-1》92）

（3）本工程钢筋排布的难点在于 L10 纵筋的排布。L4、KL3 作为 L10 的支座，节点处应将 L10 的纵筋置于 L4、KL3 的纵筋之上，但由于梁高相同，施工时应做局部特别调整。本工程的总体调整方法是：L4、KL3 与 L10 上、下部纵筋位置不变，上部纵筋碰撞处，L4、KL3 上部纵筋自然弯曲后置于 L10 上部纵筋之下（参见图 2.5.13　主、次梁等高时节点钢筋排布构造）；L10 下部纵筋于 L4、KL3 处向上自然弯曲后置于 L4、KL3 下部纵筋之上。L10 与 KL1 节点处，KL1 上部纵筋自然弯曲后置于 L10 上部纵筋之下；L10 悬挑端上部纵筋于端部自然弯曲置于 L1a 上部纵筋之下，下部纵筋正常布置。

（4）KL 上的附加箍筋、附加吊筋节点施工构造形式见图 2.8.2。

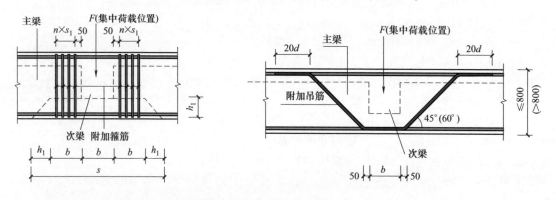

图 2.8.2　附加箍筋、附加吊筋节点施工构造（《12G901-1》2-52）

注：① 附加箍筋间距 s_1：最小间距为 50，最大间距不大于该区域主梁箍筋间距。

② s 范围内主梁箍筋不受附加箍筋影响照常布置。

③ 附加吊筋应在集中荷载位置的梁宽范围对称设置，配筋按设计要求确定。

④ 附加吊筋的上部（或下部）平直段可置于主梁上部（或下部）第一排或第二排纵筋位置。吊筋下部平直段必须置于次梁下部纵筋之下。

（5）参照"项目 5　标高－0.100 结构层梁平法施工图及其施工构造"中关于梁的配筋构造及标高 4.200 结构层梁配筋施工构造示例，完成本工程标高 4.200 结构层梁 BIM 建模工作，并多维度动态观察所建基础 BIM 模型，加深理解钢筋混凝土梁结构施工图表达的信息及施工构造要求。

示例 1：L10 配筋构造

标高 4.200m 结构层梁（二层梁）BIM 模型见图 2.8.3。L10 配筋施工构造见图 2.8.4。

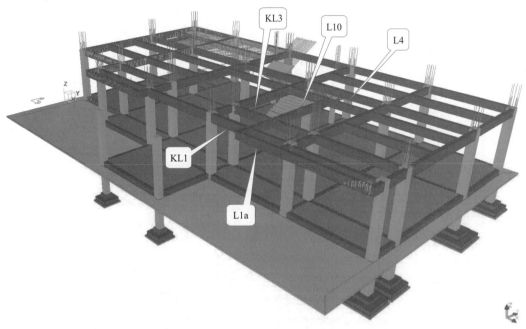

图 2.8.3　标高 4.200m 结构层梁（二层梁）BIM 模型

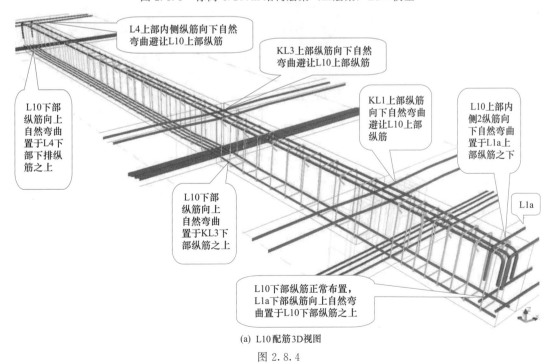

（a）L10 配筋 3D 视图

图 2.8.4

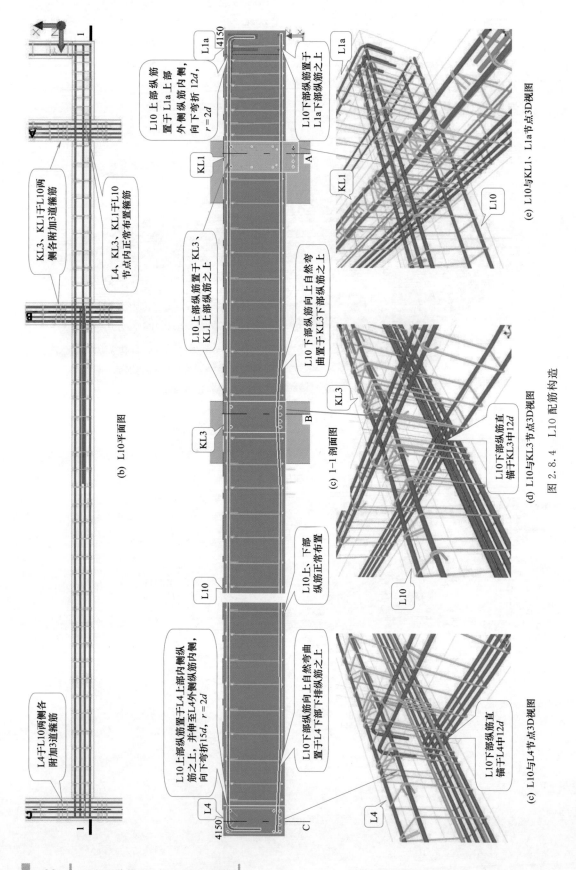

(b) L10平面图

L4于L10两侧各附加3道箍筋

KL3、KL1于L10两侧各附加3道箍筋

L4、KL3、KL1于L10节点内正常布置箍筋

L10上部纵筋置于L1a上部外侧纵筋内侧，向下弯折12d，r=2d

L10下部纵筋置于L1a下部纵筋之上

L10上部纵筋置于KL3、KL1上部纵筋之上

L10下部纵筋向上自然弯曲置于KL3下部纵筋之上

L1a

KL1

A

L1a

KL1

L10

(e) L10与KL1、L1a节点3D视图

KL3

B

KL3

L10

L10下部纵筋直锚于KL3中12d

(d) L10与KL3节点3D视图

1-1剖面图

L10上、下部纵筋正常布置

L10

L10

L10上部纵筋置于L4上部内侧纵筋之上，并伸至L4外侧纵筋内侧，向下弯折15d，r=2d

L10下部纵筋向上自然弯曲置于L4下部下排纵筋之上

L4

L10下部纵筋直锚于L4中12d

L4

(c) L10与L4节点3D视图

图2.8.4 L10配筋构造

示例 2：KL10 与 KL3、KL1 及 KZ 配筋构造

KL10 与 KL3、KL1 及 KZ 配筋施工构造见图 2.8.5。

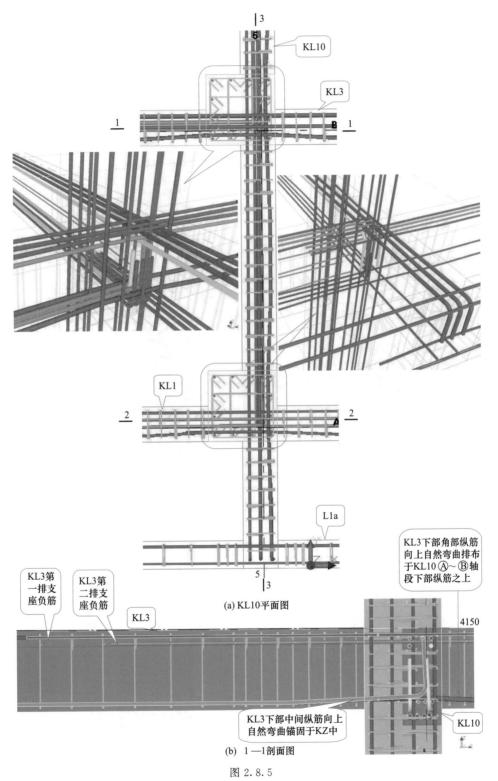

(a) KL10平面图

(b) 1—1剖面图

图 2.8.5

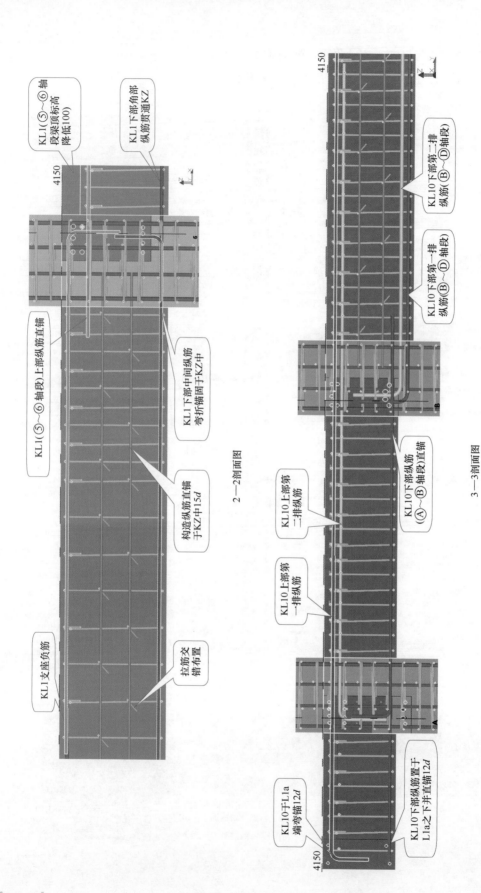

KL1(⑤~⑥轴段顶标高降梁底100)

KL1下部角部纵筋贯通KZ

4150

KL1(⑤~⑥轴段)上部纵筋直锚

KL1下部中间纵筋弯折锚固于KZ中

构造纵筋直锚于KZ中15d

2—2剖面图

KL1支座负筋

拉筋交错布置

4150

KL10下部第二排纵筋(B)~(D)轴段)

KL10下部第一排纵筋(B)~(D)轴段)

KL10上部纵筋(A)~(B)轴段直锚

KL10下部纵筋(A)~(B)轴段直锚

KL10上部第二排纵筋

KL10上部第一排纵筋

3—3剖面图

KL10干L1a端弯锚12d

KL10下部纵筋置于L1a之下并直锚12d

4150

图2.8.5 KL10与KL3、KL1及KZ配筋构造

示例3：附加箍筋与附加吊筋配筋构造

附加箍筋与附加吊筋施工构造见图2.8.6。

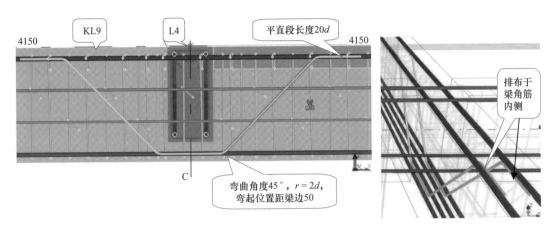

图2.8.6 附加箍筋与附加吊筋配筋构造

项目9 二层结构平面布置图及其施工构造

任务1 阅读二层结构平面布置图

请认真阅读"××××电缆生产基地办公综合楼"二层结构平面布置图（结施10/13），并回答如下问题。

（1）二层结构现浇板混凝土强度等级为_____，现浇板保护层厚度为_____ mm。

（2）二层结构平面结构标高为_____ m；其中①～②轴与Ⓓ～Ⓔ轴之间上部板的板顶标高为_____ m、板厚为_____ mm，下部左边板的板顶标高为_____ m、板厚为_____ mm，下部右边板的板顶标高为_____ m、板厚为_____ mm；⑤～⑥轴与Ⓐ～Ⓑ轴之间板顶标高为_____ m、板厚为_____ mm。

（3）①～②轴与Ⓓ～Ⓔ轴之间上部板的板边支座负筋为_____、自梁内边算起伸入板内的长度为_____ mm，支座负筋的分布钢筋为_____，板底长边向配筋为_____、短边向配筋为_____；①～②轴与Ⓓ～Ⓔ轴之间下部右边板的板边支座负筋为_____、其中左、右板边支座负筋自梁内边算起伸入板内的长度为_____ mm，上、下板边支座负筋采用拉通配筋的形式，板底长边向配筋为_____、短边向配筋为_____；②～③轴与Ⓐ～Ⓔ轴之间板厚均为_____ mm，板底、板面两个方向的配筋为_____且板底、板面钢筋均采用拉通配筋的形式。

（4）①～②轴间Ⓑ轴梁段梁上部有悬挑板，其详图索引符号为_____。该悬挑板板厚为_____ mm，板宽为_____ mm，与Ⓑ轴的位置关系为

_____；配筋情况为：受力筋为_____、钢筋形式为_____，分布筋为_____，分布筋位于_____。

 现浇板中配有哪些钢筋？施工图中如何表达？
如不熟悉，请扫描右侧二维码了解一下吧！

任务 2　二层结构施工构造与 BIM 建模

请利用 BIM 建模软件，对"××××电缆生产基地办公综合楼"二层结构进行 BIM 建模，掌握钢筋混凝土板的施工构造要求。

指导

目前，现浇板施工图的表达通常分为两类：传统表达方式和平法表达方式，本工程的现浇板施工图采用传统表达方法。

本工程现浇板为普通楼屋面板，板纵向钢筋在端支座的锚固要求采用图 2.9.1 所示的构造要求（上部应伸至梁外侧角筋内侧，向下弯折 $15d$，d 为纵向钢筋直径；下部纵筋应至少伸到梁中且 $\geqslant 5d$）。

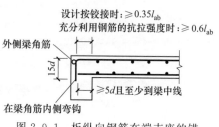

图 2.9.1　板纵向钢筋在端支座的锚固构造（《16G101-1》99）

楼面板和屋面板纵向钢筋的连接通长采用绑扎搭接，板纵筋排布构造如图 2.9.2 所示。

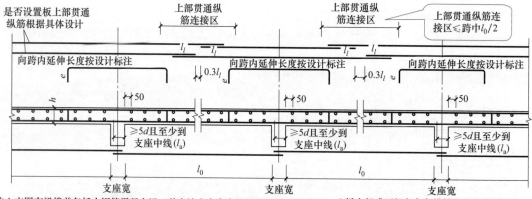

注 1.本图有梁楼盖包括由钢筋混凝土梁、剪力墙为支座支承的楼面板、屋面板。
　2.板贯通钢筋除搭接连接外，也可采用机械连接或焊接，但位于同一连接区段内的钢筋接头面积百分率不应大于50%，具体何种钢筋采用何种连接方式，应以设计要求为准。
　3.板相邻跨贯通钢筋配置不同时，应将配置较大者延伸到配置较小者跨中连接区域内连接。
　4.施工图中板上部或下部各方向纵筋被设在同一垂直位置，彼此交叉时，何方向纵筋在下何方向纵筋在上，应以具体设计要求为准。
　5.板上部或下部各方向纵筋的允许连接位置，详见本图集4-4页。
　6.括号内的锚固长度 l_a 用于梁板式转换层的板。
　7.当连续板有防裂要求时，伸入支座的锚固长度由设计方确定。
　8.图中 c 值为板厚减板上、下保护层；或由设计方会同施工方确定。

图 2.9.2　有梁楼盖楼面板、屋面板钢筋排布构造（《12G901-1》4-7）

钢筋混凝土现浇板受力筋与分布筋的位置关系如图2.9.3所示。

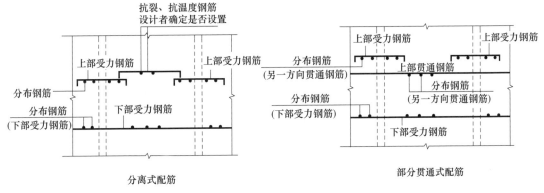

分离式配筋　　　　　　　　　　　部分贯通式配筋

图2.9.3　板受力筋与分布筋的位置关系（《16G101-1》102）

（1）板上部钢筋排布构造详见图2.9.4。

（2）板下部钢筋排布构造详见图2.9.5。

悬挑板XB钢筋构造可选用图2.9.6所示构造形式中的一种（其他构造形式详见《12G901-1》4-19～30）。

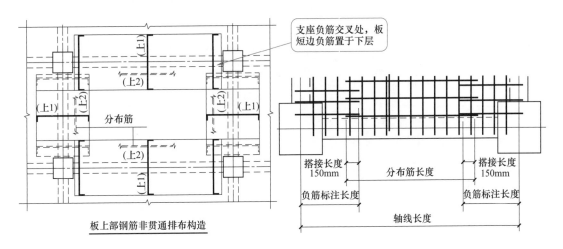

板上部钢筋非贯通排布构造

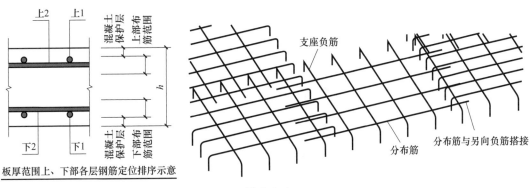

板厚范围上、下部各层钢筋定位排序示意

图2.9.4

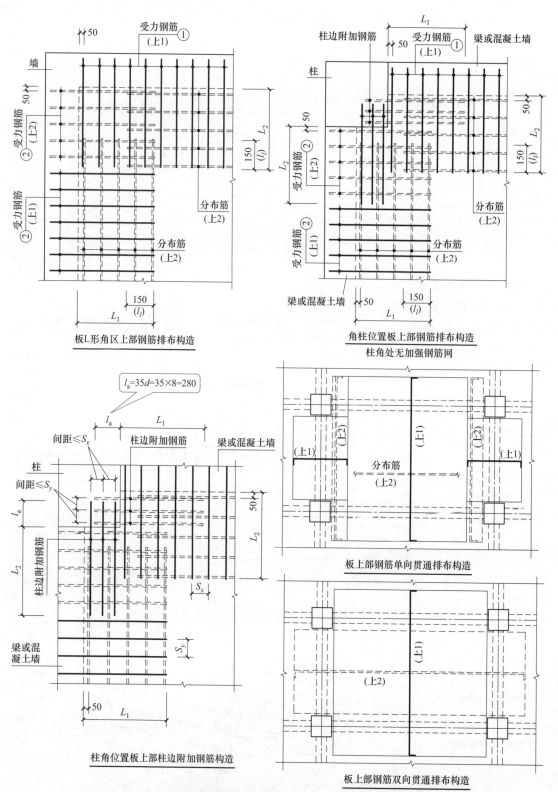

注:当受力钢筋采用HPB300级光圆钢筋时,端部应做180°弯钩,并满足构造要求,但当其作为板中分布筋(不作为抗温度收缩钢筋使用),或者按构造详图已经设有≤15d的直钩时,可不再设180°弯钩(见《13G101-11》1-4)。

图2.9.4 板上部钢筋排布构造(《12G901-1》4-9、10、13、18)

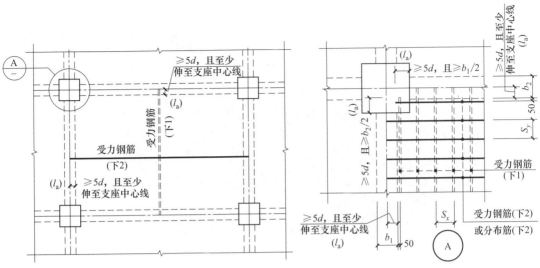

图 2.9.5　板下部钢筋排布构造

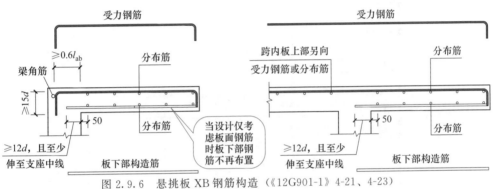

图 2.9.6　悬挑板 XB 钢筋构造（《12G901-1》4-21、4-23）

（1）由于跨中弯矩短跨方向比长跨方向大，因此短跨方向的受力钢筋应放在长跨方向受力钢筋的外侧，以充分利用板的有效高度。故施工时板底短跨方向的钢筋应放置与长跨方向钢筋的下部；板面支座负筋应放置于分布钢筋的上部。

（2）当板、主梁、次梁顶部标高相同时，交接处钢筋的位置关系如图 2.9.7 所示。

图 2.9.7　板与主、次梁交接处钢筋的位置关系

　　请参考"项目 7　楼梯首层施工详图及其施工构造"中关于平台板的配筋构造及现浇板配筋施工构造示例，完成二层结构的 BIM 建模任务。请多维度动态观察所建二层结构 BIM 模型，加深理解钢筋混凝土板结构施工图表达的信息及施工构造要求。

示例 1：现浇板 2B1 配筋构造

　　说明：现浇板编号参见"××××电缆生产基地办公综合楼"二层结构平面布置图（结施 10/13）。

现浇板 2B1 配筋施工构造见图 2.9.8。

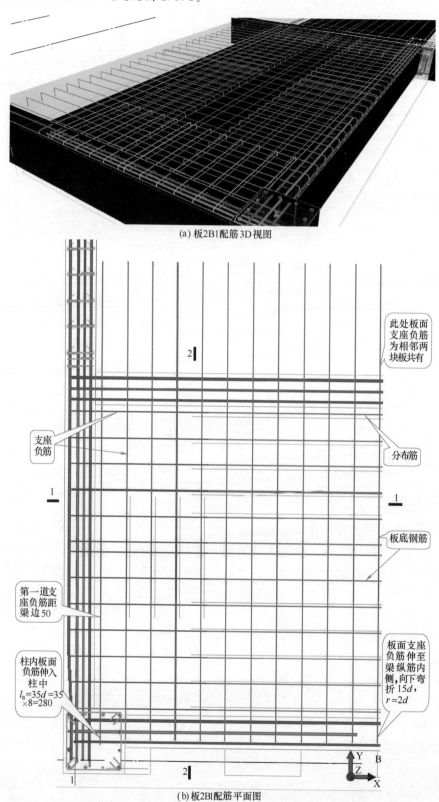

(a) 板2B1配筋3D视图

此处板面
支座负筋
为相邻两
块板共有

分布筋

支座
负筋

1　　　　　　　　　　　　　　　　1

板底钢筋

第一道支
座负筋距
梁边50

柱内板面
负筋伸入
柱中
$l_a = 35d = 35$
$\times 8 = 280$

板面支座
负筋伸至
梁纵筋内
侧，向下弯
折$15d$，
$r = 2d$

(b) 板2B1配筋平面图

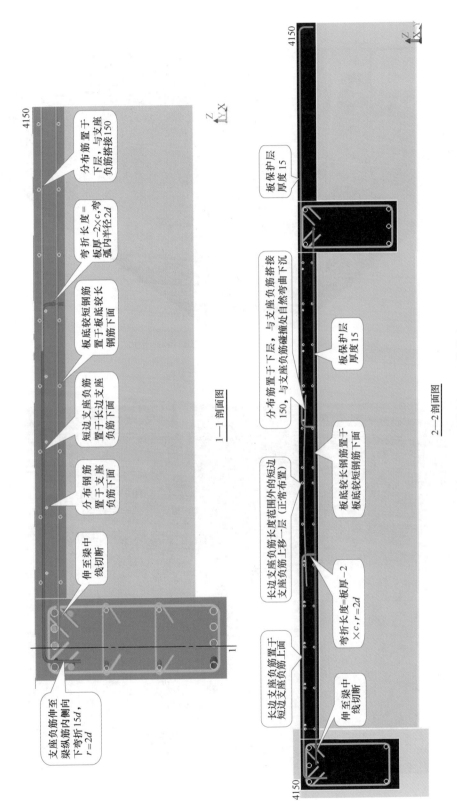

1—1 剖面图

分布筋置于下层，与支座负筋搭接150

弯折长度=板厚−2×c，弯弧内半径2d

板底较短钢筋较长置于板底钢筋下面

短边支座负筋置于支座长边负筋下面

分布钢筋置于支座负筋下面

伸至梁中线切断

支座负筋伸至梁纵筋内侧向下弯折15d，r=2d

2—2 剖面图

板保护层厚度15

分布筋置于下层，与支座负筋搭接150，与支座负筋碰撞处自然弯曲下沉

板保护层厚度15

长边支座负筋长度范围外的短边支座负筋上移一层（正常布置）

板底较长钢筋置于板底较短钢筋下面

弯折长度=板厚−2×c，r=2d

长边支座负筋置于短边支座负筋上面

伸至梁中线切断

图 2.9.8 现浇板 2B1 配筋构造

示例 2：现浇板 2B2 配筋构造

现浇板 2B2 配筋施工构造见图 2.9.9。

（a）板2B2配筋3D视图（为清晰起见，图中隐藏了板底钢筋）

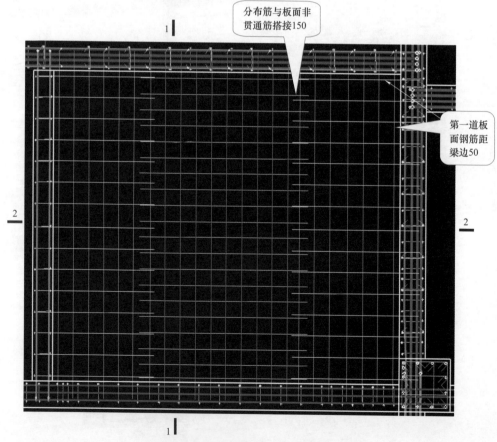

（b）板2B2配筋平面图（为清晰起见，图中隐藏了板底钢筋）

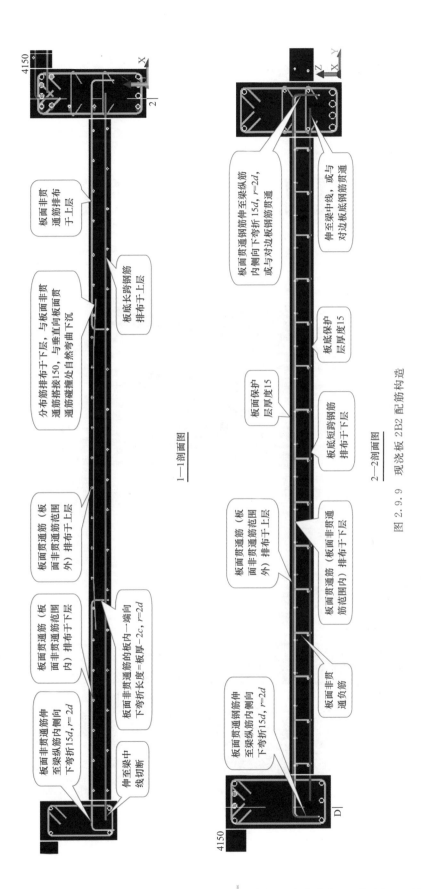

1—1剖面图

2—2剖面图

图 2.9.9　现浇板 2B2 配筋构造

示例3：悬挑板2B3配筋构造

悬挑板2B3配筋施工构造见图2.9.10。

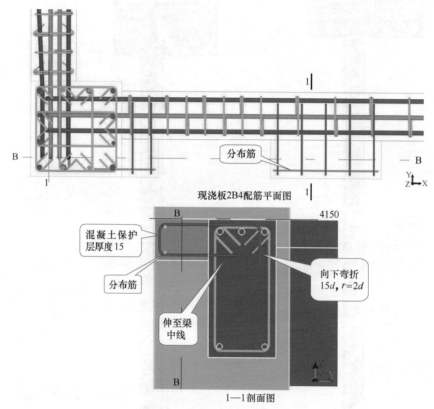

图2.9.10 悬挑板2B3板配筋构造

二层结构BIM模型见图2.9.11。

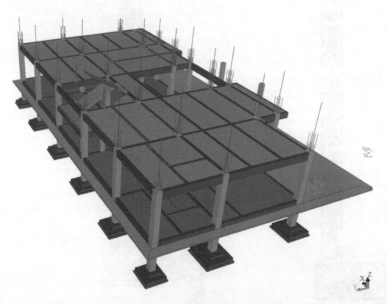

图2.9.11 二层结构BIM模型

项目 10　　楼梯顶层施工详图及其施工构造

任务 1　阅读楼梯详图（顶层）

请认真阅读"××××电缆生产基地办公综合楼"楼梯详图（结施 13/13），并回答如下问题：

（1）楼梯顶层平面布置图中，TB-2 第一跑宽度是＿＿＿＿＿ mm，第二跑宽度是＿＿＿＿＿ mm。6.150 处楼梯平台的平台板及 TL、TZ 顶标高为＿＿＿＿＿ m，8.100 处结构标高为＿＿＿＿＿ m。

（2）TB-2 板厚为＿＿＿＿＿ mm，共有＿＿＿＿＿个踏步，踏步高度为＿＿＿＿ mm，宽度为＿＿＿＿＿ mm，板底纵向受力钢筋为＿＿＿＿＿＿，分布筋为＿＿＿＿＿＿，板面纵向受力钢筋为＿＿＿＿＿，分布筋为＿＿＿＿＿。

（3）TZ 截面尺寸＿＿＿＿＿＿＿，纵筋为＿＿＿＿＿＿＿，箍筋为＿＿＿＿＿＿＿；TL 截面尺寸＿＿＿＿＿＿＿，上部纵筋为＿＿＿＿＿＿，下部纵筋为＿＿＿＿＿＿，箍筋为＿＿＿＿＿＿，腰筋为＿＿＿＿＿＿＿，腰筋的拉筋为＿＿＿＿＿＿；PTL 截面尺寸＿＿＿＿＿＿，上部纵筋为＿＿＿＿，下部纵筋为＿＿＿＿，箍筋为＿＿＿＿＿。

（4）楼梯平台板厚为＿＿＿＿＿＿ mm，板底两个方向的配筋均为＿＿＿＿＿＿，板面两个方向的配筋均为＿＿＿＿＿＿＿。

任务 2　楼梯顶层施工构造与 BIM 建模

请利用 BIM 软件，对"××××电缆生产基地办公综合楼"楼梯顶层进行 BIM 建模，掌握钢筋混凝土楼梯顶层施工构造要求。

☞ 指导

请参考"项目 7　楼梯首层施工详图及其施工构造"中相关施工构造要求及楼梯顶层配筋施工构造示例，完成本工程楼梯顶层 BIM 建模任务。

请多维度动态观察所建楼梯 BIM 模型，加深理解钢筋混凝土楼梯结构施工图表达的信息及施工构造要求。

示例：TB2 施工构造

楼梯顶层 PTL、TZ、TL 及平台板与首层基本相同，请自行完成 BIM 建模练习。楼梯顶层 BIM 模型见图 2.10.1。楼梯顶层 TB2 配筋施工构造见图 2.10.2、图 2.10.3。

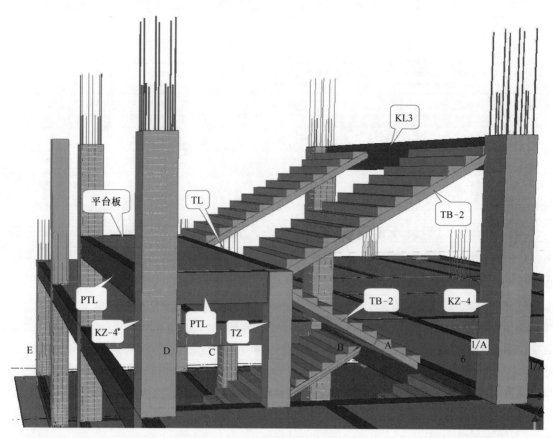

图 2.10.1　楼梯顶层 BIM 模型

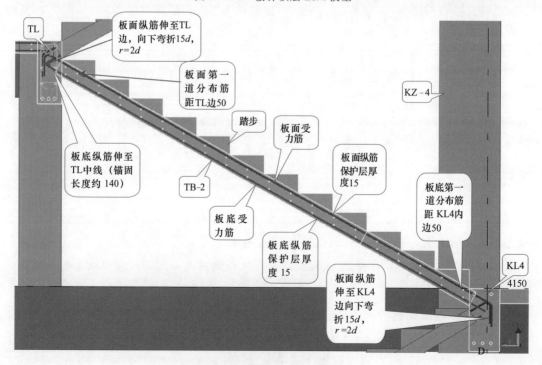

(a) TB2 (4.150～6.100) 剖面图

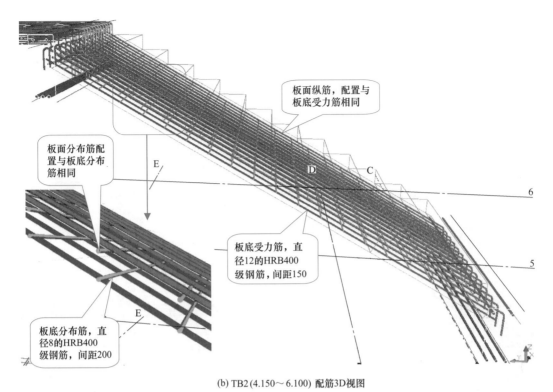

板面纵筋，配置与板底受力筋相同

板面分布筋配置与板底分布筋相同

板底受力筋，直径12的HRB400级钢筋，间距150

板底分布筋，直径8的HRB400级钢筋，间距200

(b) TB2(4.150～6.100) 配筋3D视图

图 2.10.2　4.150～6.100TB2 配筋构造

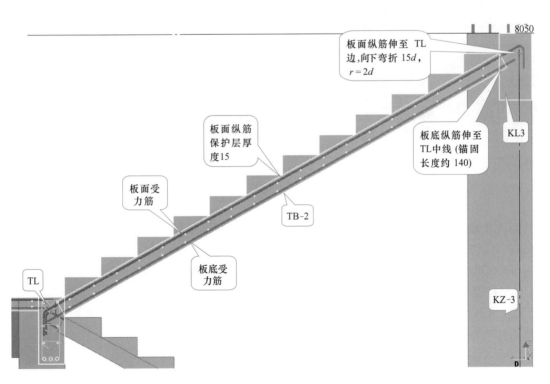

板面纵筋伸至 TL 边，向下弯折 15d，r = 2d

板面纵筋保护层厚度15

板底纵筋伸至 TL中线(锚固长度约 140)

板面受力筋

TB-2

板底受力筋

KL3

KZ-3

TL

(a) TB2(6.100～8.050)剖面图

图 2.10.3

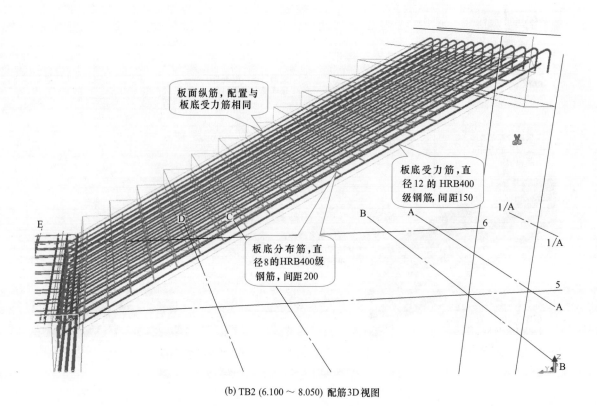

板面纵筋，配置与板底受力筋相同

板底受力筋，直径12的HRB400级钢筋，间距150

板底分布筋，直径8的HRB400级钢筋，间距200

(b) TB2 (6.100～8.050) 配筋3D视图

图 2.10.3　TB2（6.100～8.050）配筋构造

项目 11　标高 4.200～8.100 柱平法施工图及其施工构造

任务 1　阅读柱平面布置图（标高〈4.200 以上〉柱平面图）

请认真阅读"××××电缆生产基地办公综合楼"标高〈4.200 以上〉柱平面图（结施 5/13），并回答如下问题：

（1）KZ-1 柱顶结构标高为_____ m，除 KZ-1 外，其他二层柱柱顶结构标高为_____ m。二层柱混凝土强度等级为_____，保护层厚度为_____ mm。

（2）KZ-1 在 4.200～8.100 之间截面尺寸为_____，纵筋为_____（其中角部纵筋为_____），箍筋为_____；KZ-2 在 4.200～8.100 之间截面尺寸为_____，纵筋为_____（其中角部纵筋为_____），箍筋为_____；KZ-3 在 4.200～8.100 之间截面尺寸为_____，纵筋为_____（其中角部纵筋为_____），箍筋为_____。

（3）KZ-4 在 8.100～12.000 之间截面尺寸为_____，纵筋为_____（其中角

部纵筋为_____)，其中箍筋为 φ8@100 的 KZ-4 位于_____，箍筋为 φ8@100/200 的 KZ-4 位于_____。

（4）请对比 −0.100～4.150 柱段与 4.150～8.050 柱段 KZ 纵筋变化，其中Ⓐ轴与②轴交点的 KZ-1 纵筋变化为：由_____改变为_____；Ⓑ轴与③轴交点的 KZ-2 纵筋变化为：由_____改变为_____；Ⓑ轴与④轴交点的 KZ-2 纵筋变化为：由_____改变为_____；Ⓑ轴与⑤轴交点的 KZ-3 纵筋变化为：由_____改变为_____。−0.100～4.150 柱段与 4.150～8.050 柱段 KZ 箍筋_____（有或无）变化。

任务 2　标高 4.200～8.100 柱施工构造与 BIM 建模

请利用 BIM 建模软件，对"××××电缆生产基地办公综合楼"标高 4.200～8.100 柱进行 BIM 建模，进一步掌握钢筋混凝土柱施工构造要求。

指导

（1）请参考"项目 6　标高 −0.100～4.200 柱平法施工图及其施工构造"中相关施工构造要求及二层柱（标高 4.200～8.100）配筋施工构造示例，完成本工程标高 4.200～8.100 柱的 BIM 建模任务。

（2）柱顶（中柱）纵筋的锚固构造选用图 2.11.1 的形式（其他锚固形式详见《16G101-1》第 68 页）。

（3）柱段 KZ 纵筋变化时纵筋的连接构造，当上柱钢筋直径比下柱钢筋直径大时按图 2.11.1 施工，当上柱钢筋直径比下柱钢筋直径小时按图 2.11.2 施工。

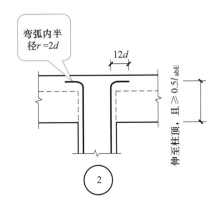

（当柱顶有不小于100厚的现浇板）

图 2.11.1　中柱柱顶纵筋锚固构造（《16G101-1》68）

请多维度动态观察所建标高 4.200～8.100 柱 BIM 模型，加深理解钢筋混凝土柱结构施工图表达的信息及施工构造要求。

示例 1：Ⓐ轴与②轴交点的 KZ-1（边柱）配筋构造

Ⓐ轴与②轴交点的 KZ-1（边柱）配筋施工构造见图 2.11.3。

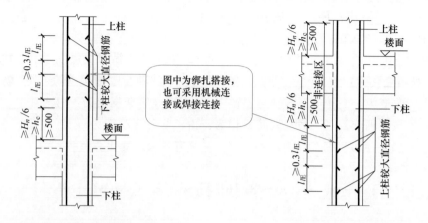

(a) 下柱钢筋直径比上柱钢筋直径大时连接构造　　　(b) 上柱钢筋直径比下柱钢筋直径大时连接构造

图 2.11.2　上柱钢筋直径与下柱钢筋直径不同时的连接构造（《16G101-1》63）

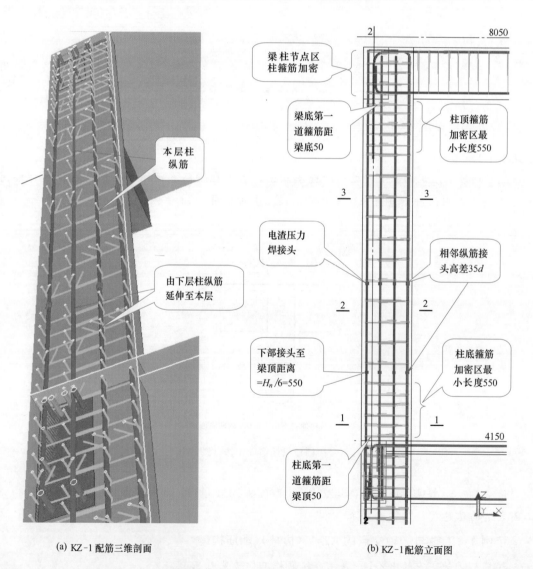

(a) KZ-1 配筋三维剖面　　　　　　　　　　　　　(b) KZ-1 配筋立面图

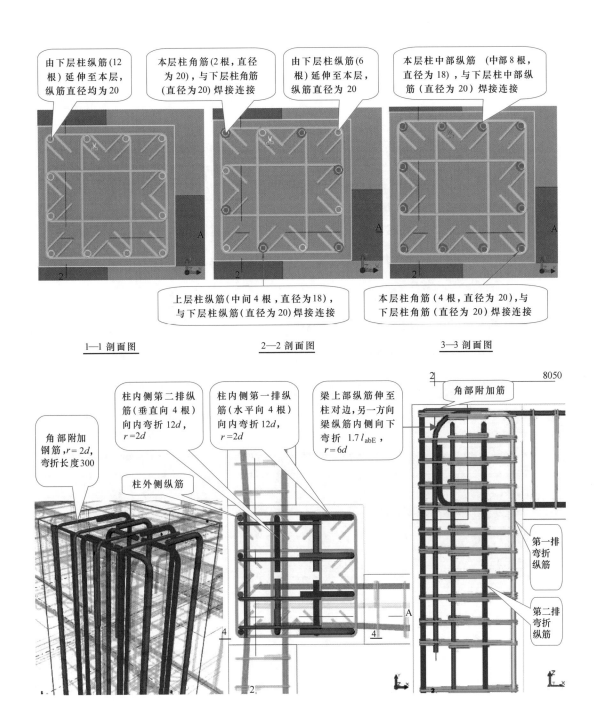

由下层柱纵筋(12根)延伸至本层，纵筋直径均为20

本层柱角筋(2根，直径为20)，与下层柱角筋(直径为20)焊接连接

由下层柱纵筋(6根)延伸至本层，纵筋直径为20

本层柱中部纵筋（中部8根，直径为18)，与下层柱中部纵筋（直径为20)焊接连接

上层柱纵筋(中间4根，直径为18)，与下层柱纵筋(直径为20)焊接连接

本层柱角筋(4根，直径为20)，与下层柱角筋(直径为20)焊接连接

1—1 剖面图　　　　　　　2—2 剖面图　　　　　　　3—3 剖面图

柱内侧第二排纵筋（垂直向4根）向内弯折12d，r=2d

柱内侧第一排纵筋（水平向4根）向内弯折12d，r=2d

梁上部纵筋伸至柱对边，另一方向梁纵筋内侧向下弯折 $1.7l_{abE}$，r=6d

角部附加筋

角部附加钢筋，r=2d，弯折长度300

柱外侧纵筋

2　　　　　8050

第一排弯折纵筋

第二排弯折纵筋

(c) 边柱顶纵筋构造 3D视图　　　　(d) 边柱顶纵筋平面图　　　　4—4 剖面图

图 2.11.3　Ⓐ轴与②轴交点的 KZ-1（边柱）配筋构造

示例 2：Ⓐ轴与③轴交点的 KZ-1（中柱）配筋构造

Ⓐ轴与③轴交点的 KZ-1（中柱）与Ⓐ轴与②轴交点的 KZ-1（边柱）配筋构造基本相同，它们仅柱顶钢筋有些不同，现将中柱柱顶钢筋构造示例于图 2.11.4 中。

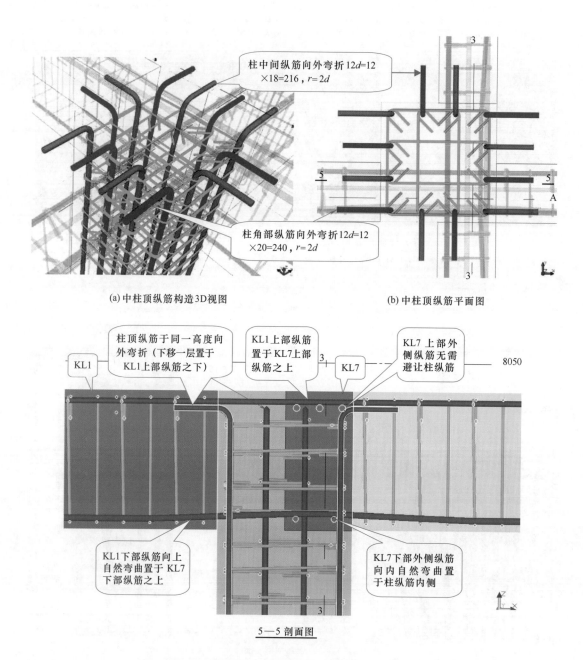

柱中间纵筋向外弯折12d=12
×18=216，r=2d

柱角部纵筋向外弯折12d=12
×20=240，r=2d

(a)中柱顶纵筋构造3D视图

(b)中柱顶纵筋平面图

柱顶纵筋于同一高度向
外弯折（下移一层置于
KL1上部纵筋之下）

KL1上部纵筋
置于KL7上部
纵筋之上

KL7 上部外
侧纵筋无需
避让柱纵筋

KL1

KL7

8050

KL1下部纵筋向上
自然弯曲置于 KL7
下部纵筋之上

KL7下部外侧纵筋
向内自然弯曲置
于柱纵筋内侧

5—5 剖面图

图 2.11.4　Ⓐ轴与③轴交点的 KZ-1（中柱）柱顶配筋构造

示例 3：Ⓑ轴与⑤轴交点的 KZ-3 配筋构造

由于Ⓑ轴与⑤轴交点的 KZ-3 的下部纵筋为 4⊈20＋4⊈18＋4⊈18，而上部纵筋为4⊈22＋4⊈22＋4⊈20，即上柱纵筋直径比下柱纵筋直径大，其施工构造见图 2.11.5。

二层柱 BIM 模型见图 2.11.6。

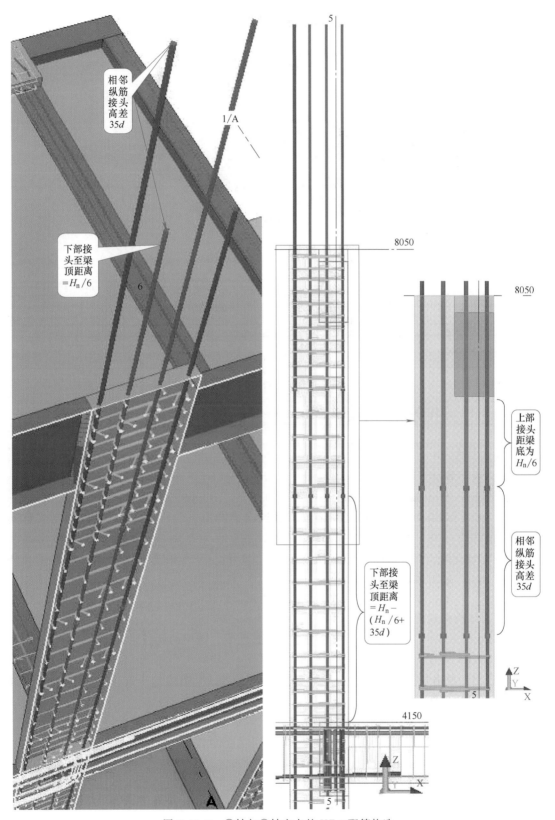

图 2.11.5　Ⓑ轴与⑤轴交点的 KZ-3 配筋构造

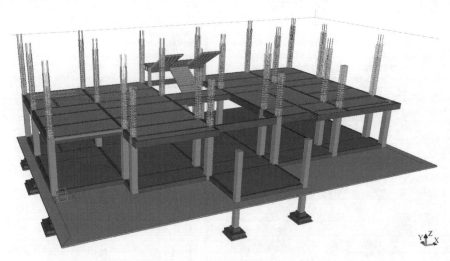

图 2.11.6　二层柱 BIM 模型

项目 12　标高 8.100 结构层梁平法施工图及其施工构造

任务 1　阅读标高 8.100 结构层梁平法施工图

请认真阅读"××××电缆生产基地办公综合楼"标高 8.100 结构层梁平法施工图（结施 8/13），并回答如下问题。

（1）标高 8.100 结构层梁混凝土强度等级为＿＿＿＿＿＿＿，保护层厚度为＿＿＿＿＿＿ mm。

（2）KL6、KL9 于 Ⓐ～Ⓑ 轴之间梁段及悬挑段梁高为＿＿＿＿＿＿ mm，梁顶面结构标高（以下均指结构标高）为＿＿＿＿＿＿ m；KL7、KL8 于 Ⓐ～Ⓑ 轴之间梁段及悬挑段梁高为＿＿＿＿＿＿ mm，梁顶面结构标高为＿＿＿＿＿＿ m；L9 于 Ⓐ～Ⓑ 轴之间梁段及悬挑段梁高为＿＿＿＿＿＿ mm，梁顶面结构标高为＿＿＿＿＿＿ m；L6 梁高为＿＿＿＿＿＿ mm，梁顶面结构标高为＿＿＿＿＿＿ m；L8 梁高为＿＿＿＿＿＿ mm，梁顶面结构标高为＿＿＿＿＿＿ m。除此之外，本层梁顶面结构标高均为＿＿＿＿＿＿ m。

（3）L9 与 KL＿＿＿、KL＿＿＿交接处应在 KL 上梁、次梁两侧各附加＿＿＿＿＿＿＿箍筋；L9 与 L3 交接处应在 L＿上两侧各附加＿＿＿＿＿＿＿＿＿＿箍筋；L9 与 L2 交接处应在 L＿、L＿上两侧各附加＿＿＿＿＿＿＿＿＿箍筋；L9 与 L1 交接处应在 L＿上两侧各附加＿＿＿＿＿＿＿＿＿箍筋。

（4）查阅 KL8 的集中标注，其中 3A 表达的信息是＿＿＿＿＿＿＿＿＿＿＿＿＿＿＿，2Φ22 排布于 KL8 的＿＿＿＿＿＿＿＿＿＿＿＿，N4Φ12 排布于 KL8 的＿＿＿＿＿＿＿＿＿＿＿，排布要求是＿＿＿＿＿＿＿＿＿＿＿＿＿。

（5）KL8 与 Ⓓ 轴交点处的原位标注 4Φ22 排布要求是＿＿＿＿＿＿＿＿＿＿＿＿＿＿＿，与之对应的原位标注 6Φ22 4/2 排布于 KL8 的＿＿＿＿＿＿＿＿，排布要求是＿＿＿＿＿＿＿＿＿，其第二层 2Φ22 钢筋一端伸入 Ⓓ～Ⓑ 跨内，另一端应锚固于＿＿＿＿＿＿＿＿中。

（6）KL8 的原位标注中，纵筋 6Φ22　2/4 位于 KL8 的_____轴与_____轴之间跨内的_____部，排布要求是_____，纵筋端部锚固于_____中；该跨梁截面高度为_____ mm，箍筋配置为_____；G4Φ12 排布于 KL8 的_____，排布要求是_____。

（7）KL8 于Ⓐ～Ⓑ跨内的原位标注中 3Φ22 排布于 KL8 的_____，2Φ18 排布于 KL8 的_____；该跨梁截面高度为_____ mm，箍筋配置为_____；（−0.100）表示_____。

任务 2　标高 8.100 结构层梁施工构造与 BIM 建模

请利用 BIM 建模软件，对"××××电缆生产基地办公综合楼"标高 8.100 结构层梁进行 BIM 建模，进一步掌握钢筋混凝土梁施工构造要求。

 指导

（1）请参考"项目 5　标高−0.100 结构层梁平法施工图及其施工构造"及"项目 8　标高 4.200 结构层梁平法施工图及其施工构造"中相关施工构造要求及标高 8.100 结构层梁配筋施工构造示例，完成本工程标高 8.100 结构层梁的 BIM 建模任务。

（2）本工程标高 8.100 结构层梁钢筋的总体排布构造已标于该结构施工图中，请参考学习。

（3）非框架梁梁顶标高不同时，纵向钢筋的锚固构造采用图 2.12.1 所示的构造形式。

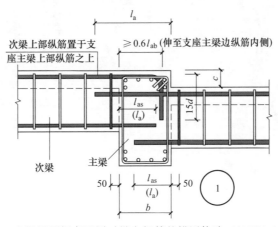

图 2.12.1　次梁梁顶标高不同时纵向钢筋的锚固构造（《12G901-1》2-42）

注：①次梁下部纵筋伸入支座直锚长度 l_{as}：带肋钢筋为 12d，光面钢筋为 15d（末端做 180°弯钩）。图中括号内数字用于弧形非框架梁。

②图中 l_a 为非抗震锚固长度，对于 HRB400 级钢筋、C30 混凝土取 35d。

请多维度动态观察所建标高 8.100 结构层梁 BIM 模型，加深理解钢筋混凝土梁结构施工图表达的信息及施工构造要求。

示例 1：L9 配筋构造

标高 8.100 结构层梁施工难点在于 L9，其施工构造要求见图 2.12.2。

示例 2：KL8 与 KL3 及 KZ4 节点配筋构造

KL8 与 KL3 及 KZ4 节点配筋施工构造详见图 2.12.3。

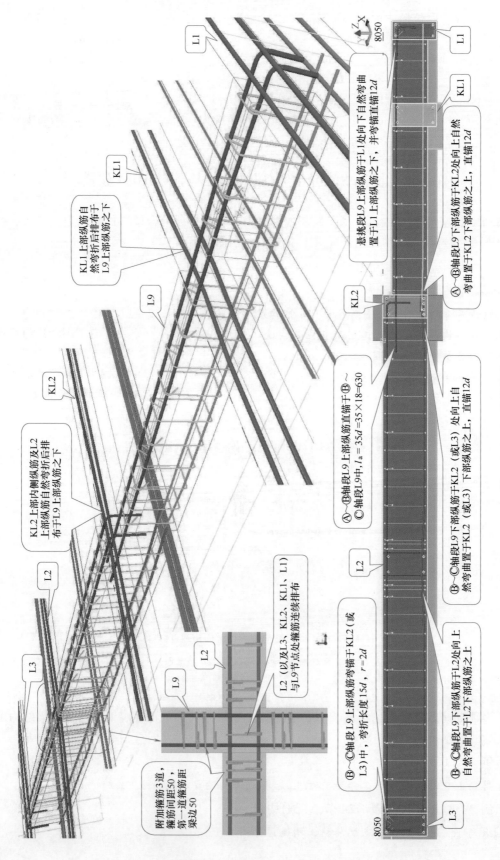

图 2.12.2　L9 配筋构造

KL1 上部纵筋自然弯折后排布于 L9 上部纵筋之下

KL2 上部内侧纵筋及 L2 上部纵筋自然弯折后排布于 L9 上部纵筋之下

悬挑段 L9 上部纵筋干 L1 处向下自然弯曲置于 L1 上部纵筋之下，并弯锚直锚 12d

Ⓐ～Ⓑ轴段 L9 下部纵筋干 KL2 处向上自然弯曲置于 KL2 下部纵筋之上，直锚 12d

Ⓐ～Ⓑ轴段 L9 上部纵筋直锚干Ⓑ～Ⓒ轴段 L9 中，$l_a = 35d = 35 \times 18 = 630$

Ⓑ～Ⓒ轴段 L9 下部纵筋干 KL2（或 L3）处向上自自然弯曲置于 KL2（或 L3）下部纵筋之上，直锚 12d

L2（以及 L3、KL2、KL1、L1）与 L9 节点处箍筋连续排布

Ⓑ～Ⓒ轴段 L9 上部纵筋弯锚干 KL2（或 L3）中，弯折长度 15d，$r = 2d$

Ⓑ～Ⓒ轴段 L9 下部纵筋干 KL2 处向上自然弯曲置于 L2 下部纵筋之上

附加箍筋 3 道，箍筋间距 50，第一道距梁边 50

8050

8050

L1

L1

KL1

KL2

L9

KL2

L2

L2

L9

L3

L2

L3

Z X

84　混凝土结构施工构造与BIM建模

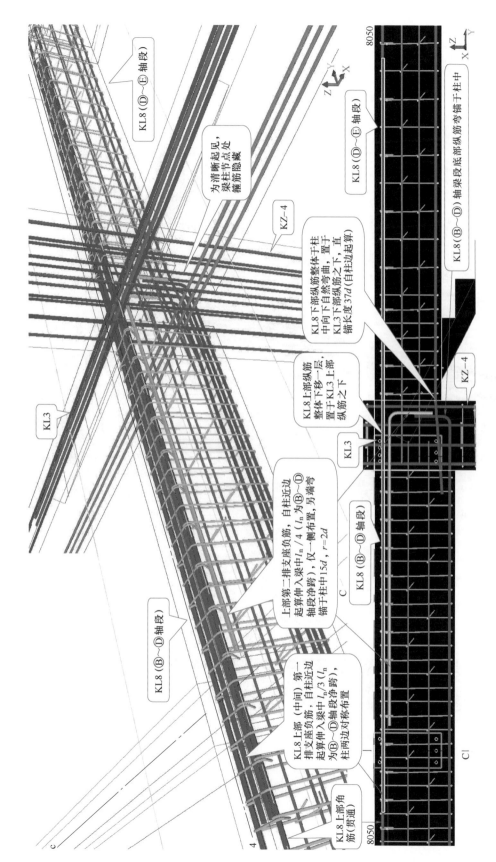

图 2.12.3　KL8 与 KL3 及 KZ-4 节点配筋构造

KL8（Ⓓ～Ⓔ 轴段）

为清晰起见，梁柱节点处箍筋隐藏

KZ-4

KL8（Ⓓ～Ⓔ 轴段）

KL8（Ⓑ～Ⓓ）轴梁段底部纵筋弯锚于柱中

KL3

KL8 下部纵筋整体于柱中向下自然弯曲，置于 KL3 下部纵筋之下（自柱边起算锚长度 37d，直锚）

KL8 上部纵筋整体下移一层，置于 KL3 上部纵筋之下

KL3

KZ-4

上部第二排支座负筋，自柱近边起算伸入梁中 l_n／4（l_n 为Ⓑ～Ⓓ 轴段净跨），仅一侧布置，另端弯锚于柱中 15d，r＝2d

KL8（Ⓑ～Ⓓ 轴段）

C

KL8 上部（中间）第一排支座负筋，自柱近边起算伸入梁中 l_n／3（l_n 为Ⓑ～Ⓓ 轴段净跨），柱两边对称布置

KL8（Ⓑ～Ⓓ 轴段）

KL8 上部角（贯通）筋（对通）

8050

8050

8050

C1

C

示例 3：梁底不同直径钢筋连接构造

本工程 KL2③~④轴段梁底纵筋为 4𝚽18，而 KL2④~⑤轴段梁底纵筋为 4𝚽20，故接头宜设置在 KL2③~④轴段，其施工构造要求见图 2.12.4。

三层梁 BIM 模型见图 2.12.5。

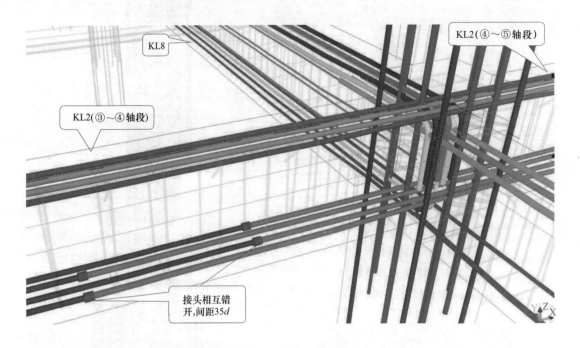

KL8

KL2(④~⑤轴段)

KL2(③~④轴段)

接头相互错开，间距35*d*

(a) 梁底不同直径钢筋连接构造3D视图

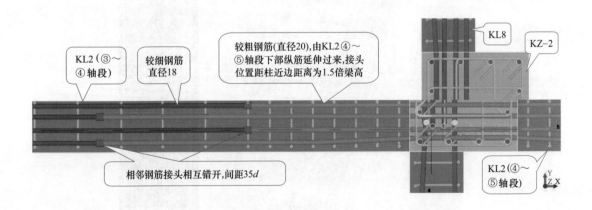

KL2（③~④轴段）

较细钢筋直径18

较粗钢筋(直径20)，由KL2④~⑤轴段下部纵筋延伸过来，接头位置距柱近边距离为1.5倍梁高

KL8

KZ-2

相邻钢筋接头相互错开，间距35*d*

KL2(④~⑤轴段)

(b) 梁底不同直径钢筋连接构造平面图

图 2.12.4　梁底不同直径钢筋连接构造

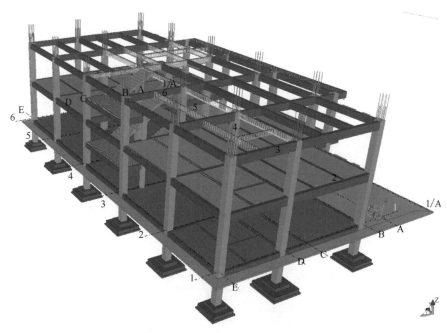

图 2.12.5　三层梁 BIM 模型

项目 13　三层结构平面布置图及其施工构造

任务 1　阅读三层结构平面布置图

请认真阅读"××××电缆生产基地办公综合楼"三层结构平面布置图（结施 11/13），并回答如下问题。

（1）三层结构现浇板混凝土强度等级为＿＿＿＿＿＿，现浇板保护层厚度为＿＿＿＿＿＿＿ mm。

（2）三层结构平面结构标高为＿＿＿＿＿＿＿＿＿ m；其中①～②轴与⑩～⑥轴之间上部板的板顶标高为＿＿＿＿＿＿ m、板厚为＿＿＿＿＿＿ mm，下部左边板的板顶标高为＿＿＿＿＿＿ m、板厚为＿＿＿＿＿＿ mm，下部右边板的板顶标高为＿＿＿＿＿＿＿ m、板厚为＿＿＿＿＿＿ mm；②～⑤轴与⑥～⑥轴及悬挑端之间板顶标高为＿＿＿＿＿＿＿ m、板厚为＿＿＿＿＿＿ mm。

（3）①～②轴与⑩～⑥轴之间上部板的板边支座负筋为＿＿＿＿＿＿＿＿＿＿＿，自梁内边算起伸入板内的长度为＿＿＿＿＿＿＿ mm，支座负筋的分布钢筋为＿＿＿＿＿＿＿＿，板底长边向配筋为＿＿＿＿＿＿＿、短边向配筋为＿＿＿＿＿＿＿；①～②轴与⑩～⑥轴之间下部右边板的板底、板面钢筋采用拉通配筋的形式，板底长边向配筋为＿＿＿＿＿＿＿＿、短边向配筋为＿＿＿＿＿＿＿，板面长边向配筋为＿＿＿＿＿＿＿、短边向配筋为＿＿＿＿＿＿＿。

（4）②～③轴与⑥～⑥轴之间板厚均为＿＿＿＿＿＿ mm，支座负筋为＿＿＿＿＿＿＿，自板边伸入板中的长度分别为＿＿＿＿＿＿ mm、＿＿＿＿＿＿ mm、＿＿＿＿＿＿ mm，板底长边配筋为＿＿＿＿＿＿＿、短边向配筋为＿＿＿＿＿＿＿。

（5）②～⑤轴与Ⓐ～Ⓑ轴之间板的短边上支座负筋为_____，自梁内边算起伸入板内的长度为_____ mm、_____ mm；长边上支座负筋采用拉通配筋的形式，并延伸至_____；板底长边向配筋为_____、短边向配筋为_____（施工时可自 KL2延伸至 L1 内）；悬挑梁上的板的支座负筋为_____，自梁内边算起伸入板内的长度为_____ mm、_____ mm。

（6）⑤～⑥轴间Ⓑ轴梁段梁上部有悬挑板，其详图索引符号为_____。该悬挑板板厚为____ mm，板宽为____ mm，与Ⓑ轴的位置关系为_____；配筋情况：受力筋为_____、钢筋形式为_____，分布筋为_____，分布筋位于_____。

任务 2　三层结构施工构造与 BIM 建模

请利用 BIM 建模软件，对"××××电缆生产基地办公综合楼"三层结构进行 BIM 建模，进一步掌握钢筋混凝土板的施工构造要求。

指导

请参考"项目 9　二层结构平面布置图及其施工构造"中相关现浇板施工构造要求及三层现浇板配筋施工构造示例，完成本工程三层结构现浇板的建模任务。

请多维度动态观察所建三层结构 BIM 模型，加深理解钢筋混凝土现浇板结构施工图表达的信息及施工构造要求。

示例：3B1、3B2、3B3、3B4 现浇板配筋构造

现浇板 3B1、3B2、3B3、3B4 编号位置见三层结构平面布置（结施 11/13），3B1、3B2、3B3、3B4 现浇板配筋施工构造见图 2.13.1。

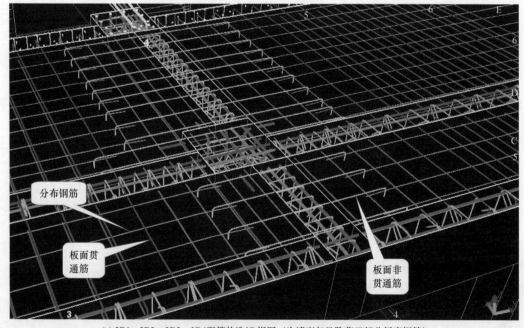

(a) 3B1、3B2、3B3、3B4 配筋构造 3D 视图（为清晰起见隐藏了部分板底钢筋）

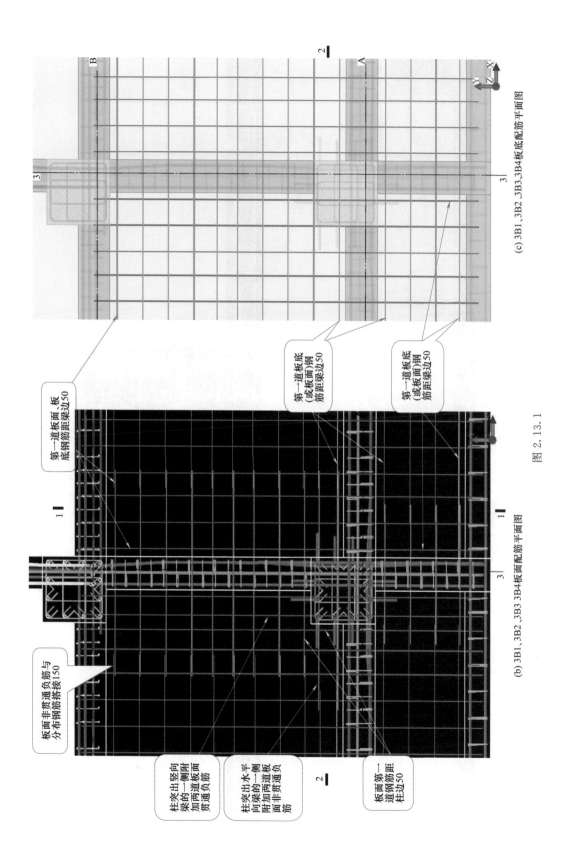

（c）3B1、3B2、3B3、3B4板底配筋平面图

第一道板面　板底钢筋距梁边50

第一道板底（或板面钢筋距梁边50

第一道板底（或板面钢筋距梁边50

板面非贯通负筋与分布钢筋搭接150

柱突出竖向梁的一侧板面加两道负筋贯通

柱突出水平向梁的一侧加两道板面非贯通负筋

板面第一道钢筋距柱边50

图2.13.1

（b）3B1、3B2、3B3、3B4板面配筋平面图

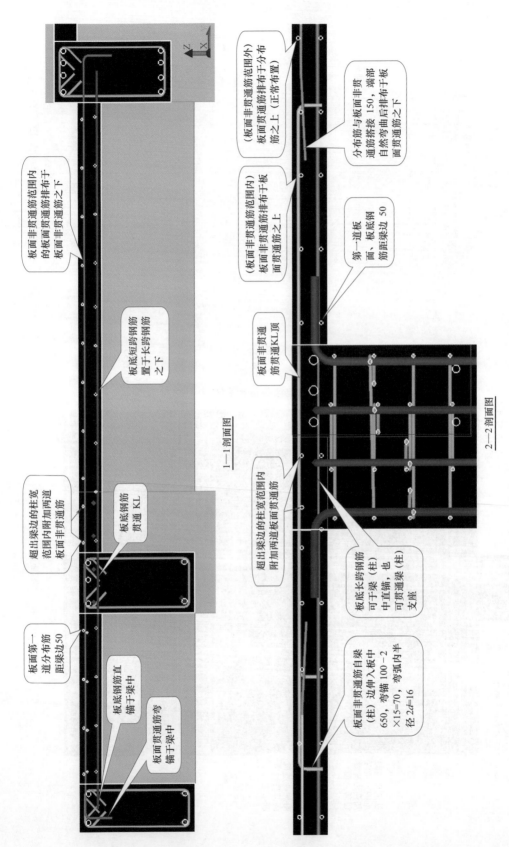

板面非贯通范围内的板面非贯通筋排布于板面贯通筋之下

（板面非贯通筋范围外）板面贯通筋排布于分布筋之上（正常布置）

分布筋与板面非贯通筋搭接150，端部自然弯曲后排布于板面贯通筋之下

（板面非贯通筋范围内）板面非贯通筋排布于板面贯通筋之上

板底短跨钢筋置于长跨钢筋之下

第一道板面、板底钢筋距梁边50

板面非贯通筋锚于KL顶

1—1剖面图

超出梁边的柱宽范围内附加两道板面非贯通筋

板底钢筋贯通KL

板面第一道分布筋距梁边50

板底钢筋直锚于梁中

板面贯通筋弯锚于梁中

超出梁边的柱宽范围内附加两道板面贯通筋

板底长跨钢筋可于梁（柱）中直锚，也可弯曲梁（柱）支座

板面非贯通筋自梁（柱）边伸入板中650，弯锚100−2×15=70，弯弧内半径 2d=16

2—2剖面图

图2.13.1　3B1、3B2、3B3、3B4配筋构造详解

三层结构 BIM 模型见图 2.13.2。

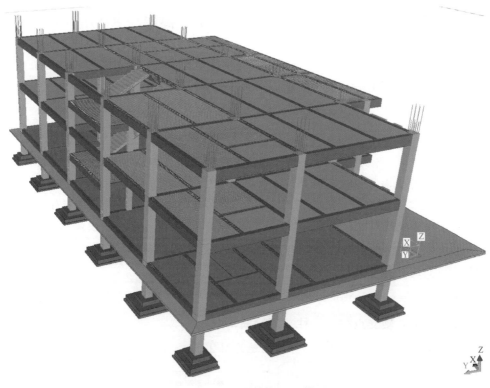

图 2.13.2　三层结构 BIM 模型

项目 14　标高 8.100～12.000 柱平法施工图及其施工构造

任务 1　阅读柱平面布置图（标高〈4.200 以上〉柱平面图）

请认真阅读"××××电缆生产基地办公综合楼"标高〈4.200 以上〉柱平面图（结施 5/13），并回答如下问题。

（1）三层柱柱顶结构标高均为_____ m，混凝土强度等级为_____，保护层厚度为_____ mm。

（2）KZ-2 在 8.100～12.000 之间截面尺寸为_____，纵筋为_____（其中角部纵筋为_____），箍筋为_____；KZ-2 在 8.100～12.000 之间截面尺寸为_____，纵筋为_____（其中角部纵筋为_____），箍筋为_____；KZ-3 在 8.100～12.000 之间截面尺寸为_____，纵筋为_____（其中角部纵筋为_____），箍筋为_____。

（3）KZ-4 在 8.100～12.000 之间截面尺寸为_____，纵筋为_____（其中角部纵筋为_____），其中箍筋为 φ8@100 的 KZ-4 位于_____，

箍筋为 φ8@100/200 的 KZ-4 位于 _____。

任务 2　标高 8.100～12.000 柱施工构造与 BIM 建模

请利用 BIM 建模软件，对"××××电缆生产基地办公综合楼"标高 8.100～12.000 钢筋混凝土柱进行 BIM 建模，进一步掌握钢筋混凝土柱施工构造要求。

指导

请参考"项目 6　标高−0.100～4.200 柱平法施工图及其施工构造"、"项目 11　标高 4.200～8.100 柱平法施工图及其施工构造"中相关柱钢筋施工构造要求，以及标高 8.100～12.000 柱配筋施工构造示例，完成本工程标高 8.100～12.000 柱的 BIM 建模任务。

请多维度动态观察所建标高 8.100～12.000 柱的 BIM 模型，加深理解钢筋混凝土柱结构施工图表达的信息及施工构造要求。

示例 1：①与Ⓑ轴交点柱（角柱）顶纵筋构造

①与Ⓑ轴交点柱（角柱）顶纵筋施工构造见图 2.14.1。

示例 2：②与Ⓑ轴交点柱（边柱）顶纵筋构造

②与Ⓑ轴交点柱（边柱）顶纵筋施工构造见图 2.14.2。

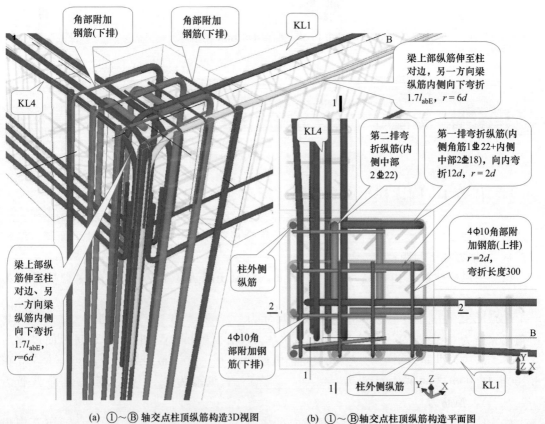

(a) ①～Ⓑ轴交点柱顶纵筋构造3D视图　　(b) ①～Ⓑ轴交点柱顶纵筋构造平面图

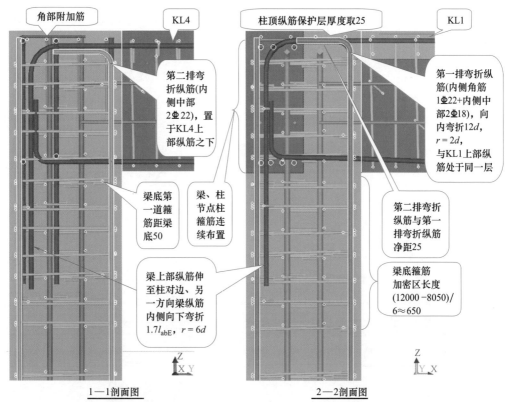

角部附加筋　　KL4

第二排弯折纵筋(内侧中部2Φ22)，置于KL4上部纵筋之下

梁底第一道箍筋距梁底50

梁、柱节点柱箍筋连续布置

梁上部纵筋伸至柱对边、另一方向梁纵筋内侧向下弯折1.7l_{abE}，$r=6d$

柱顶纵筋保护层厚度取25　　KL1

第一排弯折纵筋(内侧角筋1Φ22+内侧中部2Φ18)，向内弯折12d，$r=2d$，与KL1上部纵筋处于同一层

第二排弯折纵筋与第一排弯折纵筋净距25

梁底箍筋加密区长度$(12000-8050)/6\approx650$

Z
X　Y

Z
Y　X

1—1剖面图　　　　　　　　　　　　　　　　2—2剖面图

图 2.14.1　①~⑧轴交点柱顶纵筋构造

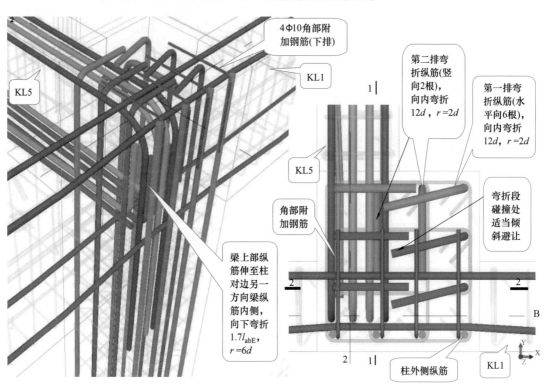

KL5

4Φ10角部附加钢筋(下排)　　KL1

第二排弯折纵筋(竖向2根)，向内弯折12d，$r=2d$

第一排弯折纵筋(水平向6根)，向内弯折12d，$r=2d$

KL5

角部附加钢筋

弯折段碰撞处适当倾斜避让

梁上部纵筋伸至柱对边另一方向梁纵筋内侧，向下弯折1.7l_{abE}，$r=6d$

柱外侧纵筋　　KL1

(a)②~⑧轴交点柱顶纵筋构造3D视图　　　(b)②~⑧轴交点柱顶纵筋构造平面图

图 2.14.2

模块二　框架结构施工构造与BIM建模实例　　**93**

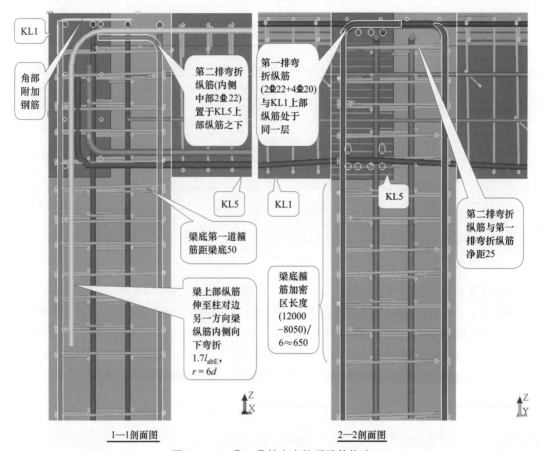

图 2.14.2 ②~Ⓑ轴交点柱顶纵筋构造

三层柱 BIM 模型见图 2.14.3。

图 2.14.3 三层柱 BIM 模型

任务 1 阅读标高 12.000 结构层梁平法施工图

请认真阅读"××××电缆生产基地办公综合楼"标高 12.000 结构层梁平法施工图（结施 9/13），并回答如下问题。

（1）标高 12.000 结构层梁顶结构标高均为＿＿＿＿＿＿，混凝土强度等级为＿＿＿＿＿＿，保护层厚度为＿＿＿＿＿＿ mm。

（2）KL1、KL4 截面尺寸为＿＿＿＿＿＿＿＿ mm，KL2 截面尺寸为＿＿＿＿＿＿＿＿ mm；L1、L2、L3 截面尺寸为＿＿＿＿＿＿＿＿ mm，L4 截面尺寸为＿＿＿＿＿＿＿＿ mm。

（3）KL3 于＿＿＿轴～＿＿＿轴及＿＿＿轴～＿＿＿＿轴之间的梁截面尺寸为 250×600，需要配置的构造钢筋为＿＿＿＿＿＿＿＿，排布要求是＿＿＿＿＿＿＿＿＿＿＿＿＿＿＿＿＿＿＿＿＿＿＿＿＿，KL3 其他轴段的梁截面尺寸为＿＿＿＿＿＿＿＿＿＿＿＿＿。

（4）KL5 截面尺寸为＿＿＿＿＿＿＿＿ mm，KL5 的①～⑧跨跨中梁顶纵筋为＿＿＿＿＿＿＿＿＿＿，排布要求是＿＿＿＿＿＿＿＿＿＿＿＿＿＿＿＿＿＿＿＿＿＿＿＿＿＿；梁底纵筋为＿＿＿＿＿＿＿＿＿＿，排布要求是＿＿＿＿＿＿＿＿＿＿＿＿＿＿＿＿＿＿＿＿＿＿＿＿＿＿＿＿；靠近⑧轴的梁端支座负筋配筋为＿＿＿＿＿＿＿＿＿＿，排布要求是＿＿＿＿＿＿＿＿＿＿＿＿＿＿＿＿＿＿＿＿＿＿，靠近①轴的梁端支座负筋配筋为＿＿＿＿＿＿＿＿＿＿＿＿，排布要求是＿＿＿＿＿＿＿＿＿＿＿＿＿＿＿＿＿＿＿＿＿＿；箍筋配置为＿＿＿＿＿＿＿＿＿＿＿＿＿，构造钢筋为＿＿＿＿＿＿＿＿。

（5）KL6、KL7 于⑧～①轴段的梁截面尺寸为＿＿＿＿＿＿＿＿＿＿＿＿＿＿，于①～⑥轴段的梁截面尺寸为＿＿＿＿＿＿＿＿＿＿＿＿。

（6）③轴上 KL6 与 L＿＿＿＿的节点处，于＿＿＿＿＿＿＿＿上需要同时配置附加箍筋和附加吊筋。

任务 2 标高 12.000 结构层梁施工构造与 BIM 建模

请利用 BIM 建模软件，对"××××电缆生产基地办公综合楼"标高 12.000m 结构层梁进行 BIM 建模，进一步掌握钢筋混凝土梁施工构造要求。

指导

（1）请参考"项目 5 标高－0.100 结构层梁平法施工图及其施工构造"、"项目 8 标高 4.200 结构层梁平法施工图及其施工构造"、"项目 12 标高 8.100 结构层梁平法施工图及其施工构造"中相关施工构造要求，以及标高 12.000 结构层梁配筋施工构造示例，完成本工程标高 12.000m 结构层梁的建模任务。

（2）本工程标高 12.000m 结构层梁钢筋的总体排布构造已标于该结构施工图中，请参考学习。

请多维度动态观察所建标高 12.000 结构层梁 BIM 模型，加深理解钢筋混凝土梁结构施工图表达的信息及施工构造要求。

示例 1：①～Ⓑ轴交点处 KL1、KL4 与 KZ-3 节点配筋构造

①～Ⓑ轴交点处 KL1、KL4 与 KZ-3 节点配筋施工构造见图 2.15.1。

示例 2：②～Ⓑ轴交点处 KL1、KL5 与 KZ-3 节点配筋构造

②～Ⓑ轴交点处 KL1、KL5 与 KZ-3 节点配筋施工构造见图 2.15.2。

三层梁 BIM 模型见图 2.15.3。

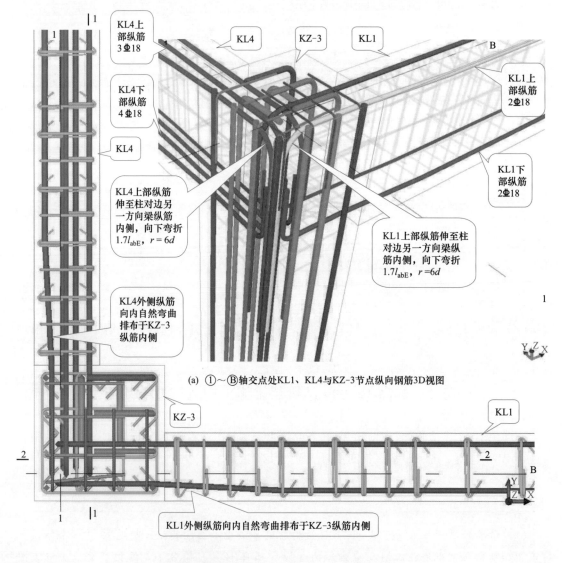

(a) ①～Ⓑ轴交点处 KL1、KL4 与 KZ-3 节点纵向钢筋 3D 视图

(b) ①～Ⓑ轴交点处 KL1、KL4 与 KZ-3 节点配筋平面图

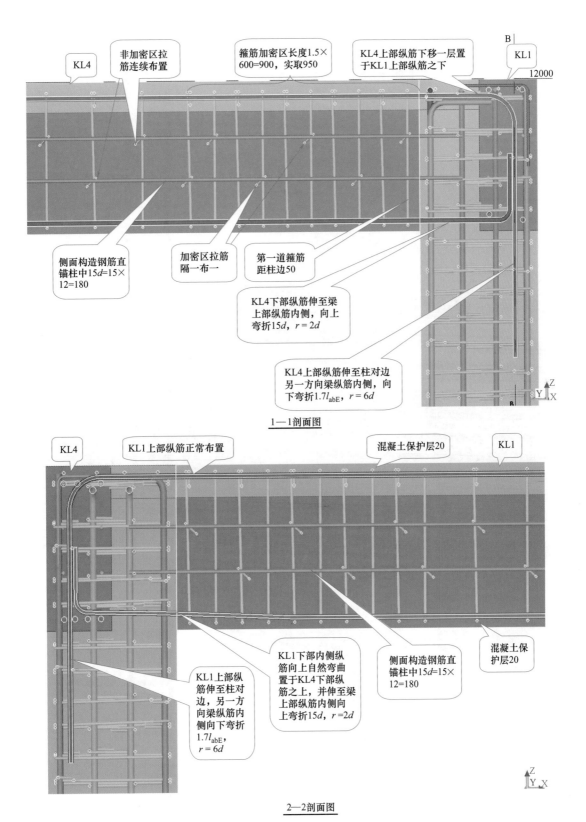

图 2.15.1　①～⑧轴交点处 KL1、KL4 与 KZ-3 节点配筋构造

KL1上部纵筋正常布置

KL5上部纵筋下移一层置于KL1上部纵筋之下

箍筋全长加密

KL5下部第二排纵筋，与第一排弯折纵筋净距25(向上一排弯折纵筋之上，向上弯折15d，r = 2d)

KL5上部纵筋伸至柱对边另一方向梁纵筋内侧，向下弯折1.7l_{abE}，r = 6d

KL1下部内侧纵筋向上自然弯曲置于KL5下部纵筋之上

KL5下部第一排纵筋伸至梁上部纵筋内侧，向上弯折15d，r = 2d

1—1剖面图(右图)

2—2剖面图(右下图)

侧面构造钢筋直锚柱中15d或竖直通边柱

KL1下部内侧纵筋向上自然弯曲置于KL5下部纵筋之上

(a) KL1、KL5纵筋3D视图

(b) KL1、KL5与KZ-3节点配筋平面图

图2.15.2 ②~Ⓑ轴交点处KL1、KL5与KZ-3节点配筋构造

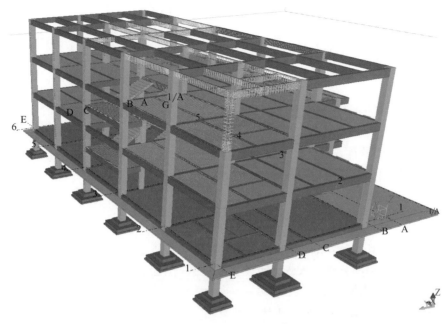

图 2.15.3 三层梁 BIM 模型

任务1 阅读屋面层结构平面布置图

请认真阅读"××××电缆生产基地办公综合楼"屋面层结构平面布置图（结施 12/13），并回答如下问题。

（1）三层结构现浇板混凝土强度等级为_____，现浇板保护层厚度为_____mm。

（2）三层结构平面结构标高为_____m；板厚均为_____m。

（3）①～②轴与Ⓓ～Ⓔ轴之间上部板的短边上支座负筋为_____，自梁内边算起伸入板内的长度为_____mm；长边上支座负筋采用拉通配筋的形式，配筋为_____；长边向配筋为_____、短边向配筋为_____。

①～②轴与Ⓓ～Ⓔ轴之间下部板块的板底、板面钢筋采用拉通配筋的形式，板底长边向配筋为_____、短边向配筋为_____，板面长边向配筋为_____、短边向配筋为_____。

（4）②～⑥轴与Ⓒ～Ⓓ轴之间的板短边上支座负筋为_____，自梁内边算起伸入板内的长度为_____mm；长边上支座负筋采用拉通配筋的形式，配筋为_____，并延伸至相邻的现浇板内_____mm；板底长边向配筋为_____、短边向配筋为_____。

（5）②～⑤轴与Ⓑ～Ⓒ轴之间及②～⑤轴与Ⓓ～Ⓔ轴之间板的板面负筋均采用分离式布筋，边支座板面负筋为_____，自梁内边算起伸入板内的长度为_____mm；

中间支座板面负筋为_____，自梁内边算起伸入板内的长度为_____mm。

（6）屋面板无负筋区域均加_____双向钢筋网与板面负筋搭接_____mm。

（7）屋面检修孔（洞）平面尺寸为_____，洞边距Ⓒ轴_____mm，距⑥轴_____mm。洞边补强钢筋为_____。

任务 2 屋面层结构施工构造与 BIM 建模

请利用 BIM 建模软件，对"××××电缆生产基地办公综合楼"屋面层结构进行 BIM 建模，进一步掌握钢筋混凝土现浇板施工构造要求。

 指导

（1）请参考"项目 9 二层结构平面布置图及其施工构造"、"项目 13 三层结构平面布置图及其施工构造"中相关现浇板施工构造要求及 WMB 配筋施工构造示例，完成本工程屋面结构现浇板的 BIM 建模任务。

（2）屋面检修孔洞边加强钢筋见结构设计总说明（一）第 5 条，其施工构造要求见图 2.16.1。

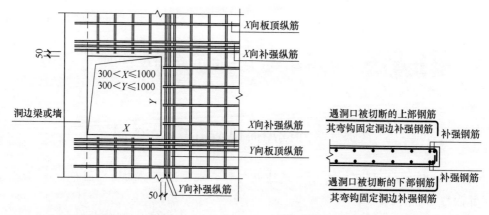

(a) 矩形洞钢筋排布构造（《12G901-1》4-33）　(b) 洞边被切断钢筋端部构造（《16G101-1》111）

图 2.16.1　矩形洞边加强钢筋构造

注：1. 当设计注写补强钢筋时，应按注写的规格、数量与长度值补强。当设计未注写时，X 向、Y 向分别按每边配置两根直径不小于 12 且不小于同向切断纵向钢筋总截面积的 50% 补强，补强钢筋与被切断钢筋布置在同一层面，两根补强钢筋之间的净距为 30。

2. 补强钢筋的强度等级与被切断钢筋相同。

3. X 向、Y 向补强钢筋伸入支座的锚固方式同板中钢筋，当不伸入支座时，设计应标注。

请多维度动态观察所建屋面结构 BIM 模型，进一步理解钢筋混凝土板结构施工图表达的信息及施工构造要求。

示例：WMB1 及其翻边配筋构造

现浇板 WMB1 编号位置见屋面结构平面布置（结施 12/13）。

（1）WMB1 洞口翻边配筋施工构造见图 2.16.2。

说明：为清晰起见，WMB1 洞口翻边配筋施工构造 3D 视图及其平面图中隐藏了板面钢筋。

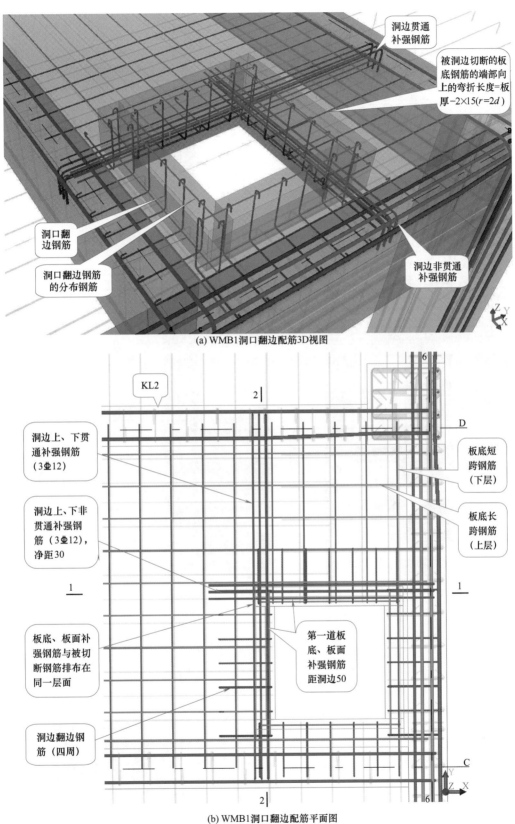

洞边贯通
补强钢筋

被洞边切断的板
底钢筋的端部向
上的弯折长度=板
厚−2×15($r=2d$)

洞口翻
边钢筋

洞口翻边钢筋
的分布钢筋

洞边非贯通
补强钢筋

(a) WMB1洞口翻边配筋3D视图

KL2

洞边上、下贯
通补强钢筋
（3±12）

洞边上、下非
贯通补强钢
筋（3±12），
净距30

板底、板面补
强钢筋与被切
断钢筋排布在
同一层面

洞边翻边钢
筋（四周）

板底短
跨钢筋
（下层）

板底长
跨钢筋
（上层）

第一道板
底、板面
补强钢筋
距洞边50

(b) WMB1洞口翻边配筋平面图

图 2.16.2

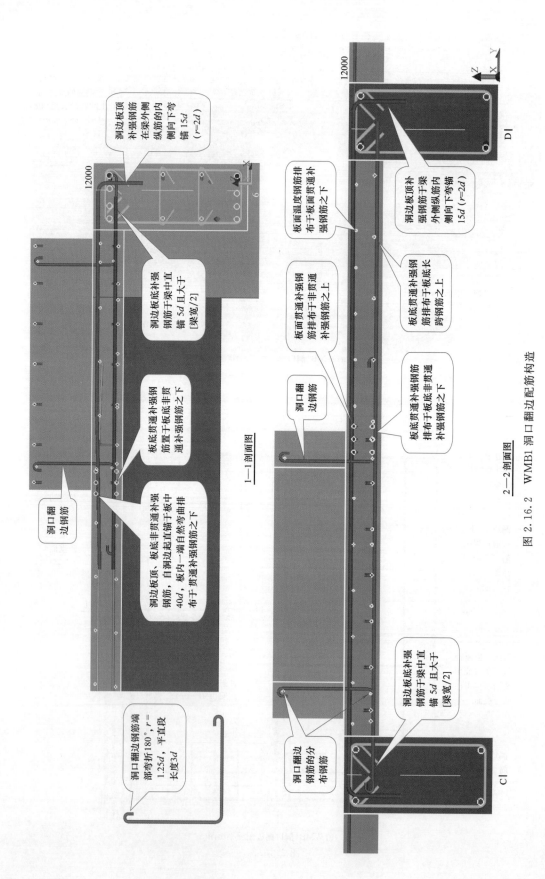

洞边板顶钢筋补强钢筋在梁外侧纵筋的内侧向下弯锚15d (r=2d)

洞边板底补强钢筋中直于梁筋锚5d且大于[梁宽/2]

板底贯通补强钢筋非贯置于板底起贯通补强钢筋之下

洞边板顶、板底非贯通补强钢筋,自洞边起直锚于板中40d,板内一端自然弯曲排布于贯通补强钢筋之下

洞口翻边钢筋

洞口翻边钢筋端部弯折180°,r=1.25d,平直段长度3d

1—1剖面图

板面温度钢筋排布于板面补强钢筋之下

板面贯通补强钢筋排布于非贯通补强钢筋之上

洞口翻边钢筋

板底贯通补强钢筋非贯通补强钢筋之下

洞边板顶补强钢筋干梁内外侧纵筋向下弯锚15d (r=2d)

板底贯通补强钢筋干板底长跨钢筋之上

洞边板底补强钢筋中直于梁筋锚5d且大于[梁宽/2]

洞口翻边钢筋的分布钢筋

2—2剖面图

图2.16.2　WMB1洞口翻边配筋构造

（2）WMB1 板面及板底配筋施工构造见图 2.16.3。

说明：为清晰起见，WMB1 钢筋施工构造 3D 视图及其平面图中隐藏了板底钢筋。

三层结构 BIM 模型见图 2.16.4。

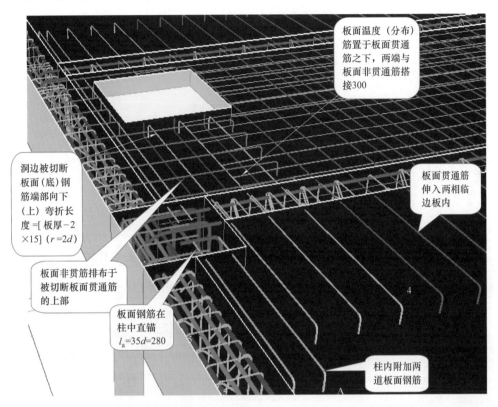

板面温度（分布）筋置于板面贯通筋之下，两端与板面非贯通筋搭接300

洞边被切断板面（底）钢筋端部向下（上）弯折长度=[板厚−2×15]（$r=2d$）

板面非贯筋排布于被切断板面贯通筋的上部

板面钢筋在柱中直锚 $l_a=35d=280$

板面贯通筋伸入两相临边板内

柱内附加两道板面钢筋

(a) WMB1配筋3D视图（为清晰起见，图中隐藏了部分板底钢筋）

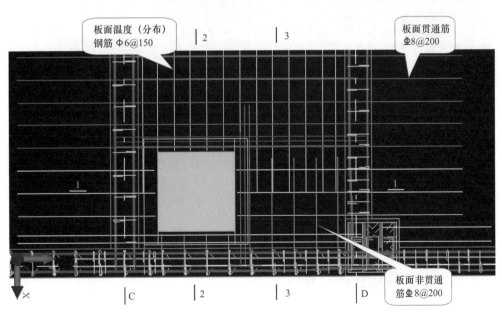

板面温度（分布）钢筋 Φ6@150

板面贯通筋 ⎓8@200

板面非贯通筋 ⎓8@200

(b) WMB1板面配筋平面图（为清晰起见，图中隐藏了板底钢筋）

图 2.16.3

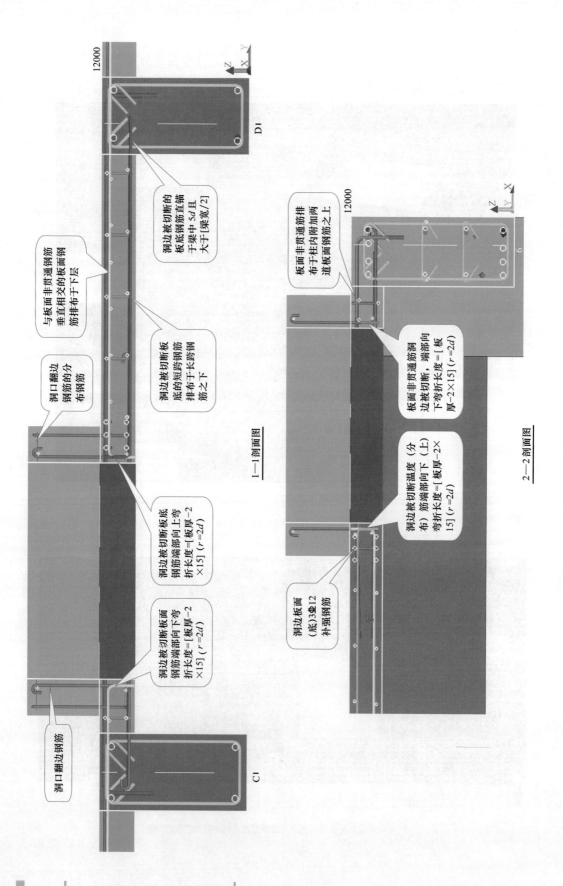

与板面非贯通钢筋垂直相交的板面钢筋排布于下层

洞口翻边钢筋的分布钢筋

洞边被切断板底的短跨钢筋排布于长跨钢筋之下

洞边被切断钢筋直锚于梁中 5d 且大于[梁宽/2]

洞边被切断板底钢筋端部向上弯折长度=[板厚−2×15] (r=2d)

洞边被切断板面钢筋端部向下弯折长度=[板厚−2×15] (r=2d)

洞口翻边钢筋

C1

D1

12000

板面非贯通筋排布于柱内附加两道板面钢筋之上

板面非贯通筋洞边被切断,端部向下弯折长度=[板厚−2×15] (r=2d)

洞边被切断温度(分布)筋(上)端部向下弯折长度=[板厚−2×15] (r=2d)

洞边板面(底)3Φ12补强钢筋

1—1 剖面图

2—2 剖面图

12000

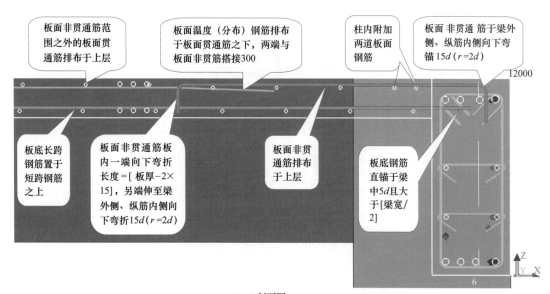

板面非贯通筋范围之外的板面贯通筋排布于上层

板面温度（分布）钢筋排布于板面贯通筋之下，两端与板面非贯筋搭接300

柱内附加两道板面钢筋

板面非贯通筋于梁外侧、纵筋内侧向下弯锚15d（r=2d）

12000

板底长跨钢筋置于短跨钢筋之上

板面非贯通筋板内一端向下弯折长度=[板厚−2×15]，另端伸至梁外侧、纵筋内侧向下弯折15d（r=2d）

板面非贯通筋排布于上层

板底钢筋直锚于梁中5d且大于[梁宽/2]

6

3—3剖面图

图 2.16.3　WMB1 板面及板底配筋构造

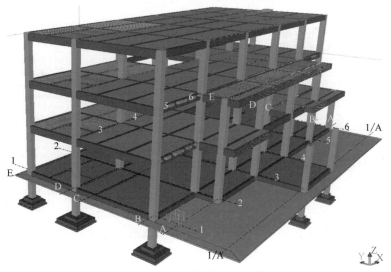

图 2.16.4　三层结构 BIM 模型

模块三

剪力墙结构施工构造与 BIM建模示例

导入 通过模块二的学习，理解了框架结构典型构件——梁、板、柱结构施工图中的施工信息及其施工构造。目前，框架-剪力墙结构在工程中应用广泛，故应该掌握剪力墙结构施工图及其施工构造。本模块重点学习钢筋混凝土剪力墙平法结构施工图及其相关配筋的施工构造做法，如钢筋锚固、截断及连接位置等。

项目1 熟悉剪力墙平法结构施工图

任务 了解剪力墙的构成与配筋

一、剪力墙的构成

剪力墙具有较大的侧向刚度，在结构中往往承受大部分的水平作用，是一种有效的抗侧力结构构件。在抗震结构中剪力墙也称为抗震墙。

为便于简便、清楚地表达剪力墙构件，可视其为由剪力墙柱、剪力墙身和剪力墙梁（简称为墙柱、墙身、墙梁）三类构件构成（见图3.1.1）。

墙柱是剪力墙端部或转角处的加强部位。墙柱的种类有边缘构件、非边缘暗柱、扶壁柱三种（见图3.1.2），而边缘构件最为常见。边缘构件分为约束边缘构件和构造边缘构件两种。约束边缘构件主要有约束边缘暗柱、约束边缘端柱、约束边缘翼墙（柱）、约束边缘转角墙（柱）；构造边缘构件主要有构造边缘暗柱、构造边缘端柱、构造边缘翼墙（柱）、构造边缘转角墙（柱）。约束边缘构件设置范围如图3.1.2（a）所示，构造边缘构件设置范围如图3.1.2（b）所示。

墙身是指剪力墙墙柱之间的直段部位。

墙梁是指剪力墙的楼层及门窗洞口上部部位。墙梁的种类有连梁、暗梁、边框梁三种，而连梁最为常见，它是剪力墙由于开洞而形成的梁，也可认为是连接两片剪力墙的梁。

重点说明 ▶▶▶

> 当钢筋混凝土墙主要用来抵抗侧力（水平作用）时，就可以称为剪力墙，当不是主要用来抵抗侧力时，如主要用来承受竖向荷载时可称为钢筋混凝土墙。

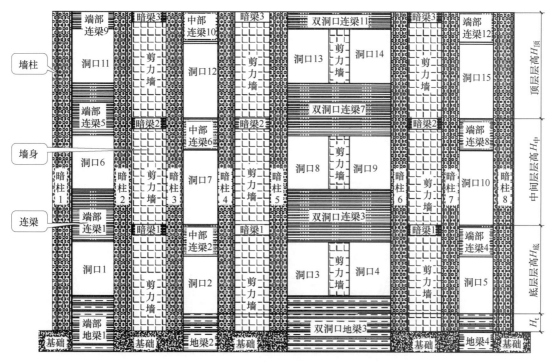

图 3.1.1　剪力墙的构成

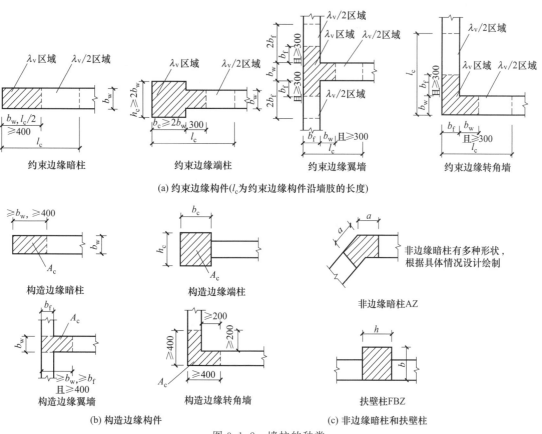

(a) 约束边缘构件(l_c为约束边缘构件沿墙肢的长度)

(b) 构造边缘构件

(c) 非边缘暗柱和扶壁柱

图 3.1.2　墙柱的种类

从图 3.1.2 中可以看出,约束边缘构件区域较构造边缘构件区域(图中阴影区域)大。约束边缘构件暗柱、端柱、翼墙和转角墙中纵筋与箍筋配置较多,对混凝土的约束较强,因而混凝土有比较大的变形能力;构造边缘构件的纵筋与箍筋配置较少,对混凝土约束程度稍差。

二、剪力墙中配筋

剪力墙内主要配筋情况见图 3.1.3。

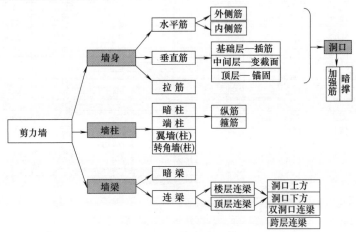

图 3.1.3　剪力墙配筋

1. 墙身配筋

剪力墙墙身内有双排配筋形式和多排配筋形式,主要配置有墙身竖向分布筋、水平向分布筋及拉筋(见图 3.1.4)。《混凝土结构设计规范》(2015 年版)(GB 50010—2010)规定,剪力墙厚度大于 140mm 时,其竖向和水平向分布不应少于双排布置。

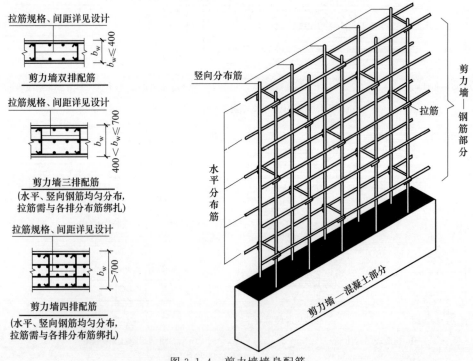

图 3.1.4　剪力墙墙身配筋

2. 墙柱配筋

剪力墙墙柱中主要配有纵筋和箍筋（见图 3.1.5）。一般情况下，构造边缘构件配筋范围较约束边缘构件小，但配筋情况基本相同。

3. 连梁配筋

连梁的特点是跨高比小，连梁比较容易出现剪切斜裂缝，如图 3.1.6（a）所示。一般情况下，连梁配筋与一般的梁配筋形式相同，但对于一、二级抗震等级的连梁，当跨高比大于 2.5 时，且洞口连梁截面宽度不小于 250mm 时，除普通箍筋外宜配置斜向交叉钢筋 [图 3.1.6（b）]；当连梁截面宽度不小于 400mm 时，可采用集中对角斜筋配筋 [图 3.1.6（c）]或对角暗撑配筋 [图 3.1.6（d）]。

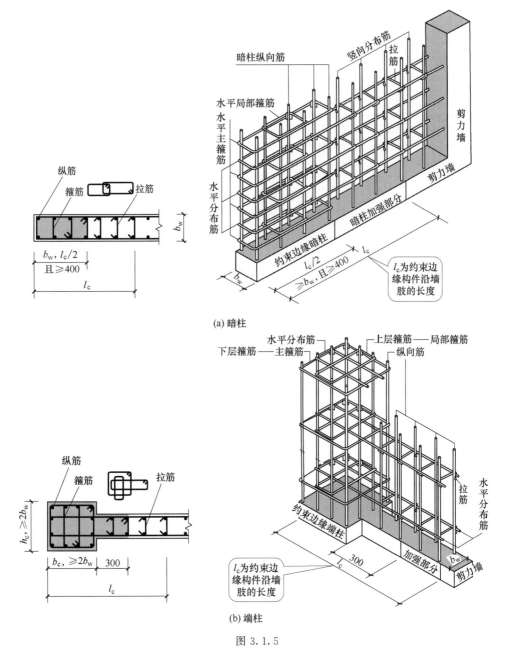

(a) 暗柱

(b) 端柱

图 3.1.5

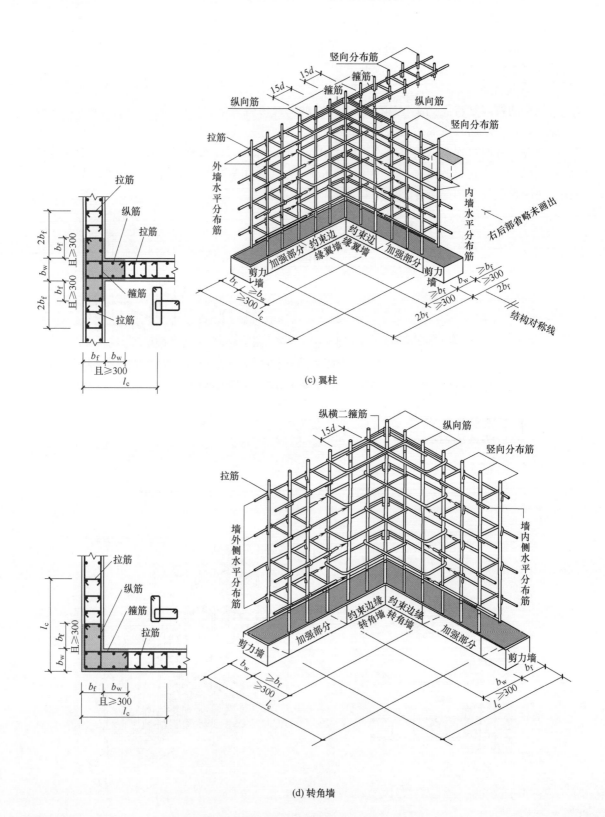

(c) 翼柱

(d) 转角墙

图 3.1.5　剪力墙墙肢的约束边缘构件

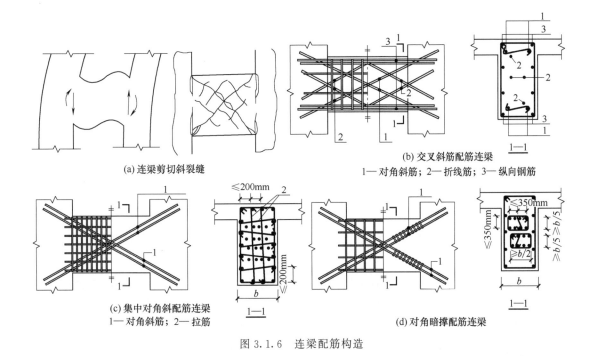

(a) 连梁剪切斜裂缝

(b) 交叉斜筋配筋连梁
1—对角斜筋；2—折线筋；3—纵向钢筋

(c) 集中对角斜配筋连梁
1—对角斜筋；2—拉筋

(d) 对角暗撑配筋连梁

图 3.1.6　连梁配筋构造

 剪力墙平法施工图如何表达？

如不熟悉，请扫描右侧二维码了解一下吧！

项目2　标高−3.300~±0.000剪力墙平法施工图及其施工构造

任务1　阅读结构设计总说明及基础设计说明

请认真阅读"××××经济适用住房"结构设计总说明（结施-1）及基础设计说明（结施-2）（见本书配套《钢筋混凝土结构施工图与BIM建模指导》附录二，以下不再一一说明），并回答如下问题。

（1）本工程，地下＿＿＿层，地上＿＿＿层。地上部分结构单元房屋高度＿＿＿＿＿m，长＿＿＿m，宽＿＿＿m，高宽比为＿＿＿＿＿，长宽比为＿＿＿＿＿。

（2）建筑结构安全等级为＿＿＿级，结构设计使用年限＿＿＿年，耐火等级地下室＿＿＿＿级，地上部分＿＿＿级，地下防水等级＿＿＿级。

（3）地下部分的外墙、柱、筏板为＿＿＿类环境，混凝土保护层厚度为＿＿＿mm；屋面女儿墙等外露构件及消防水池、集水坑为＿＿＿类环境，混凝土保护层厚度为＿＿＿mm；其余构件为＿＿＿类环境，混凝土保护层厚度为＿＿＿mm。

（4）本工程采用＿＿＿＿＿＿结构，框架抗震等级为＿＿＿级，剪力墙抗震等级为＿＿＿级。

（5）标高 12.000 及以下墙、柱混凝土强度等级为＿＿＿，梁、板混凝土强度等级为＿＿＿，楼梯混凝土强度等级为＿＿＿；标高 12.000 以上墙、柱混凝土强度等级为＿＿＿，梁、板混凝土强度等级为＿＿＿；楼梯混凝土强度等级，楼梯混凝土强度等级为＿＿＿；女儿墙等外露构件混凝土强度等级为＿＿＿；其余构件混凝土强度等级为＿＿＿。

（6）本工程柱、剪力墙钢筋（直径≤20）接头采用＿＿＿＿＿接头，同一连接区段内钢筋的接头面积率不应大于＿＿＿＿。

（7）本工程基础形式为＿＿＿＿，筏板厚度为＿＿＿＿mm，筏板顶标高为＿＿＿＿；混凝土强度等级为＿＿＿，混凝土保护层厚度为＿＿＿mm；底板马凳筋为＿＿＿＿＿。

任务 2　阅读标高－3.300～±0.000 剪力墙平面布置图及其墙柱表

请认真阅读"××××经济适用住房"标高－3.300～±0.000 剪力墙平面布置图（结施-4）及其墙柱表（结施-5），并回答如下问题：

（1）GJZ-1 在－3.300～±0.000 之间截面形状为＿＿＿＿，截面宽度为＿＿＿＿，纵筋为＿＿＿＿，箍筋为＿＿＿＿，保护层厚度为＿＿＿；YJZ-1 在－3.300～±0.000 之间截面形状为＿＿＿＿，截面宽度为＿＿＿＿，纵筋为＿＿＿＿，箍筋为＿＿＿＿，保护层厚度为＿＿＿＿。

（2）YYZ-2 在－3.300～±0.000 之间截面形状为＿＿＿＿，水平段截面宽度为＿＿＿＿，竖向段截面宽度为＿＿＿＿；核心区（阴影区）纵筋为＿＿＿＿，箍筋为＿＿＿＿，非核心区一侧截面尺寸为＿＿＿＿，纵筋为＿＿＿＿，箍筋为＿＿＿＿，水平段（外墙）保护层厚度为＿＿＿＿，竖向段（内墙）保护层厚度为＿＿＿＿。

YYZ-5 在－3.300～±0.000 之间截面形状为＿＿＿＿，截面宽度为＿＿＿＿；核心区（阴影区）纵筋为＿＿＿＿，箍筋为＿＿＿＿，非核心区截面尺寸为＿＿＿＿，纵筋为＿＿＿＿，箍筋为＿＿＿＿，保护层厚度为＿＿＿＿。

（3）GYZ-1 在－3.300～±0.000 之间截面尺寸为＿＿＿＿，纵筋为＿＿＿＿，箍筋＿＿＿＿，保护层厚度为＿＿＿＿。

YAZ-1 在－3.300～±0.000 之间阴影区（核心区）截面尺寸为＿＿＿＿，非阴影区域（非核心区）截面尺寸为＿＿＿＿，核心区纵筋为＿＿＿＿，箍筋为＿＿＿＿，非核心区截面尺寸为＿＿＿＿，纵筋为＿＿＿＿，箍筋为＿＿＿＿，保护层厚度为＿＿＿＿。

（4）Q-3 在－3.300～±0.000 之间墙厚为＿＿＿＿，水平钢筋为＿＿＿＿，竖向钢筋为＿＿＿＿，拉筋为＿＿＿＿，保护层厚度为＿＿＿＿；Q-6 在±0.000～4.500 之间墙厚为＿＿＿＿，水平钢筋为＿＿＿＿，竖向钢筋为＿＿＿＿，拉筋为＿＿＿＿，保护层厚度为＿＿＿＿。

任务 3　标高－3.300～±0.000 剪力墙施工构造与 BIM 建模

请利用 BIM 建模软件，对"××××经济适用住房"标高－3.300～±0.000（地下室）

剪力墙结构构件进行 BIM 建模，理解地下室剪力墙施工图中表达的墙柱、墙身配筋信息及其施工构造要求。

指导

1. 地下室外墙钢筋施工构造见图 3.2.1。

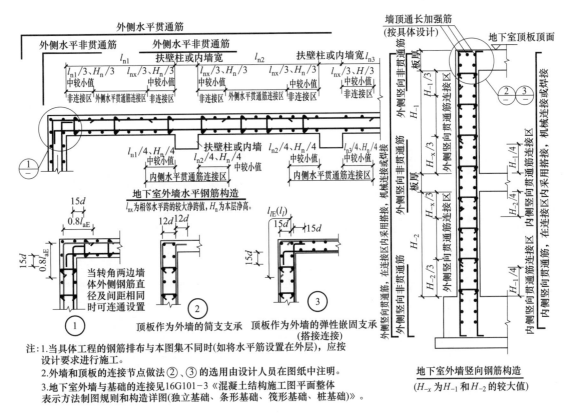

图 3.2.1　地下室外墙 DWQ 钢筋构造（《16G101-1》82）

特别说明

（1）当无设计要求时，地下室剪力墙墙身的水平分布钢筋排布在竖向分布钢筋内侧，地下室以上墙身的水平分布钢筋排布在竖向分布钢筋外侧。

（2）当地下室外墙竖向钢筋不满足搭接构造要求时，可将竖向钢筋直接伸至地下室顶面，并按照剪力墙墙身竖向钢筋连接位置（《12G901-1》3-1）进行施工。

2. 边缘构件纵向钢筋在基础中的构造要求见图 3.2.2（图中 d 为边缘构件纵筋直径）。墙身竖向分布钢筋在基础中的构造要求见图 3.2.3（图中 d 为墙身竖向分布钢筋直径）。

3. 墙身分布钢筋的拉筋构造采用图 3.2.4（a）的形式。

4. 基础与地下室剪力墙（外墙）的施工缝必须设在筏板顶面上翻不小于 300mm（实际工程中常采用 500mm）高处，具体施工做法见图 3.2.5。

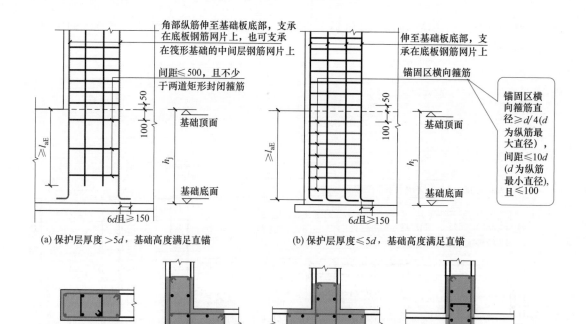

(a) 保护层厚度＞5*d*，基础高度满足直锚

(b) 保护层厚度≤5*d*，基础高度满足直锚

(c) 边缘构件角部纵筋示意图(图中墙体分布筋未示出)

图 3.2.2　边缘构件纵向钢筋在基础中的构造(《16G101-3》65)

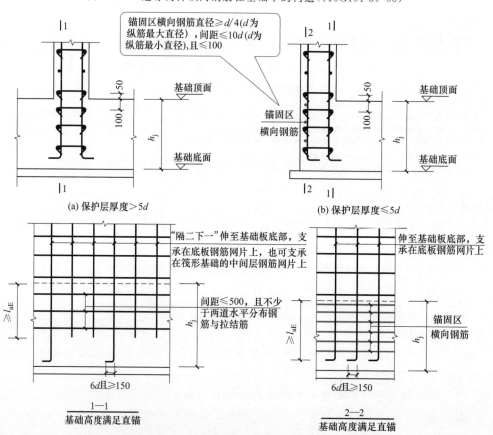

(a) 保护层厚度＞5*d*

(b) 保护层厚度≤5*d*

1—1
基础高度满足直锚

2—2
基础高度满足直锚

图 3.2.3　墙身竖向分布钢筋在基础中的构造 (《16G101-3》64)

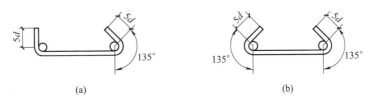

(a)   (b)

用于剪力墙分布钢筋的拉结，宜同时勾住外侧水平及竖向分布钢筋

图 3.2.4　剪力墙墙身拉结筋构造（《16G101-1》62）

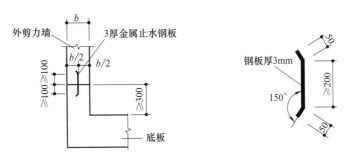

图 3.2.5　地下室剪力墙（外墙）施工缝位置及做法

重点说明 ▶▶▶

  混凝土浇筑因技术或组织上的原因不能连续进行，且浇筑的中断时间有可能超过混凝土的初凝时间，新旧混凝土的交接缝处称为施工缝。混凝土施工缝不应随意留置，其位置应事先在施工技术方案中确定。

  5. 墙肢钢筋连接构造如下。

  （1）墙身钢筋。本工程墙身钢筋直径小于等于 14mm，按照结构设计总说明中的要求，墙身钢筋连接采用搭接连接。

  ① 墙身水平分布钢筋的搭接长度不应小于 $1.2l_{aE}$（l_a），同排水平分布钢筋的搭接接头之间及上、下相邻水平分布钢筋的搭接接头之间，沿水平方向的净间距不宜小于 500mm（见图 3.2.6）。

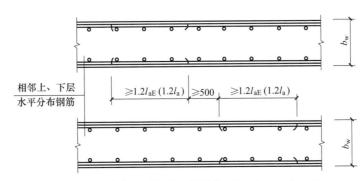

图 3.2.6　墙身水平钢筋交错搭接（《12G901-1》3-6）

  ② 墙身竖向分布钢筋可在同一高度搭接，搭接长度不应小于 $1.2l_{aE}$（l_a），一、二级抗震等级剪力墙底部加强部位相邻竖向钢筋应交错搭接，高差为 500mm（图 3.2.7）。

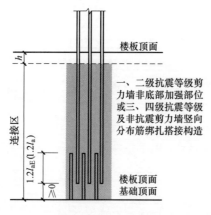
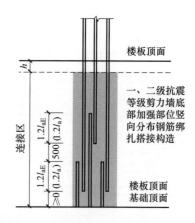

图 3.2.7　剪力墙墙身竖向钢筋连接位置（《12G901-1》3-1）

注：1. h 为楼板、暗梁或边框梁高度的较大值。剪力墙竖向钢筋应连续通过 h 高度范围。

2. 当不同直径的钢筋绑扎搭接时，搭接长度按较小直径计算。当不同直径的钢筋机械连接或焊接时，两批连接接头间距 $35d$ 按较小直径计算。

3. 当相邻竖向钢筋连接接头位置要求高低错开时，位于同一连接区段竖向钢筋接头面积百分率不大于 50%。

4. 端柱竖向钢筋连接和锚固要求与框架柱相同。

5. 当竖向钢筋为 HPB300 时，钢筋端头应加 $180°$ 弯钩。

6. 括号内尺寸用于非抗震。

重点说明 ▶▶▶

　　本工程墙肢总高度的 $1/10$ 为 $5.67m$，底部两层的高度为 $7.5m$，故底部加强部位的高度为底部两层的高度。由于地下室顶板厚度（$h=120mm$）小于 $160mm$，故结构嵌固端位于地下底板，因此底部加强部位的范围向下延伸到基础筏板中。

　　（2）边缘构件钢筋。

　　① 竖向钢筋构造。本工程墙肢边缘构件竖向钢筋直径大于等于 $16mm$，且小于等于 $20mm$，按照结构设计总说明中的要求，边缘构件钢筋连接采用电渣压力焊。

　　剪力墙边缘构件相邻竖向钢筋接头位置应交错布置，其构造要求应符合图 3.2.8 的要求。

　　② 约束边缘构件水平钢筋构造。本工程约束边缘构件水平钢筋施工构造选用图 3.2.9 的施工构造形式（其他构造要求详见《12G901-3》3-2、3-3）。

　　③ 构造边缘构件水平配筋构造。本工程构造边缘构件水平钢筋选用图 3.2.10 的施工构造形式（其他构造要求详见《12G901-3》3-5）。

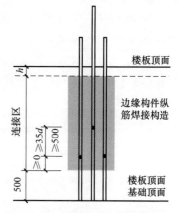

图 3.2.8　边缘构件竖向钢筋连接位置（《12G901-1》3-1）

　　剪力墙楼板处钢筋排布构造及竖向钢筋配筋变化时的施工构造见图 3.2.11。

重点说明 ▶▶▶

　　连梁的侧面钢筋详见具体工程设计，当设计未注写时，即为剪力墙水平分布钢筋。

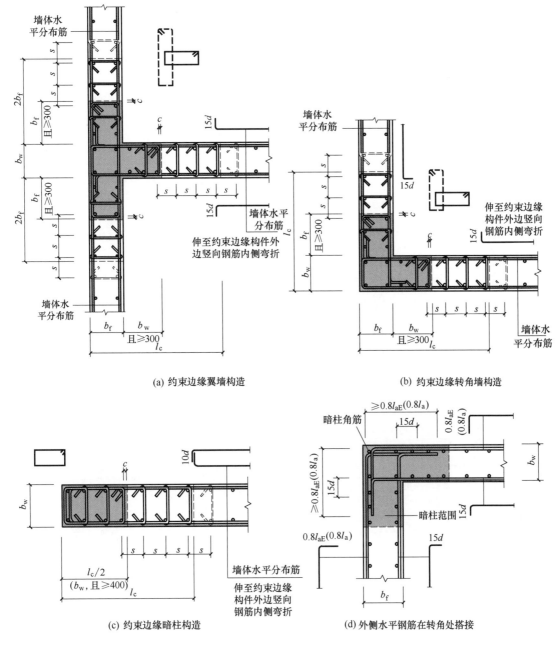

图 3.2.9　约束边缘构件配筋构造（《12G901-1》3-2、3-3）

注：1. 构件的具体尺寸及钢筋配置详见设计标注。s 为剪力墙竖向分布钢筋的间距，c 为边缘构件箍筋混凝土保护层厚度。

2. 剪力墙约束边缘构件非阴影区竖向钢筋即为剪力墙竖向分布筋的一部分，与竖向分布筋一同排布，非阴影区长度依据设计要求取剪力墙竖向分布筋间距的整数倍。

3. 施工钢筋排布时，剪力墙约束边缘构件（或构造边缘构件）的竖向钢筋外皮与剪力墙竖向分布筋应位于同一垂直平面（即边缘构件与墙身竖向钢筋保护层厚度相同），同时应满足边缘构件箍筋与墙身水平分布筋的保护厚度要求。

4. 封闭箍筋内部设置拉筋时，拉筋应紧靠竖向钢筋同时勾住外封闭箍筋。

5. 沿约束边缘构件（或构造边缘构件）外封闭箍筋周边，箍筋局部重叠不宜多于两层。

6. 施工安装绑扎时，边缘构件封闭箍筋弯钩位置应沿各转角交错设置，转角墙或边缘暗柱外角处可不设置弯钩。

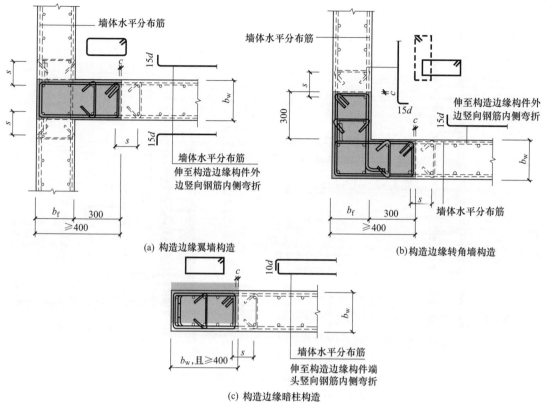

(a) 构造边缘翼墙构造

(b)构造边缘转角墙构造

(c) 构造边缘暗柱构造

图 3.2.10 构造边缘构件配筋构造（《12G901-1》3-5）

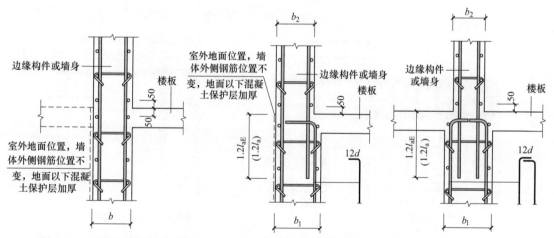

图 3.2.11 剪力墙楼板处钢筋排布构造及竖向钢筋配筋变化时的施工构造（《12G901-1》3-9）

注：1. 剪力墙层高范围最下一排水平分布筋距底部板顶50mm，最上一排水平分布筋距顶部板顶不大于100mm。
2. 剪力墙层高范围最下一排拉筋位于底部板顶以上第二排水平分布筋位置处。
3. 端柱竖向钢筋连接构造和锚固要求与框架柱相同（《12G901-1》3-1）。

请参照地下室墙（剪力墙）配筋施工构造示例及附录BIM建模指导，对本工程的地下室剪力墙进行BIM建模，并结合多维度动态观察所建地下室剪力墙BIM模型，理解地下室剪力墙施工图表达的信息及施工构造要求。

示例1：YAZ-2 插筋构造

剪力墙（地下室墙）平面布置图见图 3.2.12。YAZ-2 插筋施工构造见图 3.2.13。

示例 2：YYZ-2 插筋施工构造

YYZ-2 插筋施工构造见图 3.2.14。

示例 3：GJZ-1 插筋构造

当边缘构件（包括端柱）纵筋在一侧纵筋位于基础外边缘（保护层厚度≤5d，基础高度满足直锚）时，边缘构件内所有纵筋均按图 3.2.2 中（b）构造施工。GJZ-1 插筋施工构造见图 3.2.15。

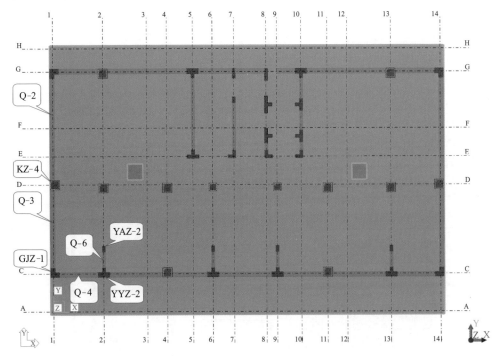

图 3.2.12 剪力墙（地下室墙）平面布置图

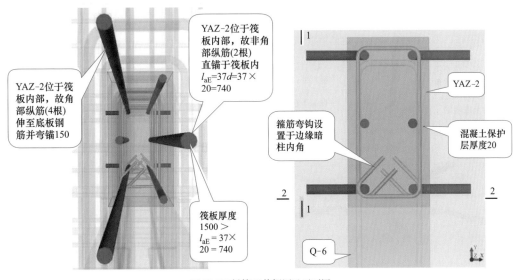

(a) YAZ-2插筋3D俯视图及平面图

图 3.2.13

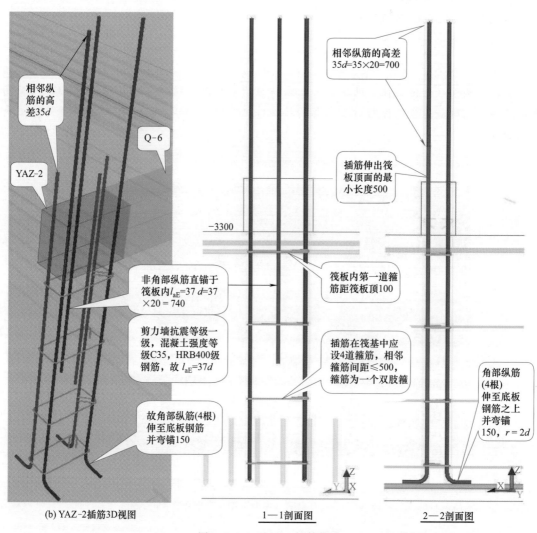

相邻纵筋的高差35d

相邻纵筋的高差
35d=35×20=700

Q-6

YAZ-2

插筋伸出筏板顶面的最小长度500

−3300

非角部纵筋直锚于筏板内l_{aE}=37 d=37×20＝740

筏板内第一道箍筋距筏板顶100

剪力墙抗震等级一级，混凝土强度等级C35，HRB400级钢筋，故 l_{aE}=37d

插筋在筏基中应设4道箍筋，相邻箍筋间距≤500，箍筋为一个双肢箍

角部纵筋(4根)伸至底板钢筋之上并弯锚150，r=2d

故角部纵筋(4根)伸至底板钢筋并弯锚150

(b) YAZ-2插筋3D视图   1—1剖面图   2—2剖面图

图 3.2.13 YAZ-2 插筋构造

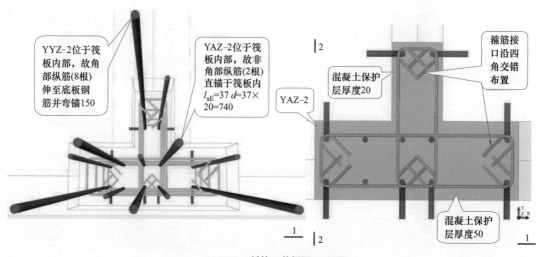

YYZ-2位于筏板内部，故非角部纵筋(8根)伸至底板钢筋并弯锚150

YAZ-2位于筏板内部，故非角部纵筋(2根)直锚于筏板内l_{aE}=37 d=37×20=740

YAZ-2

混凝土保护层厚度20

箍筋接口沿四角交错布置

混凝土保护层厚度50

(a) YYZ-2插筋3D俯视图及平面图

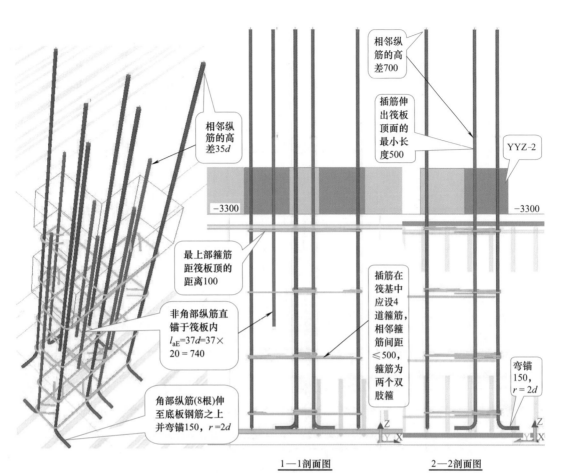

相邻纵筋的高差700

插筋伸出筏板顶面的最小长度500

YYZ-2

相邻纵筋的高差35d

插筋在筏基中应设4道箍筋，相邻箍筋间距≤500，箍筋为两个双肢箍

最上部箍筋距筏板顶的距离100

非角部纵筋直锚于筏板内 $l_{aE}=37d=37×20=740$

角部纵筋(8根)伸至底板钢筋之上并弯锚150，$r=2d$

弯锚150，$r=2d$

−3300

−3300

1—1剖面图　　　　　　2—2剖面图

(b) YYZ-2插筋3D视图

图 3.2.14　YYZ-2 插筋构造

示例 4：Q-6 配筋构造

Q-6 配筋施工构造见图 3.2.16。

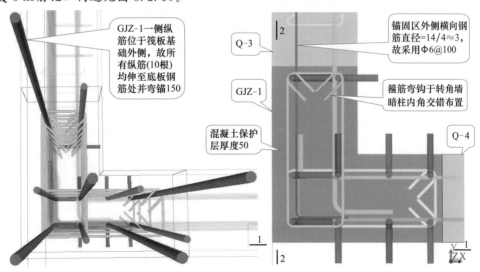

GJZ-1一侧纵筋位于筏板基础外侧，故所有纵筋(10根)均伸至底板钢筋处并弯锚150

锚固区外侧横向钢筋直径=14/4≈3，故采用Φ6@100

Q-3

GJZ-1

箍筋弯钩于转角墙暗柱内角交错布置

混凝土保护层厚度50

Q-4

(a) GJZ-1插筋3D俯视图及平面图

图 3.2.15

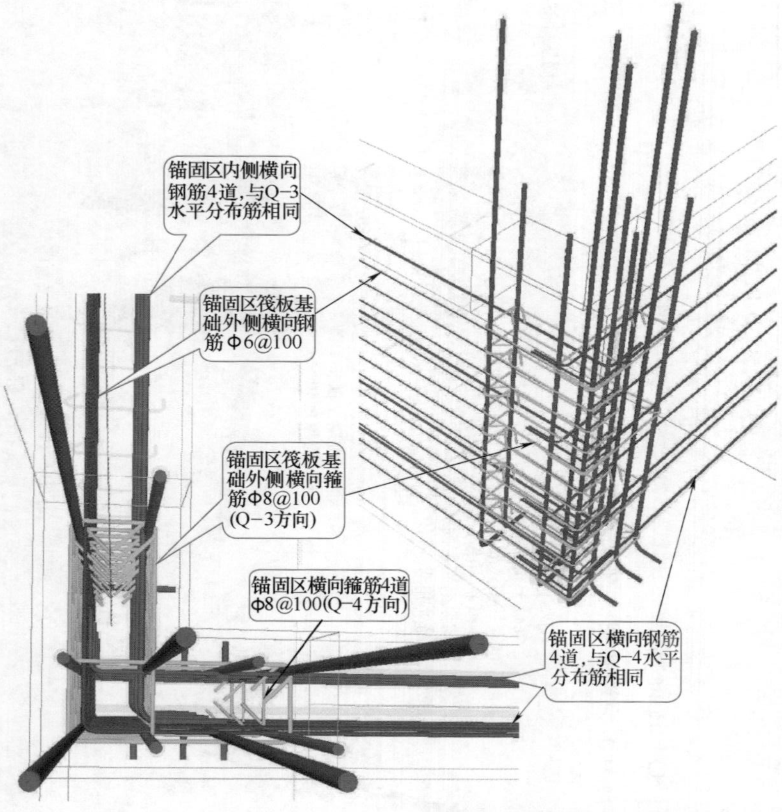

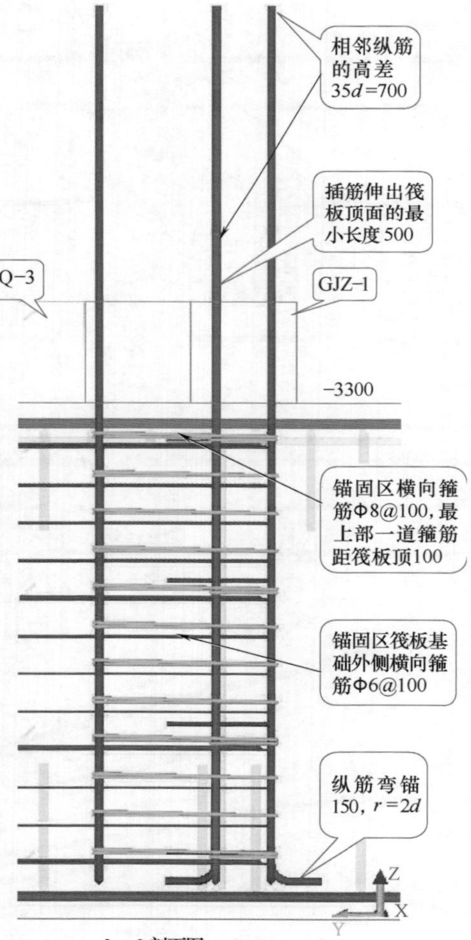

相邻纵筋
的高差
35d=700

插筋伸出筏
板顶面的最
小长度500

GJZ-1

-3300

锚固区横向箍
筋Φ8@100,最
上部一道箍筋
距筏板顶100

锚固区筏板基
础外侧横向箍
筋Φ6@100

纵筋弯锚
150, r＝2d

Z
X
Y

2—2 剖面图

Q-3

Q-4

GJZ-1

-3300

锚固区内侧横向钢
筋4道,与Q~4
水平分布筋相同

插筋在筏基中
设4道Φ8@100
(Q~4方向),
相邻箍筋
间距≤500,箍
筋为双肢箍

Z
X
Y

1—1 剖面图

(b)GJZ-1筏板内锚固区横向钢筋(箍筋)3D俯视图及附平面图

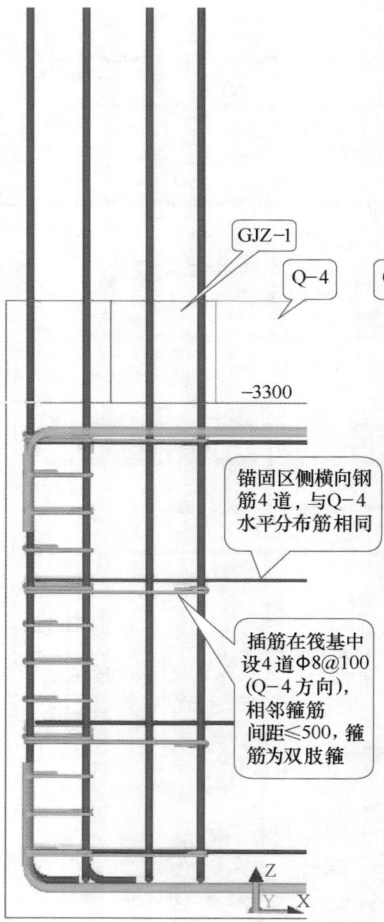

锚固区内侧横向
钢筋4道,与Q~3
水平分布筋相同

锚固区筏板基
础外侧横向钢
筋Φ6@100

锚固区筏板基
础外侧箍
横向箍@100
(Q~3方向)

锚固区横向钢筋
4道与Q~4水平
分布筋相同

锚固区横向箍筋4道
Φ8@100(Q~4方向)

图 3.2.15　GJZ-1 插筋构造

示例 5：Q-3 配筋构造

Q-3 配筋施工构造见图 3.2.17。

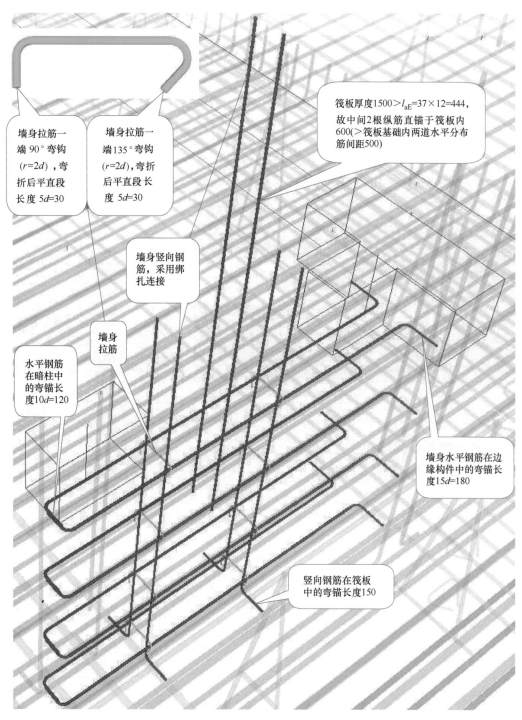

墙身拉筋一端 90°弯钩 ($r=2d$)，弯折后平直段长度 5d=30

墙身拉筋一端 135°弯钩 ($r=2d$)，弯折后平直段长度 5d=30

筏板厚度1500>l_{aE}=37×12=444，故中间2根纵筋直锚于筏板内600(>筏板基础内两道水平分布筋间距500)

墙身竖向钢筋，采用绑扎连接

墙身拉筋

水平钢筋在暗柱中的弯锚长度10d=120

墙身水平钢筋在边缘构件中的弯锚长度15d=180

竖向钢筋在筏板中的弯锚长度150

(a) Q-6墙身(内墙)插筋3D视图

图 3.2.16

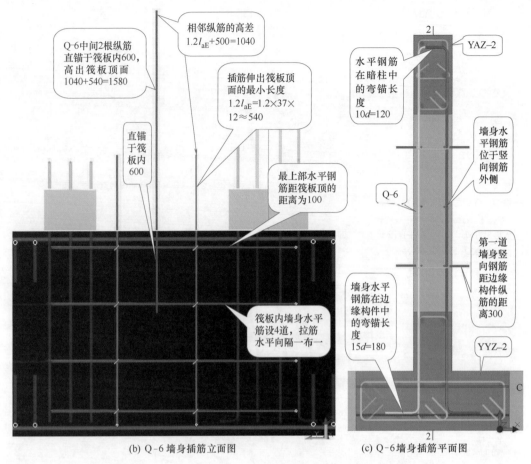

图 3.2.16　Q-6（内墙）插筋构造

重点说明 ▶▶▶

地下室外墙墙身竖向钢筋插筋绑扎连接构造（一级抗震，HRB400 级钢筋，C35 混凝土；地下室层高 3300mm；±0.000 处现浇板厚 120mm）：

1. 地下室墙身竖向钢筋的插筋构造

$1.2l_{aE}=1.2\times37\times14=621.5$（mm），考虑地下室外墙上翻 300mm，故取较短墙身插筋高出筏板顶面的长度为：$621.5+300=921.5$（mm）。

内侧竖向钢筋搭接构造复核：

$921.5mm>3300/4=825$（mm），故内侧竖向钢筋搭接构造不满足要求。

考虑施工因素，地下室内侧、外侧竖向钢筋在地下室高度内不再设置接头。

2. 地下室墙身竖向钢筋顶部构造

剪力墙身表			
名称	墙厚	水平分布筋	垂直分布筋	拉筋
Q-1(2 排)	300	Φ14@200	Φ14@200	Φ6@400
Q-2(2 排)	300	Φ14@200	Φ14@200	Φ6@600
Q-3(2 排)	300	Φ14@200	Φ14@200	Φ6@600

地下室墙身表（结施-4）

剪力墙身表			
名称	墙厚	水平分布筋	垂直分布筋	拉筋
Q-1(2 排)	300	Φ14@150	Φ14@150	Φ6@450
Q-2(2 排)	300	Φ10@125	Φ10@125	Φ6@375
Q-3(2 排)	300	Φ10@150	Φ10@150	Φ6@450

首层墙身表（结施-6）

Q-3 地下室层配筋与首层配筋（相同部位）直径与间距不同，因此地下室墙身竖向钢筋顶部弯锚于地下室顶部。

施工时上层墙身竖向钢筋应直锚于地下室墙身中。直锚构造见图 3.2.2、图 3.2.3。

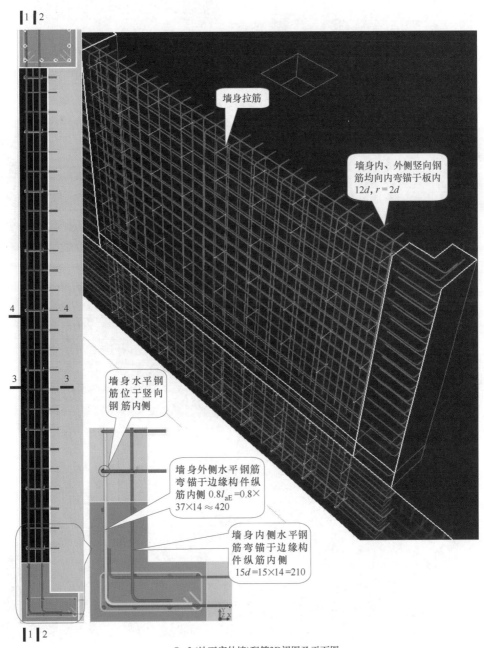

墙身拉筋

墙身内、外侧竖向钢筋均向内弯锚于板内 12d，r = 2d

墙身水平钢筋位于竖向钢筋内侧

墙身外侧水平钢筋弯锚于边缘构件纵筋内侧 $0.8l_{aE} = 0.8 \times 37 \times 14 \approx 420$

墙身内侧水平钢筋弯锚于边缘构件纵筋内侧 $15d = 15 \times 14 = 210$

Q-3(地下室外墙)配筋3D视图及平面图

图 3.2.17

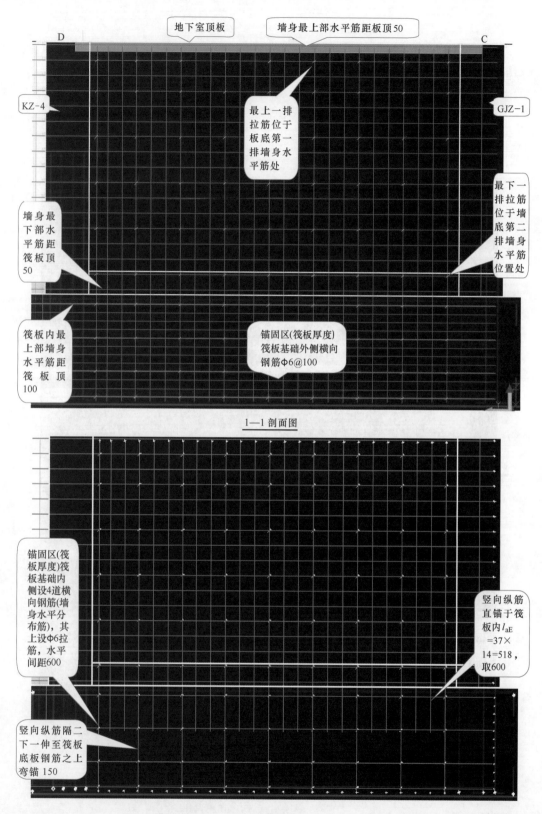

1—1 剖面图

2—2 剖面图

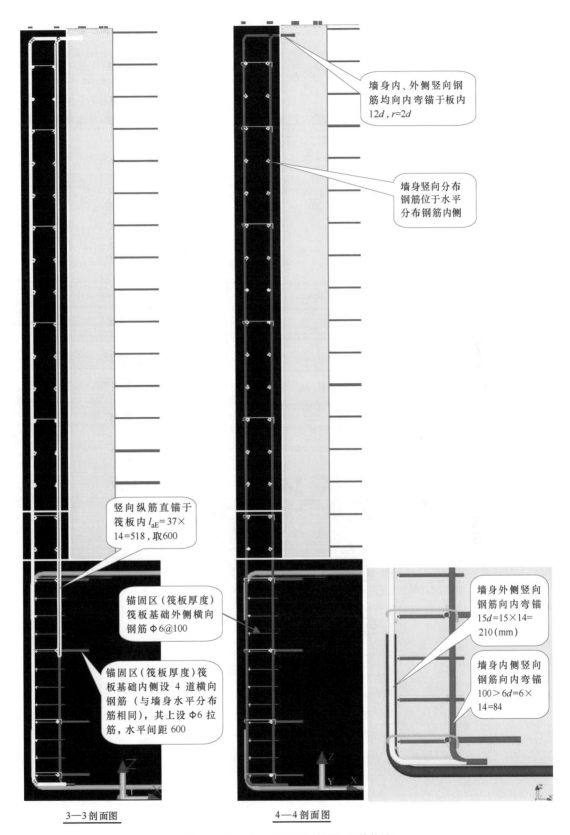

墙身内、外侧竖向钢
筋均向内弯锚于板内
$12d$, $r=2d$

墙身竖向分布
钢筋位于水平
分布钢筋内侧

竖向纵筋直锚于
筏板内 $l_{aE}=37\times$
$14=518$, 取600

锚固区（筏板厚度）
筏板基础外侧横向
钢筋 $\phi6@100$

锚固区（筏板厚度）筏
板基础内侧设 4 道横向
钢筋（与墙身水平分布
筋相同），其上设 $\phi6$ 拉
筋，水平间距 600

墙身外侧竖向
钢筋向内弯锚
$15d=15\times14=$
$210(\mathrm{mm})$

墙身内侧竖向
钢筋向内弯锚
$100>6d=6\times$
$14=84$

3—3剖面图　　　　　　4—4剖面图

图 3.2.17　Q-3（地下室外墙）配筋构造

示例 6：GJZ-1 地下层配筋构造

分析

① 轴与ⓒ轴交点处，－3.300～±0.000 区间为 GJZ-1，±0.000～4.500 区间为 YJZ-5。同一位置不同区段配筋不同（图 3.2.18），故－3.300～±0.000 区间 GJZ-1 纵筋于地下室顶弯锚，±0.000～4.500 区间 YJZ-5 纵筋插筋于 GJZ-1 中。[依据：剪力墙楼板处钢筋排布构造及竖向钢筋配筋变化时的施工构造（《12G901-1》3-9）]

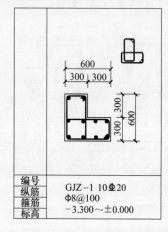

编号	
纵筋	GJZ-1 10Φ20
箍筋	Φ8@100
标高	－3.300～±0.000

(a) －3.300～±0.000区间GJZ-1 配筋(结施-5)

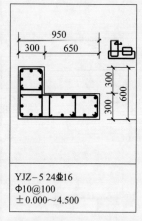

YJZ-5 24Φ16
Φ10@100
±0.000～4.500

(b) ±0.000～4.500区间YJZ-5 配筋(结施-7)

图 3.2.18 ①轴与ⓒ轴交点处配筋对比

GJZ-1 地下层钢筋施工构造见图 3.2.19。

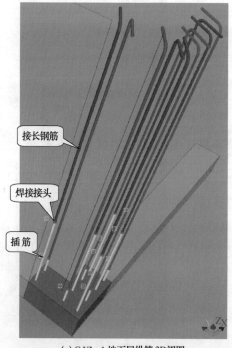

接长钢筋

焊接接头

插筋

(a) GJZ-1地下层纵筋 3D视图

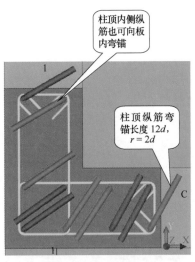

(b) GJZ-1地下层纵筋柱顶平面图

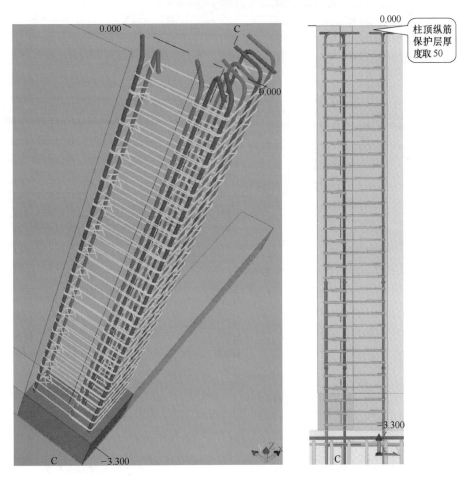

GJZ-1地下层配筋3D视图

GJZ-1地下层配筋立面图

(c)

图 3.2.19　GJZ-1 地下层配筋构造

示例 7：Q-6 地下层配筋构造

Q-6 地下层钢筋施工构造见图 3.2.20。

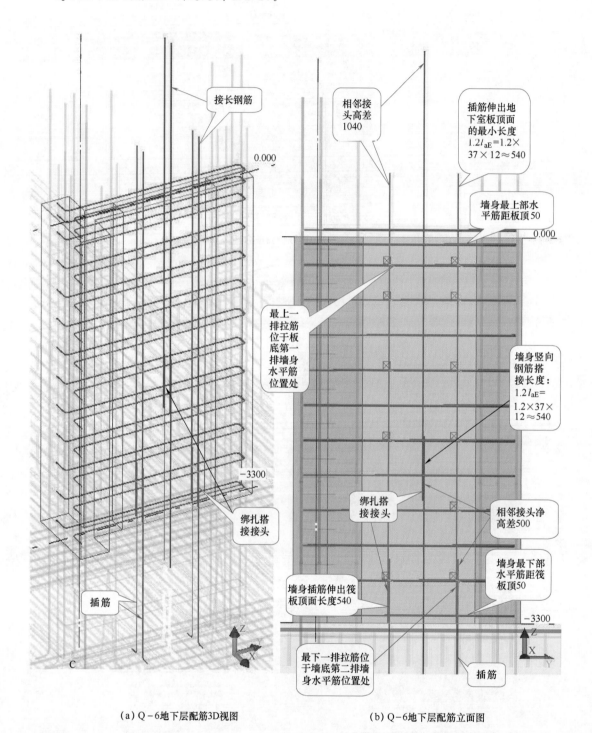

（a）Q-6地下层配筋3D视图　　　（b）Q-6地下层配筋立面图

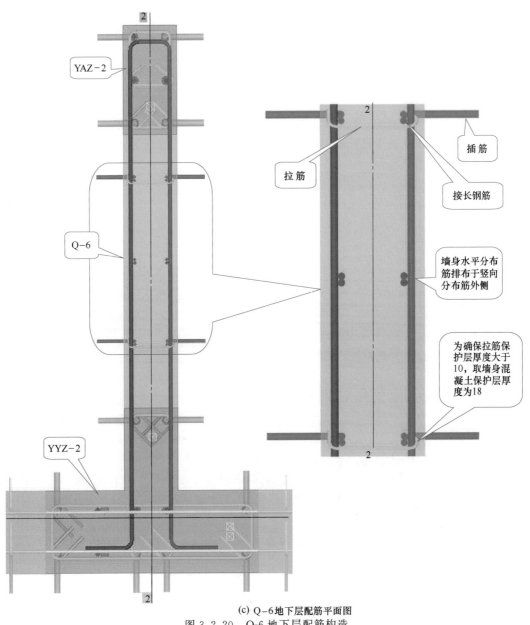

（c）Q-6地下层配筋平面图

图 3.2.20 Q-6 地下层配筋构造

YAZ-2

Q-6

YYZ-2

拉筋

插筋

接长钢筋

墙身水平分布筋排布于竖向分布筋外侧

为确保拉筋保护层厚度大于10，取墙身混凝土保护层厚度为18

项目 3 标高±0.000～4.500剪力墙平法施工图及其施工构造

任务 1 阅读标高±0.000～4.500剪力墙平面布置图及其墙柱表

请认真阅读"××××经济适用住房"标高±0.000～7.500剪力墙平面布置图（结

施-6）及其墙柱表（结施-7），并回答如下问题：

（1）YJZ-5 在±0.000～4.500 之间截面形状为_____，截面宽度为_____，纵筋为_____，箍筋为_____，保护层厚度为_____。

YAZ-3 在±0.000～4.500 之间截面尺寸为_____，纵筋为_____，箍筋为_____，保护层厚度为_____。

（2）YJZ-7 在±0.000～4.500 之间截面形状为_____，水平墙段截面宽度为_____，水平墙段截面宽度为_____，纵筋为_____，箍筋为_____，保护层厚度为_____。

YAZ-2 在±0.000～4.500 之间截面尺寸为_____，纵筋为_____，箍筋为_____，保护层厚度为_____。

（3）YYZ-5 在±0.000～4.500 之间截面形状为_____，截面宽度为_____，核心区（阴影区）纵筋为_____，箍筋为_____，非核心区（阴影区）一侧截面尺寸为_____，非核心区纵筋为_____，箍筋为_____，保护层厚度为_____。

YAZ-1 在±0.000～4.500 之间截面尺寸为_____，核心区（阴影区）截面尺寸为_____，纵筋为_____，箍筋为_____，非核心区（阴影区）截面尺寸为_____，非核心区纵筋为_____，箍筋为_____，保护层厚度为_____。

（4）Q-3 在±0.000～4.500 之间墙厚为_____，水平钢筋为_____，竖向钢筋为_____，拉筋为_____，保护层厚度为_____；Q-8 在±0.000～4.500 之间墙厚为_____，水平钢筋为_____，竖向钢筋为_____，拉筋为_____，保护层厚度为_____。

（5）LL-1 截面尺寸为_____，上部纵筋为_____，下部纵筋为_____，箍筋为_____，箍筋肢数为___肢，保护层厚度为_____。

（6）LL-3 截面尺寸为_____，上部纵筋为_____，下部纵筋为_____，侧面纵筋为_____，箍筋为_____，箍筋肢数为___肢，保护层厚度为_____。

任务 2　标高±0.000～4.500 剪力墙施工构造与 BIM 建模

请利用 BIM 建模软件，对"××××经济适用住房"标高±0.000～4.500（首层）剪力墙结构构件进行 BIM 建模，理解首层剪力墙施工图中表达的墙柱、墙身、墙梁配筋信息及其施工构造要求。

☞ 指导

请参考"项目 2　标高-3.300～±0.000 剪力墙平法施工图及其施工构造"中相关剪力墙基本构件施工构造要求，以及标高±0.000～4.500 剪力墙配筋施工构造示例，完成本工程首层剪力墙墙柱、墙身、墙梁钢筋的 BIM 建模任务。

剪力墙楼层连梁的钢筋排布构造应符合图 3.3.1 的要求。

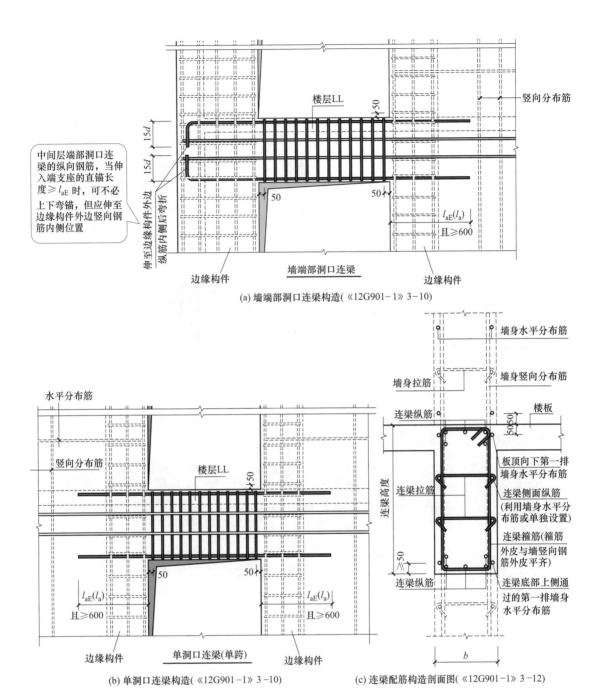

中间层端部洞口连梁的纵向钢筋,当伸入端支座的直锚长度≥l_{aE}时,可不必上下弯锚,但应伸至边缘构件外边竖向钢筋内侧位置

伸至边缘构件外边

纵筋内侧后弯折

15d

15d

50

楼层LL

竖向分布筋

50

$l_{aE}(l_a)$
且≥600

50

边缘构件 墙端部洞口连梁 边缘构件

(a) 墙端部洞口连梁构造(《12G901-1》3-10)

水平分布筋

竖向分布筋

楼层LL

50

50 50

$l_{aE}(l_a)$
且≥600

$l_{aE}(l_a)$
且≥600

≥50

边缘构件 单洞口连梁(单跨) 边缘构件

(b) 单洞口连梁构造(《12G901-1》3-10)

墙身水平分布筋

墙身拉筋

墙身竖向分布筋

连梁纵筋

楼板

50 50

连梁高度

连梁拉筋

≥50

连梁纵筋

b

板顶向下第一排墙身水平分布筋

连梁侧面纵筋(利用墙身水平分布筋或单独设置)

连梁箍筋(箍筋外皮与墙竖向钢筋外皮平齐)

连梁底部上侧通过的第一排墙身水平分布筋

(c) 连梁配筋构造剖面图(《12G901-1》3-12)

图 3.3.1 楼层连梁钢筋排布构造

请多维度动态观察所建首层剪力墙 BIM 模型,理解首层剪力墙施工图中表达的信息及其施工构造要求。

示例 1:YJZ-3 配筋构造

首层剪力墙构件编号见图 3.3.2。由于首层(标高±0.000～4.500)剪力墙外墙处构件与地下室外墙处剪力墙构件截面尺寸及配筋发生变化,故首层剪力墙外墙处构件应设置预埋于地下室外墙中的插筋,插筋构造与基础插筋构造相同。

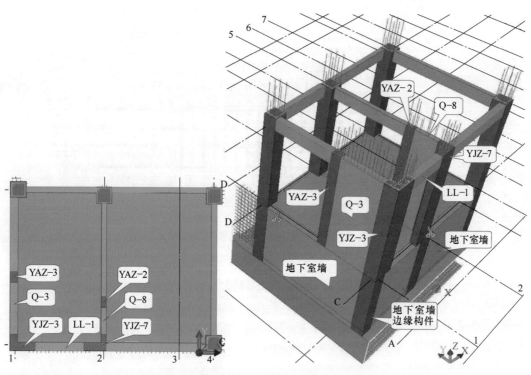

图 3.3.2　剪力墙构件编号

（1）YJZ-3 插筋构造。

YJZ-3 插筋施工构造见图 3.3.3、图 3.3.4。

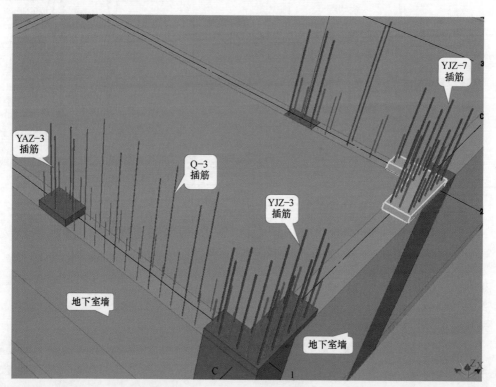

图 3.3.3　剪力墙构件插筋 3D 视图

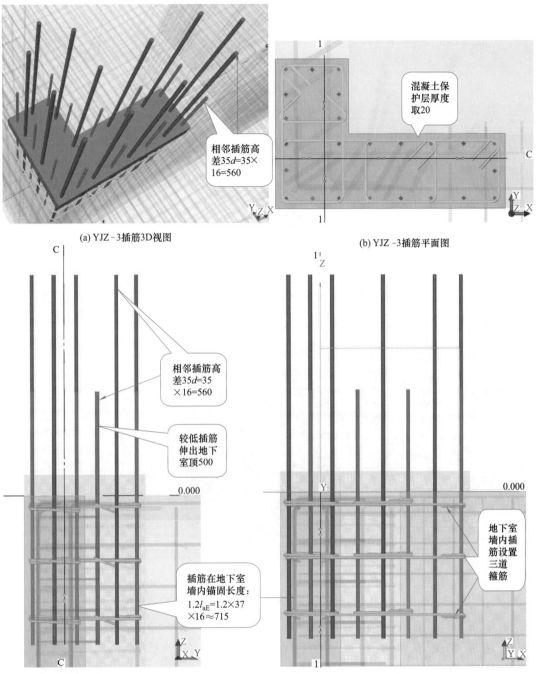

混凝土保护层厚度取20

相邻插筋高差35d=35×16=560

(a) YJZ-3插筋3D视图

(b) YJZ-3插筋平面图

相邻插筋高差35d=35×16=560

较低插筋伸出地下室顶500

0.000

插筋在地下室墙内锚固长度：
$1.2l_{aE}=1.2×37×16≈715$

0.000

地下室墙内插筋设置三道箍筋

(c) YJZ-3插筋立面图

图3.3.4　YJZ-3插筋配筋构造

（2）YJZ-3楼层配筋构造。

YJZ-3楼层配筋施工构造见图3.3.5。

示例2：Q-3配筋构造

（1）Q-3插筋构造。

Q-3插筋施工构造见图3.3.6。

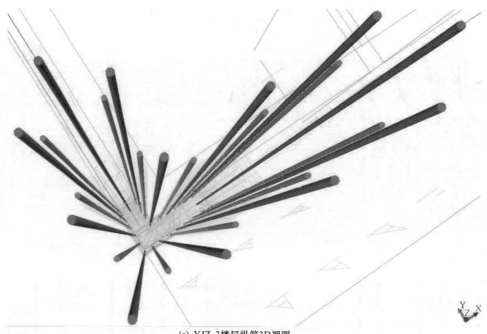

(a) YJZ-3楼层纵筋3D视图

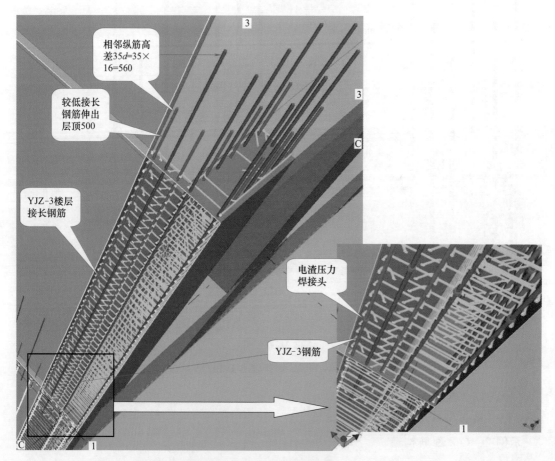

相邻纵筋高差35d=35×16=560

较低接长钢筋伸出层顶500

YJZ-3楼层接长钢筋

电渣压力焊接头

YJZ-3钢筋

(b) YJZ-3楼层纵筋构造

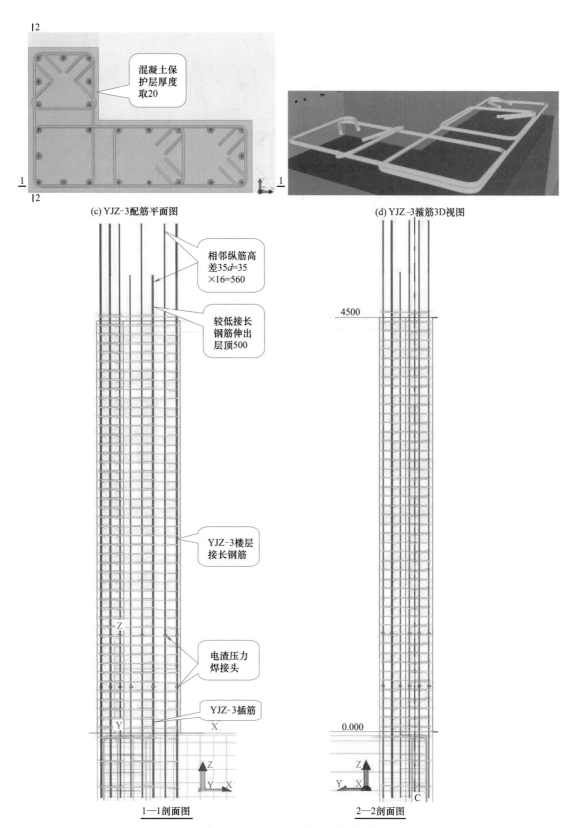

(c) YJZ-3配筋平面图   (d) YJZ-3箍筋3D视图

混凝土保护层厚度取20

相邻纵筋高差35d=35×16=560

较低接长钢筋伸出层顶500

YJZ-3楼层接长钢筋

电渣压力焊接头

YJZ-3插筋

4500

0.000

1—1剖面图   2—2剖面图

图 3.3.5   YJZ-3 楼层配筋构造详解

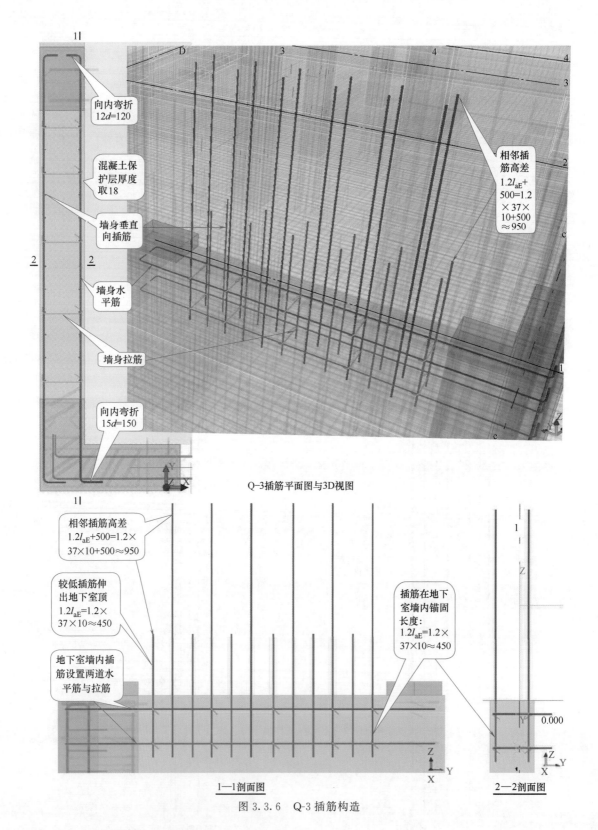

向内弯折
12d=120

混凝土保
护层厚度
取18

墙身垂直
向插筋

墙身水
平筋

墙身拉筋

向内弯折
15d=150

相邻插
筋高差
1.2l_{aE}+
500=1.2
×37×
10+500
≈950

Q-3插筋平面图与3D视图

相邻插筋高差
1.2l_{aE}+500=1.2×
37×10+500≈950

较低插筋伸
出地下室顶
1.2l_{aE}=1.2×
37×10≈450

地下室墙内插
筋设置两道水
平筋与拉筋

插筋在地下
室墙内锚固
长度：
1.2l_{aE}=1.2×
37×10≈450

0.000

1—1剖面图

2—2剖面图

图 3.3.6　Q-3 插筋构造

（2）Q-3 楼层配筋构造。

Q-3 楼层配筋施工构造见图 3.3.7。

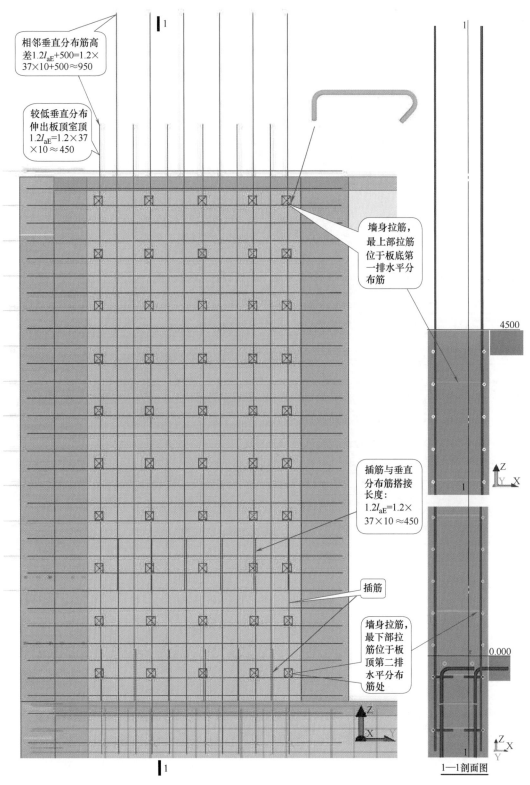

相邻垂直分布筋高差$1.2l_{aE}+500=1.2\times37\times10+500\approx950$

较低垂直分布伸出板顶室顶$1.2l_{aE}=1.2\times37\times10\approx450$

墙身拉筋，最上部拉筋位于板底第一排水平分布筋

4500

插筋与垂直分布筋搭接长度：$1.2l_{aE}=1.2\times37\times10\approx450$

插筋

墙身拉筋，最下部拉筋位于板顶第二排水平分布筋处

0.000

1—1剖面图

(a) Q-3楼层配筋立面图与剖面图

图 3.3.7

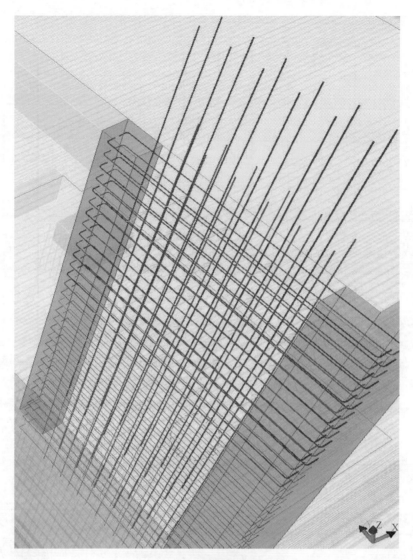

(b) Q-3楼层配筋3D视图

图 3.3.7 Q-3 楼层配筋构造

示例 3：LL-1 配筋构造

LL-1 配筋施工构造见图 3.3.8。

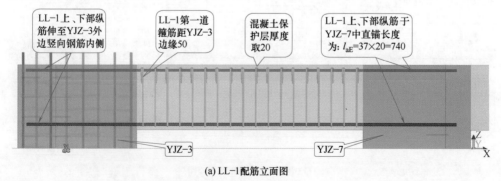

LL-1上、下部纵筋伸至YJZ-3外边竖向钢筋内侧

LL-1第一道箍筋距YJZ-3边缘50

混凝土保护层厚度取20

LL-1上、下部纵筋于YJZ-7中直锚长度为：$l_{aE}=37\times20=740$

YJZ-3

YJZ-7

(a) LL-1配筋立面图

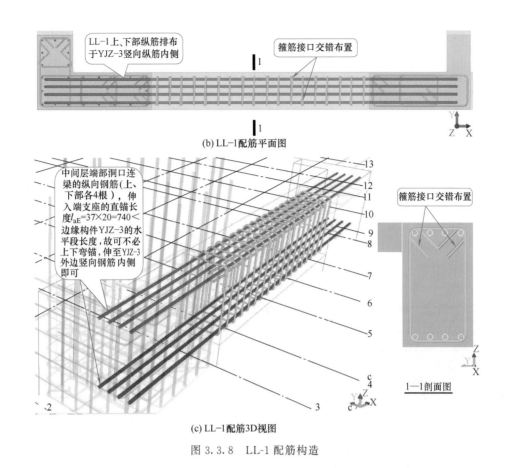

(b) LL-1配筋平面图

LL-1上、下部纵筋排布于YJZ-3竖向纵筋内侧

箍筋接口交错布置

中间层端部洞口连梁的纵向钢筋(上、下部各4根),伸入端支座的直锚长度l_{aE}=37×20=740<边缘构件YJZ-3的水平段长度,故可不必上下弯锚,伸至YJZ-3外边竖向钢筋内侧即可

箍筋接口交错布置

1—1剖面图

(c) LL-1配筋3D视图

图 3.3.8　LL-1 配筋构造

项目 4　标高 52.500~56.700 剪力墙平法施工图及其施工构造

任务 1　阅读标高 52.500~56.700 剪力墙平面布置图及其墙柱表

请认真阅读"××××经济适用住房"标高 52.500~56.700 剪力墙平面布置图及其墙柱表(结施-16),并回答如下问题。

(1) GYZ-1 在平面布置上有_____个,分别位于_____轴交点处,与ⓒ轴的位置关系为_____；GAZ-3 在平面布置上有_____个,分别位于_____轴上,与轴线的位置关系为_____；Q-3 在平面布置上有_____个,分别位于_____轴上,与轴线的位置关系为_____。

(2) GYZ-1 在 52.500~56.700 之间截面形状为_____,水平段截面宽度为_____,长度为_____；垂直段截面宽度为_____,长度为_____；纵筋为_____,箍筋为_____,箍筋包含_____双肢箍,混凝土保护层厚度为_____。

（3）GAZ-3在52.500～56.700之间截面尺寸为_____，纵筋为_____，箍筋为_____，混凝土保护层厚度为_____。

（4）Q-3在52.500～56.700之间截面宽度为_____，墙身水平分布筋为_____，排布置；垂直分布筋为_____，拉筋为_____；墙身混凝土保护层厚度为_____。

（5）GJZ-3在52.500～56.700之间截面形状为_____，水平段截面宽度为_____，长度为_____；垂直段截面宽度为_____，长度为_____；纵筋为_____，箍筋为_____，箍筋包含_____双肢箍，_____单肢箍；混凝土保护层厚度为_____。

（6）LL-2梁顶标高为_____，截面尺寸为_____，上部纵筋为_____，下部纵筋为_____，侧层面构造钢筋为_____，拉筋为_____；混凝土保护层厚度为_____。

任务 2　标高 52.500～56.700 剪力墙施工构造与 BIM 建模

请利用 BIM 建模软件，对"××××经济适用住房"标高 52.500～56.700（顶层）剪力墙结构构件进行 BIM 建模，理解顶层剪力墙施工图中表达的墙柱、墙身、墙梁配筋信息及其施工构造要求。

 指导

（1）请参考"项目 2　标高－3.300～±0.000 剪力墙平法施工图及其施工构造"及"项目 3　标高±0.000～4.500 剪力墙平法施工图及其施工构造"中相关剪力墙基本构件施工构造要求，以及顶层（标高 52.500～56.700）剪力墙配筋施工构造示例，完成本工程顶层剪力墙墙柱、墙身、墙梁钢筋的 BIM 建模任务。

（2）剪力墙顶层墙身竖向分布筋排布构造应符合图 3.4.1 的要求。

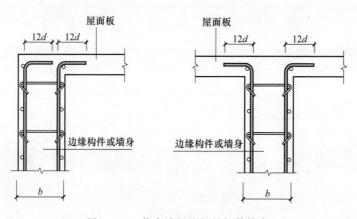

图 3.4.1　剪力墙屋面板处钢筋排布

（3）剪力墙顶层连梁的钢筋排布构造应符合图 3.4.2 的要求。

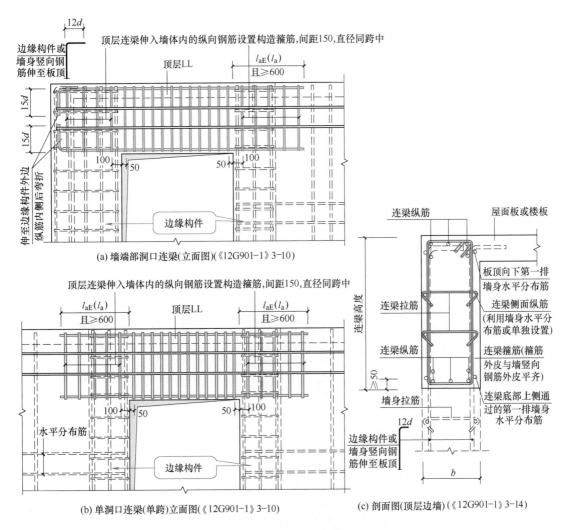

图 3.4.2　顶层剪力墙连梁钢筋排布构造详图

注：1. 连梁箍筋外皮与剪力墙竖向钢筋外皮平齐，连梁上、下部纵筋在连梁箍筋内侧设置，连梁侧面纵筋在连梁箍筋外侧紧靠箍筋外皮通过。

2. 当设计为单独设置连梁侧面纵筋时，墙身水平分布筋作为连梁侧面纵筋在连梁范围内拉通连续配置。当单独设置连梁侧面纵筋时，侧面纵筋伸入洞口以外支座范围的锚固长度为 l_{aE} 且≥600mm，端部洞口单独设置的连梁侧面纵筋在剪力墙端部边缘构件内的锚固要求与剪力墙水平分布筋相同。

3. 为便于施工中钢筋安装绑扎，若进入连梁底部以上第一排墙身水平分布筋与梁底间距小于 50mm，可仅将此根钢筋向上调整使其与梁底间距为 50mm；若进入跨层连梁顶部以下第一排墙身水平分布筋与梁顶间距小于 50mm，可仅将此根墙身水平分布筋向下调整使其与梁顶间距为 50mm；其他墙身水平分布筋原位不变。

4. 施工时可将封闭箍筋弯钩位置设置于连梁顶部，相邻两组箍筋弯钩位置沿连梁纵向交错对称排布。

5. 拉筋水平间距为 2 倍箍筋间距，拉筋沿连梁侧面间距不大于侧面纵筋间距的 2 倍，相邻上下两排拉筋沿连梁纵向错开设置。

6. 顶层端部洞口连梁的下部纵筋，当伸入端支座的直锚长度≥l_{aE}时，可不必向上弯锚，但应伸至边缘构件外边竖向钢筋内侧位置。

请多维度动态观察所建顶层剪力墙 BIM 模型，理解顶层剪力墙施工图中表达的信息及施工构造要求。

示例 1：GYZ-1 配筋构造

顶层剪力墙构件编号见图 3.4.3

GYZ-1 配筋施工构造见图 3.4.4。

示例 2：Q-3 配筋构造

Q-3 配筋施工构造见图 3.4.5。

示例 3：LL-2 配筋构造

LL-2 配筋施工构造见图 3.4.6。

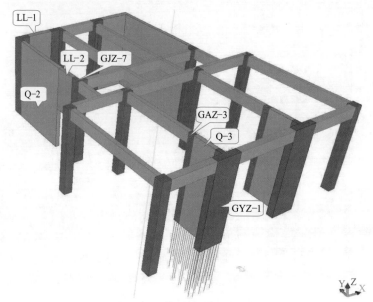

图 3.4.3　剪力墙构件编号

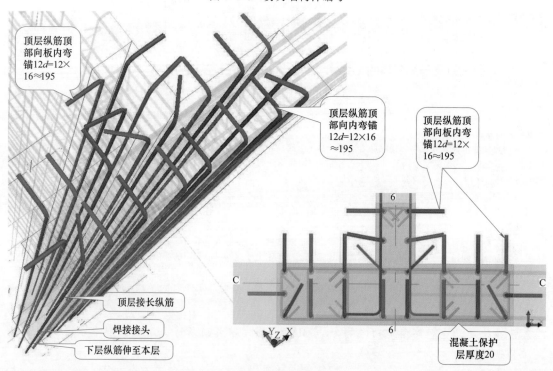

(a) GYZ-1 纵筋构造 3D 视图及平面图

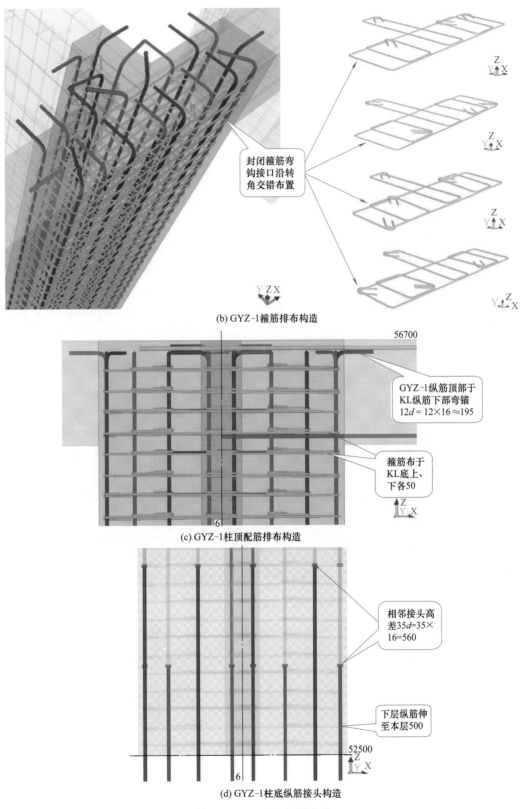

(b) GYZ-1箍筋排布构造

封闭箍筋弯
钩接口沿转
角交错布置

GYZ-1纵筋顶部于
KL纵筋下部弯锚
$12d = 12 \times 16 \approx 195$

箍筋布于
KL底上、
下各50

(c) GYZ-1柱顶配筋排布构造

相邻接头高
差35d=35×
16=560

下层纵筋伸
至本层500

(d) GYZ-1柱底纵筋接头构造

图 3.4.4　GYZ-1 配筋构造

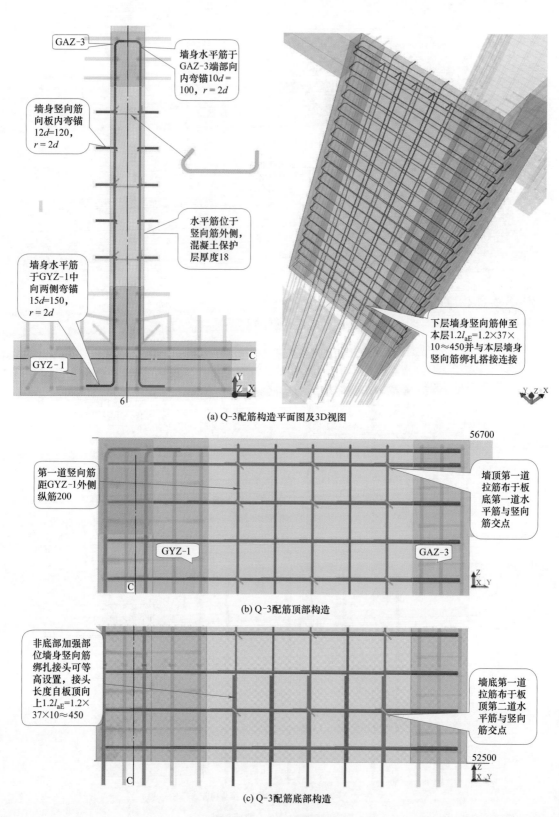

墙身水平筋于
GAZ-3端部向
内弯锚$10d$=
100，$r = 2d$

GAZ-3

墙身竖向筋
向板内弯锚
$12d$=120，
$r = 2d$

水平筋位于
竖向筋外侧，
混凝土保护
层厚度18

墙身水平筋
于GYZ-1中
向两侧弯锚
$15d$=150，
$r = 2d$

GYZ-1

下层墙身竖向筋伸至
本层$1.2l_{aE}$=1.2×37×
10≈450并与本层墙身
竖向筋绑扎搭接连接

(a) Q-3配筋构造平面图及3D视图

56700

第一道竖向筋
距GYZ-1外侧
纵筋200

墙顶第一道
拉筋布于板
底第一道水
平筋与竖向
筋交点

GYZ-1

GAZ-3

(b) Q-3配筋顶部构造

非底部加强部
位墙身竖向筋
绑扎接头可等
高设置，接头
长度自板顶向
上$1.2l_{aE}$=1.2×
37×10≈450

墙底第一道
拉筋布于板
顶第二道水
平筋与竖向
筋交点

52500

(c) Q-3配筋底部构造

图 3.4.5   Q-3 配筋构造

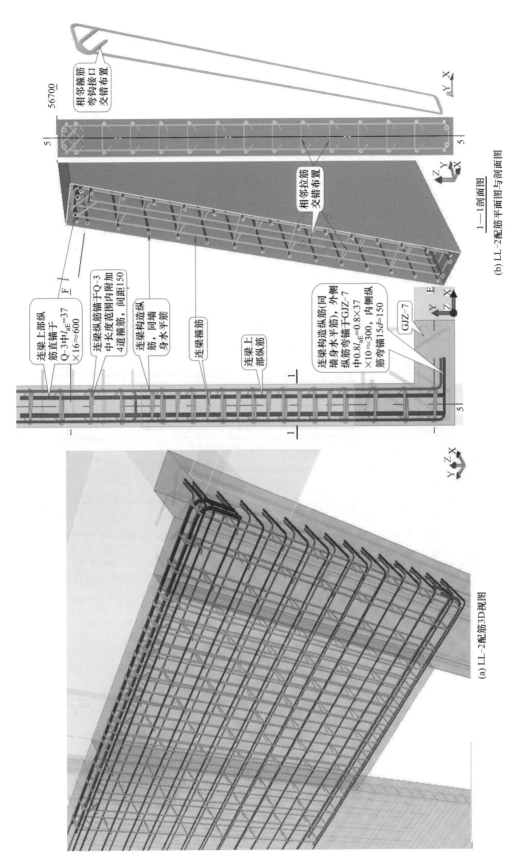

相邻箍筋弯钩接口交错布置

56700

5

5

1—1剖面图

(b) LL-2配筋平面图与剖面图

相邻拉筋交错布置

连梁上部纵筋直锚于Q-3中l_{aE}=37×16≈600

连梁纵筋中长度范围内附加4道箍筋，间距150

连梁构造纵筋，同墙身水平筋

连梁箍筋

连梁上部纵筋

连梁构造纵筋(同墙身水平筋)，外侧纵筋弯锚于GJZ-7中0.8l_{aE}=0.8×37×10≈300，内侧纵筋弯锚15d=150

GJZ-7

图 3.4.6

(a) LL-2配筋3D视图

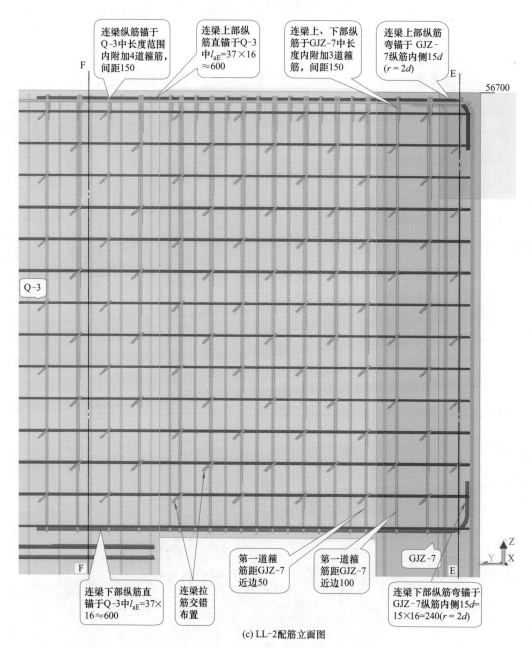

连梁纵筋锚于Q-3中长度范围内附加4道箍筋，间距150

连梁上部纵筋直锚于Q-3中$l_{aE}=37\times16\approx600$

连梁上、下部纵筋于GJZ-7中长度内附加3道箍筋，间距150

连梁上部纵筋弯锚于GJZ-7纵筋内侧15d（$r=2d$）

56700

Q-3

F

F

E

E

56700

连梁下部纵筋直锚于Q-3中$l_{aE}=37\times16\approx600$

连梁拉筋交错布置

第一道箍筋距GJZ-7近边50

第一道箍筋距GJZ-7近边100

GJZ-7

连梁下部纵筋弯锚于GJZ-7纵筋内侧15$d=15\times16=240$（$r=2d$）

(c) LL-2配筋立面图

图 3.4.6　LL-2 配筋构造

模块四

钢筋翻样技术

导入：读懂了钢筋混凝土结构施工图与施工构造，但如何将这一设计好的"蓝图"建造成可供人们使用的实体建筑物呢？这就涉及钢筋混凝土结构的施工技术问题。从施工技术的角度来讲，现浇钢筋混凝土结构工程主要是由钢筋、模板、混凝土等分项工程组成的，其中钢筋分项工程是钢筋混凝土结构施工的关键工序。钢筋工程的主要施工技术包含钢筋翻样、下料、加工与绑扎等内容，其中钢筋翻样是先导性工作。钢筋翻样是根据结构施工图、施工构造、施工工艺等技术要求，计算确定钢筋的形状、长度、数量、重量，并出具钢筋翻样单。钢筋工只有严格按照钢筋翻样单进行下料、加工制作，才能保证钢筋工程的施工质量。

项目1　熟悉钢筋翻样原理

钢筋翻样是一项技术含量很高的工作。在实际应用中钢筋翻样可分为两类，一类是预算翻样，主要是计算图纸中钢筋的含量，用于钢筋造价预算及招投标工作；第二类是施工翻样，是指在施工过程中，根据钢筋混凝土结构施工图纸，详细列示结构中钢筋的规格、形状、尺寸、数量、重量等内容，并形成钢筋构件下料单，作为钢筋工进行钢筋下料、加工制作和绑扎安装的有效依据。本书所指钢筋翻样为施工翻样。

任务　常握钢筋下料长度计算方法

一、弯曲量度差

钢筋弯曲变形以后，钢筋的外皮受拉增长，内皮受压缩短，而钢筋轴线长度基本不变。因此，钢筋的轴线（中心线）长度就是钢筋的下料长度，即钢筋切断时的直线长度。

结构施工图中所指的钢筋长度通常是钢筋外缘之间的直线长度，即外包尺寸，如图 4.1.1 所示，外包尺寸 $=L_1+L_2$，而钢筋下料长度 $=W+Z+$ 弧长 bc。

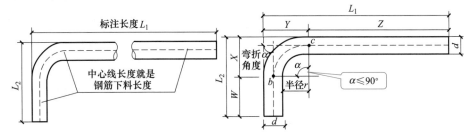

图 4.1.1　钢筋外包尺寸与下料长度

根据图 4.1.2 计算：

$$X = Y = (r+d)\tan(\alpha/2) \tag{4.1}$$

下料长度＝轴线长度＝W＋弧长 bc＋$Z = L_1 - Y + 2 \times (r+d/2)\pi\alpha/360 + L_2 - X$

$$= \underbrace{(L_1+L_2)}_{外包尺寸} - \underbrace{[2 \times (r+d) \times \tan(\alpha/2) - (r+d/2)\pi\alpha/180]}_{弯曲量度差} \tag{4.2}$$

由式（4.2）可知，一个弯曲的钢筋弯曲量度差为 $[2 \times (r+d) \times \tan(\alpha/2) - (r+d/2)\pi\alpha/180]$。

从式中可以看出，钢筋弯曲量度差值与弯弧内半径 r、弯曲角度 α 以及钢筋直径 d 有关。常见钢筋弯弧内半径 r 的规定见表 4.1.1（参见《16G101-1》57、67）。

经过推导（读者可自行验证），不同弯弧内半径和弯曲角度的弯曲量度差值见表 4.1.2，钢筋下料计算时可根据需要进行选用。

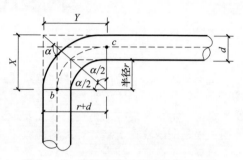

图 4.1.2　钢筋弯曲量度差计算示意图

表 4.1.1　弯弧内半径 r 取值表

序　号	钢筋规格的用途	钢筋弯弧内半径 r
1	箍筋、拉筋	2 倍箍筋直径且 $>\frac{1}{2}$ 主筋直径
2	HPB300 主筋	≥1.25 倍钢筋直径
3	335MPa、400MPa 级带肋钢筋	≥2 倍钢筋直径
4	500MPa 级带肋钢筋，钢筋直径 $d\leqslant25$mm	≥3 倍钢筋直径
5	500MPa 级带肋钢筋，钢筋直径 $d>25$mm	≥3.5 倍钢筋直径
6	框架结构顶层端节点处的梁上部纵向钢筋和柱外侧纵向钢筋，在节点角部弯折处，钢筋直径 $d\leqslant25$mm	≥6 倍钢筋直径
7	框架结构顶层端节点处的梁上部纵向钢筋和柱外侧纵向钢筋，在节点角部弯折处，钢筋直径 $d>25$mm	≥8 倍钢筋直径

表 4.1.2　弯曲量度差

弯弧内半径　弯曲角度	$r=1.25d$	$r=2d$	$r=3d$	$r=3.5d$	$r=6d$	$r=8d$
45°	0.49d	0.52d	0.56d	0.58d	0.70d	0.79d
60°	0.77d	0.84d	0.95d	1.01d	1.28d	1.50d
90°	1.75d	2.07d	2.50d	2.72d	3.79d	4.65d

二、钢筋下料长度计算方法

由于轴线长度不会随钢筋的弯曲而改变，所以计算钢筋的下料长度，就是计算钢筋轴线长度。

（1）对于纵向钢筋，由外包弯曲量度差值的概念可知，钢筋的下料长度是钢筋的外包尺寸减去钢筋弯曲量度差。所以，纵向受力钢筋的下料长度 L 为（见图 4.1.3）：

$$L = L_1 + L_2 + L_3 - n \times 弯曲量度差 \tag{4.3}$$

式中　n——钢筋弯曲次数，图 4.1.3 中 $n=2$。

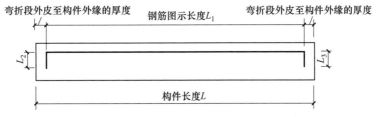

图 4.1.3　纵向钢筋下料长度计算示意图

（2）关于箍筋，其末端一般应作 135° 弯钩，弯后平直段长度不应小于 10 倍箍筋直径且不小于 75mm。按照《混凝土结构工程施工质量验收规范》（GB 50204—2015）的规定，箍筋的弯弧内半径取 $2d$。可以假想箍筋由两部分组成：一部分是图 4.1.4（a），另一部分是图 4.1.4（b）。图 4.1.4（a）为一个闭合的矩形，但是，四个角是以 $2d$ 为半径的弯曲圆弧；图 4.1.4（b）里，有一个半圆，它是由一个半圆和两个相等的直线段组成。将图 4.1.4（a）和图 4.1.4（b）分别计算，加起来就是箍筋的下料长度 L。

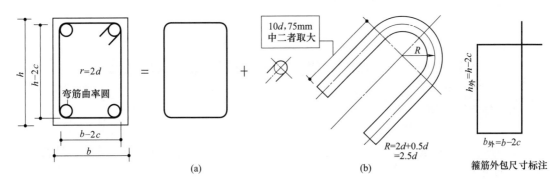

图 4.1.4　箍筋构造及下料长度计算示意图

图 4.1.4（a）部分下料长度 L_a：

$L_a=$ 外包尺寸 $-4×$ 弯曲量度差 $=2×[(h-2c)+(b-2c)]-4×2.07d≈2h+2b-8c-8.28d$

式中　c——梁、柱的混凝土保护层厚度，mm，下同。

图 4.1.4（b）部分下料长度 L_b：

$L_R=R×2\pi/2=R×\pi≈2.5d\pi≈7.85d$（半圆中心线长），则：

当 $10d>75$mm 时，$L_b=7.85d+2×10d=27.85d$

当 $10d<75$mm 时，$L_b=7.85d+2×75=7.85d+150$

所以，箍筋下料长度计算公式为：

当 $10d>75$mm 时，$L=2h+2b-8c-8.28d+27.85d=2h+2b-8c+19.57d$

$$=2×(h_外+b_外)+19.57d \tag{4.4}$$

当 $10d<75$mm 时，$L=2h+2b-8c-8.28d+7.85d+150=2h+2b-8c-0.43d+150$

$$=2×(h_外+b_外)-0.43d+150 \tag{4.5}$$

在钢筋配料单中，绘制箍筋简图时将箍筋的宽度与高度标于简图外侧，以表示为箍筋的外包尺寸（图 4.1.4）。

（3）关于梁、柱的拉筋，一般应拉住梁、柱的箍筋（图 4.1.5）。以梁为例，抗震拉筋下料长度推导如下：

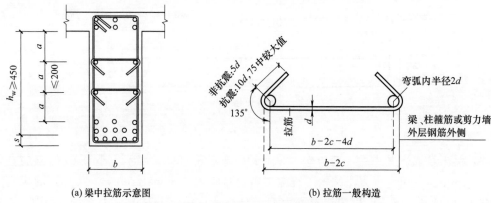

(a) 梁中拉筋示意图　　　　　　(b) 拉筋一般构造

图 4.1.5　拉筋下料长度计算示意图

当 $10d < 75\text{mm}$ 时，

$$L = \underbrace{\frac{(b-2c-4d)}{\text{平直段长度}}} + \underbrace{\frac{2\times[2\times(2d+d/2)\pi\times135°/360°]}{\text{弧段长度}}} + \underbrace{\frac{2\times75}{\text{弯钩平直段长度}}} \approx b-2c+7.78d+150$$

(4.6)

式中　b——梁、柱截面宽度，mm；

　　　c——当梁两侧的混凝土保护层厚度不同时，$2c$ 取两侧保护层厚度之和。

当 $10d > 75\text{mm}$ 时，

$$L = (b-2c-4d)+2\times[2\times(2d+d/2)\pi\times135°/360°]+2\times10d \approx b-2c+27.78d$$

(4.7)

对于剪力墙的拉筋，宜拉住剪力墙的外侧钢筋，其构造做法见图 4.1.6。下料长度为（请自行推导）：

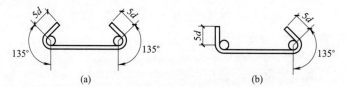

图 4.1.6　剪力墙墙身拉筋构造（《16G101-1》62）

对于图 4.1.6（a）

$$L \approx b-2c+17.78d$$

(4.8)

对于图 4.1.6（b）

$$L \approx b-2c+15.82d \quad (4.9)$$

式中　b——剪力墙的厚度，mm。

（4）当混凝土结构中采用 HPB300（光面钢筋）时（如现浇板中底部钢筋），钢筋末端应做 180° 弯钩，弯弧内半径 $r=1.25d$，弯后平直段长度不应小于 $3d$。由图 4.1.7 可见，端部做 180° 弯钩的钢筋下料长度 L_{180} 计算公式为：

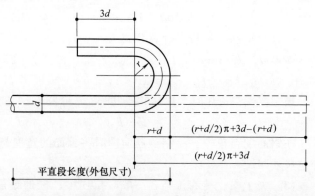

图 4.1.7　端部 180° 弯钩的钢筋下料长度计算示意图

$$L_{180} = 平直段长度（外包）+(r+d/2)\pi+3d-(r+d)=平直段长度（外包）+6.25d$$

(4.10)

重点说明 ▶▶▶

建筑业信息化浪潮不可阻挡，钢筋翻样电算化不可逆转，软件翻样代替手工翻样已成必然。但掌握手算的基本功也是必不可少的，手算是电算的基础。目前市场上钢筋翻样软件主要有平法钢筋软件 G101.CAC、广联达钢筋施工翻样软件 GFY、钢筋算尺等。

项目 2　掌握钢筋翻样技术

任务 1　柱钢筋翻样

请结合模块二"项目 4　标高基顶～－0.100 柱平法施工图及其施工构造"及"项目 6　标高－0.100～4.200 柱平法施工图及其施工构造"，读懂钢筋混凝土柱施工图中表达的柱纵筋与箍筋信息及其 BIM 结构模型，对"××××电缆生产基地办公综合楼"⑥轴与Ⓐ轴交点处 KZ-2（结施 4/13）的纵筋与箍筋进行下料计算，并填制 KZ-2 的钢筋翻样单。

☞ **指导**

在设计图纸中，钢筋配置的细节问题没有注明时，一般按构造要求处理，还应考虑施工需要的附加钢筋。同时应考虑钢筋的形状和尺寸，在满足设计要求的前提下，要有利于加工。

柱钢筋翻样要点：

（1）框架柱钢筋翻样的计算难点是在柱截面变化及主筋根数变化后保证柱接头率≤50%且交错布置，同时箍筋的尺寸也会随之发生变化。计算规定：柱左上角（或右上角）钢筋为高位接头。

（2）顶层柱纵筋高度可缩减 50mm，如顶层梁纵筋较密，保护层应适当放大。

重点说明 ▶▶▶

（1）在进行钢筋施工翻样时，不必拘泥于规范和平法中纵筋露出长度，并且规范中给出的是最小值，可以大于但不必等于，柱除了上下非连接区外的部位都可以连接。在实际施工中，每一层柱纵筋断点位置有两种，可以 50% 交叉，便于钢筋翻样、下料、绑扎，有很强的可操作性，看上去也整齐美观。不过对整个工程要有宏观把握和整体性规划，对整个工程进行柱筋排列。尽可能地既满足规范要求又能节约钢筋，柱纵筋要按照钢筋定尺长度模数进行优化配料，如定尺长度为 9m，那么柱纵筋宜选择 3m、4m、4.5m、5m、6m 等。

（2）柱纵筋采用电渣压力焊时，须考虑电渣熔化造成柱纵筋损耗和由于柱纵筋头不平整而切割导致的柱纵筋缩短等因素，电渣熔化造成柱纵筋损耗是一种定量的必要损耗，一次焊接成功损耗钢筋 1d，如不能一次性焊接成功，将造成偶然性额外损耗，虽然这种损耗是微量的，但如果是高层或超高层，累积损耗也不少。

（3）顶层柱封头也是个难点，结构施工到顶层，柱纵筋肯定是高高低低，特别是高层建筑，这是由于累积误差和意外截断等因素所致。通常顶层柱纵筋下料时有三种方法，第一种是在顶层把柱露出部分进行两次"一刀切"，这种方法操作简便，易控制质量，但钢筋浪费严重。第二种方法根据顶层柱纵筋露出的不同长度配置相应长度的柱纵筋，然后对号入座。这种方法的优点是不浪费钢筋，但钢筋翻样繁琐，必须到施工现场实测每个柱纵筋的露出长度，钢筋种类多，施工人员难免会拿错钢筋，质量难以控制。第三种方法是在顶层采用绑扎接头（顶层柱纵筋竖向长度也可简化为两种），表面上也可掩盖柱纵筋露出部分参差不齐之弊，接头不能满足搭接长度处用施焊来弥补，接头超长部分就浪费了。这种方法省人工易操作，缺点仍然是浪费钢筋。

柱纵筋封顶（包括变截面柱纵筋截断）不能只扣保护层，弯折段与框架梁上部纵筋的平行净距为 25mm，即扣除高度约为 75mm。

示例：KZ-2 钢筋翻样

KZ-2 配筋 BIM 模型见图 4.2.1。

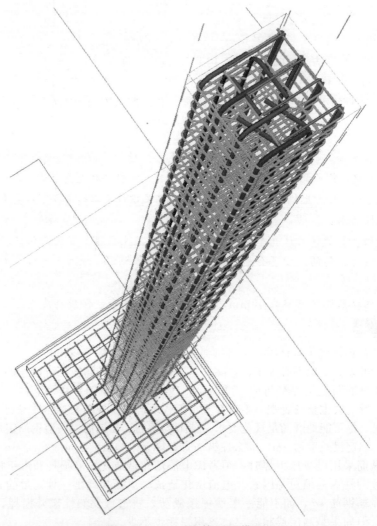

图 4.2.1　KZ-2 配筋 BIM 模型

1. KZ-2 插筋施工段钢筋翻样

（1）钢筋编号见图 4.2.2，绘抽筋图（图 4.2.3）

① 筋尺寸计算：

弯折段长度 $= 15d = 15 \times 20 = 300$（mm）（写于钢筋外侧）

平直段长度 $= 236 + 670 + 700 = 1606 \approx 1610$（mm）（写于钢筋外侧）

② 筋尺寸计算：

弯折段长度 $= 15d = 15 \times 20 = 300$（mm）（写于钢筋外侧）

平直段长度 $= 236 + 670 = 906 \approx 910$（mm）（写于钢筋外侧）

③ 箍筋外包尺寸计算：

按照施工要求，基础段柱每边加宽 5mm，柱截面尺寸为 510mm×510mm，保护层厚度 $c = 25$mm。故 KZ-2 箍筋外包尺寸为：$500 + 2 \times 5 - 2 \times 25 = 460$（mm）（写于箍筋外侧）

（2）下料长度计算

1）纵筋下料长度计算

① 筋下料长度计算：$L_① = 300 + 1610 - 2.07 \times 20 \approx 1870$（mm）

② 筋下料长度计算：$L_② = 300 + 910 - 2.07 \times 20 \approx 1170$（mm）

2）箍筋下料长度计算（基础内共 3 道箍筋）

$10d = 80$mm> 75mm，故：$L_③ = 2 \times (h_外 + b_外) + 19.57d = 2 \times (460 + 460) + 19.57 \times 8 \approx 2000$（mm）

（3）填制 KZ-2 插筋施工段钢筋翻样单（表 4.2.1）

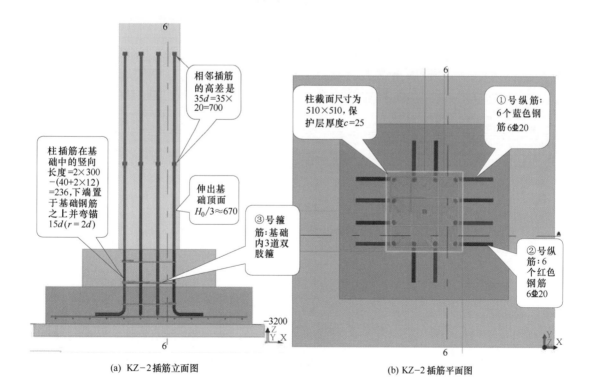

（a）KZ-2 插筋立面图　　　　　　　　（b）KZ-2 插筋平面图

图 4.2.2

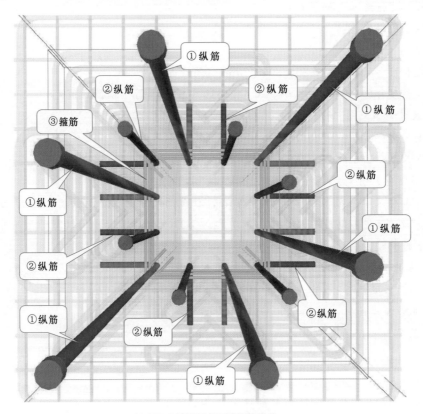

(c) KZ-2 插筋3D视图及钢筋编号

图 4.2.2　KZ-2 插筋及其编号

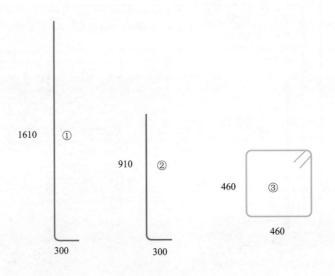

图 4.2.3　抽筋图

表 4.2.1　KZ-2 插筋施工段钢筋翻样单

构件名称	钢筋编号	简图	钢筋级别	直径/mm	下料长度/mm	单件根数/根	合计根数/根	合计长度/m	质量/kg
KZ-2 （计4件）	①	300 1610	HRB400	20	1870	6	24	44.88	110.9
	②	300 910	HRB400	20	1170	6	24	28.08	69.4
	③	460 460 弯钩平直段长度:80	HPB300	8	2000	3	12	24.00	9.5
合计质量			⏀20:180.3kg				Φ8:9.5kg		

注：⏀20 钢筋 2.47kg/m；Φ8 钢筋 0.395kg/m。

2. KZ-2 地下层施工段钢筋翻样

（1）钢筋编号见图 4.2.4，绘抽筋图（图 4.2.5）

④筋尺寸计算：

无弯折，平直段长度＝（2600－100）－670+650＝2480(mm)(写于抽筋图中)

⑤箍筋外包边长计算

$h_{外}＝510－2×25＝460$（mm）（写于箍筋外侧）

$b_{外}＝$相邻纵筋外皮距离＋2×8＝{[510－2×(25+8+10)]/3＋2×10}＋2×8≈178 (mm)（写于箍筋外侧）。

（2）下料长度计算

④筋下料长度计算：钢筋无弯折，故：$L_{④}＝$平直段长度＝2480mm

⑤箍筋下料长度计算

$10d＝80mm＞75mm$，故：$L_{③}＝2×(h_{外}＋b_{外})＋19.57d＝2×(460+178)＋19.57×8≈1435$(mm)

⑤箍筋数量计算

$n＝(2600－100－2×50)/100+1＝25$(道)，每道设置两层，故共计 50 个箍筋

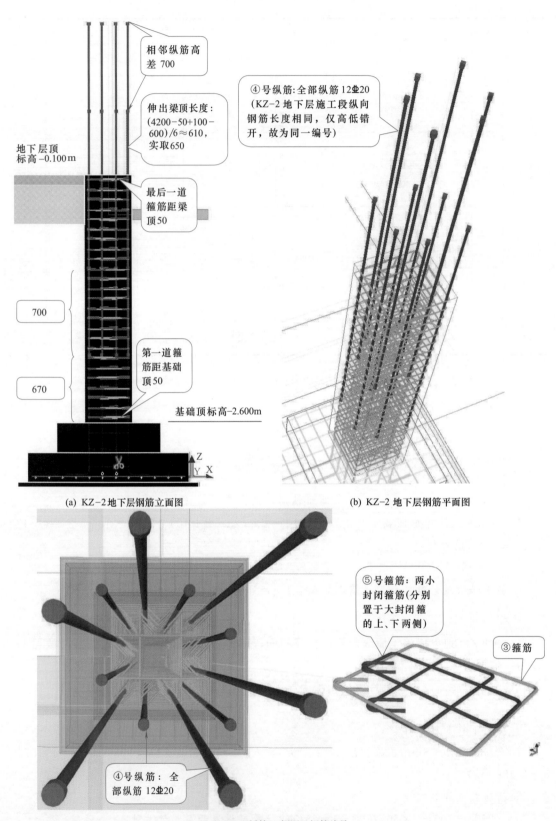

相邻纵筋高差 700

④号纵筋:全部纵筋12⩟20（KZ-2地下层施工段纵向钢筋长度相同，仅高低错开，故为同一编号）

伸出梁顶长度：(4200−50+100−600)/6≈610，实取650

地下层顶标高−0.100m

最后一道箍筋距梁顶50

700

第一道箍筋距基础顶50

670

基础顶标高−2.600m

(a) KZ-2地下层钢筋立面图

(b) KZ-2 地下层钢筋平面图

⑤号箍筋:两小封闭箍筋分别置于大封闭箍的上、下两侧

③箍筋

④号纵筋：全部纵筋 12⩟20

（c）KZ-2 插筋3D视图及钢筋编号

图 4.2.4　KZ-2 地下层钢筋及其编号

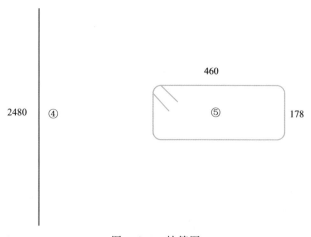

図 4.2.5 抽筋図

（3）填制 KZ-2 地下层施工段钢筋翻样单（表 4.2.2）

表 4.2.2 KZ-2 地下层施工段钢筋翻样单

构件名称	钢筋编号	简图	钢筋级别	直径/mm	下料长度/mm	单件根数/根	合计根数/根	合计长度/m	质量/kg
KZ-2（计4件）	④	2480	HRB400	20	2480	12	48	119.04	294.5
	⑤	178 460 弯钩平直段长度：80	HPB300	8	1435	50	200	287.00	113.4
	③	460 460 弯钩平直段长度：80	HPB300	8	2000	25	100	200.00	79.0
合计质量			⸫20:294.5kg			⸫8:192.4kg			

注：⸫20 钢筋 2.47kg/m；Φ8 钢筋 0.395kg/m。

3. KZ-2 顶层施工段下料长度计算

（1）钢筋编号见图 4.2.6，绘抽筋图（图 4.2.7）

⑥筋尺寸计算：

平直段长度 $L_⑥=(4150+100)-(650+700)-25=2875(\text{mm})$（柱顶保护层厚度取 25mm）

⑦筋尺寸计算：

平直段长度 $L_⑦=L_⑥+700=3575$（mm）

⑧筋尺寸计算：

弯折段长度 $=12d=12\times20=240$（mm）（写于钢筋外侧）

平直段长度 $=L_⑥-(20+25)=2830(\text{mm})$（第二排弯折，与第一排弯折纵筋净距取 25mm）（写于钢筋外侧）

⑨筋尺寸计算：

弯折段长度＝12d＝12×20＝240（mm）（写于钢筋外侧）

平直段长度＝$L_⑦$－（20＋25）＝3530（mm）（第二排弯折）（写于钢筋外侧）

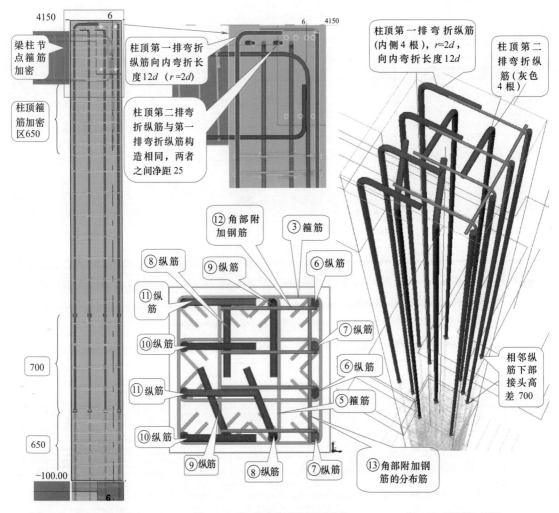

(a) KZ-2 顶层配筋立面图   (b) KZ-2 顶层配筋平面图及钢筋编号   (c) KZ-2 插筋3D视图

图 4.2.6   KZ-2 顶层配筋及其编号

⑩筋尺寸计算：

弯折段长度＝12d＝12×20＝240（mm）（写于钢筋外侧）

平直段长度＝$L_⑥$＝2875mm（第一排弯折，柱顶保护层厚度取 25mm）（写于钢筋外侧）

⑪筋尺寸计算：

弯折段长度＝12d＝12×20＝240（mm）（写于钢筋外侧）

平直段长度＝$L_⑦$＝3575mm（第一排弯折）（写于钢筋外侧）

⑫筋尺寸计算：

弯折段长度＝300mm（写于钢筋外侧）

⑬筋尺寸计算：

平直段长度＝500－2×20＝460（mm）

（2）纵筋下料长度计算

⑥筋下料长度计算：$L_⑥=2875$mm

⑦筋下料长度计算：$L_⑦=3575$mm

⑧筋下料长度计算：$L_⑧=2830+240-2.07×20≈3025$（mm）（下排筋就小取值）

⑨筋下料长度计算：$L_⑨=3530+240-2.07×20≈3725$（mm）

⑩筋下料长度计算：$L_⑩=2875+240-2.07×20≈3075$（mm）（上排筋就大取值）

⑪筋下料长度计算：$L_⑪=3575+240-2.07×20≈3775$（mm）

⑫筋下料长度计算：$L_⑫=300+300-2.07×10≈580$（mm）

⑬筋下料长度计算：$L_⑬=460$mm

（3）箍筋数量计算

1）加密区箍筋数量计算

$$n_1=[(650-50)/100+1]×2+(600-100-50)/100+1≈20（道）$$

2）非加密区箍筋（拉筋）数量计算

$$n_2=[(4150+100)-600-2×650]/200-1≈13（个）$$

故：$n=20+13=33$（道），其中⑤号箍筋每道设置两层，故共计66个箍筋

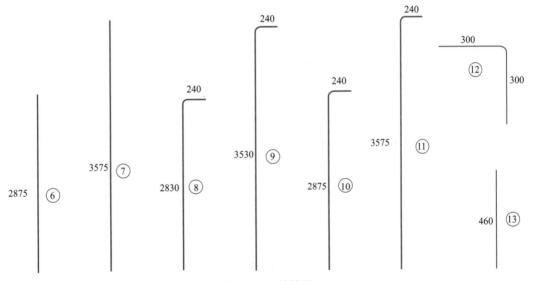

图 4.2.7　抽筋图

（4）填制 KZ-2 顶层施工段钢筋翻样单（表 4.2.3）

表 4.2.3　KZ-2顶层施工段钢筋翻样单

构件名称	钢筋编号	简图	钢筋级别	直径/mm	下料长度/mm	单件根数/根	合计根数/根	合计长度/m	质量/kg
KZ-2（计4件）	⑥	2875	HRB400	20	2875	2	8	23.00	56.9
	⑦	3575	HRB400	20	3575	2	8	28.60	70.7
	⑧	240 2830	HRB400	20	3025	2	8	24.20	59.8

构件名称	钢筋编号	简图	钢筋级别	直径/mm	下料长度/mm	单件根数/根	合计根数/根	合计长度/m	质量/kg
KZ-2（计4件）	⑨	240 ⌐ 3530	HRB400	20	3725	2	8	29.80	73.6
	⑩	240 ⌐ 2875	HRB400	20	3075	2	8	24.6	60.8
	⑪	240 ⌐ 3575	HRB400	20	3775	2	8	30.20	74.6
	⑫	300 ⌐ 300	HPB300	10	580	3	12	6.96	4.3
	⑬	460	HPB300	10	460	1	4	1.84	1.2
	③	460 / 460 弯钩平直段长度:80	HPB300	8	2000	33	132	264.00	104.3
	⑤	178 / 460 弯钩平直段长度:80	HPB300	8	1435	66	264	378.84	149.7
合计质量		⏀20:396.4kg			Φ8:254.0kg			Φ10:5.5kg	

注：⏀20 钢筋 2.47kg/m；Φ8 钢筋 0.395kg/m；Φ10 钢筋 0.617kg/m。

任务 2 梁钢筋翻样

请结合模块二"项目 5 标高－0.100 结构层梁平法施工图及其施工构造"，读懂钢筋混凝土梁施工图中表达的梁纵筋与箍筋信息及其 BIM 结构模型，对"××××电缆生产基地办公综合楼"标高－0.100 结构层中 KL6（结施 6/13）的纵筋与箍筋进行下料计算，并填制 KL6 的钢筋翻样单。

指导

梁钢筋翻样要点如下。

（1）梁上部通长筋在梁跨中 $l_n/3$ 范围内连接。在此范围内相邻纵筋连接接头相互错开，接头面积百分率不应大于 50%。当不同直径的钢筋绑扎搭接时，搭接长度按较小直径计算。绑扎接头部分箍筋加密，间距为 min（$5d$，100mm）。

（2）梁下部纵筋既可在支座内锚固，也可在梁端 $l_n/4$ 范围内连接，梁抗震设计时应避开梁箍筋加密区。在此范围内相邻纵筋连接接头相互错开，接头面积百分率不应大于 50%。

（3）直形非框架梁下部纵筋伸入梁支座范围内的锚固长度为 l_a，带肋钢筋 $l_a \geqslant 12d$；光面钢筋 $l_a \geqslant 15d$（末端做 $180°$ 弯钩）。当梁端支座不能满足直锚长度 l_a 时增加弯折，弯折长度不小于 $5d$（否则不好加工）。

（4）梁纵筋多排时，要用夹铁固定，以保证上下排纵筋的净距。夹铁直径不小于 25mm 且不小于梁纵筋直径，间距不大于 2000mm，夹铁长度为梁宽减保护层。夹铁与马凳都属于措施用钢筋，但在工程量清单中归入工程实体。

（5）梁纵筋自然弯曲避让柱（或其他梁）纵筋时，不再考虑弯曲量度差。

示例：KL6（标高 -0.100 结构层）钢筋翻样

1. 钢筋编号见图 4.2.8，绘抽筋图（图 4.2.9）

（1）纵筋

1）梁顶纵筋

①筋尺寸计算：

梁顶纵筋长 13.7mm（边柱外侧至另一边柱外侧），钢筋供料长度一般为 9m，故应考虑纵筋接长问题，本工程梁纵筋采用机械接头。为减少钢筋切割，①筋充分利用整根长度 9m。

弯折段长度 $=15d=15 \times 20=300$（mm）（写于钢筋外侧）

平直段长度 $=9000-300+2.07 \times 20 \approx 8740$（mm）（写于钢筋外侧）

②筋尺寸计算：

弯折段长度 $=15d=15 \times 20=300$（mm）（写于钢筋外侧）

平直段长度 $=13700-2 \times 80-8740=4800$（mm）（写于钢筋外侧）

③筋尺寸计算：

弯折段长度 $=15d=15 \times 20=300$（mm）（写于钢筋外侧）

平直段长度 $=8740-700=8040$（mm）（写于钢筋外侧）

④筋尺寸计算：

弯折段长度 $=15d=15 \times 20=300$（mm）（写于钢筋外侧）

平直段长度 $=4800+700=5500$（mm）（写于钢筋外侧）

⑤筋尺寸计算：

弯折段长度 $=15d=15 \times 20=300$（mm）（写于钢筋外侧）

平直段长度 $=l_n/3+$ 柱宽 $-80=(3200+2500-2 \times 400)/3+500-80=2055$（mm）（写于钢筋外侧）

⑥筋尺寸计算：

平直段长度 $=2 \times [\max(l_{nB-D}, l_{nD-E})]/3+$ 柱宽 $=2 \times (5700+2100-400-100)/3+500 \approx 5370$（mm）

⑦筋尺寸计算：

平直段长度 $=2 \times [\max(l_{nB-D}, l_{nD-E})]/4+$ 柱宽 $=2 \times (5700+2100-400-100)/4+500=4150$（mm）

⑧筋尺寸计算：

弯折段长度 $=15d=15 \times 20=300$（mm）（写于钢筋外侧）

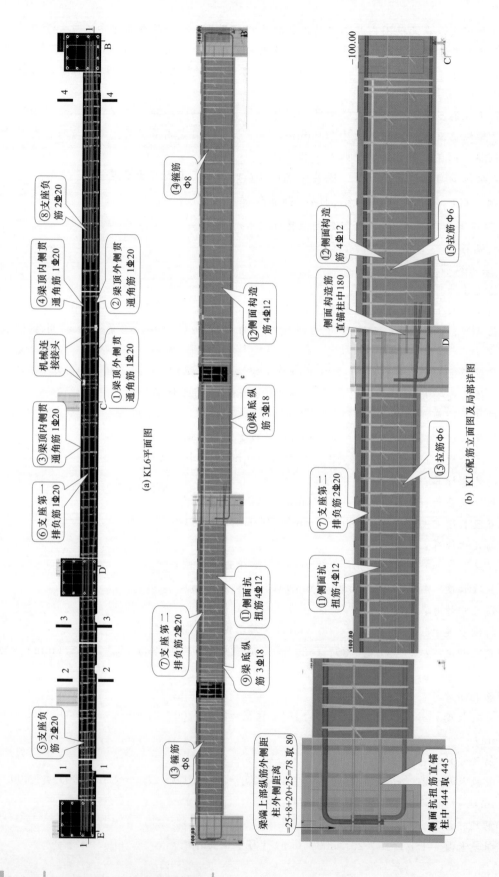

⑧支座负筋 2Φ20

④梁顶内侧贯通角筋 1Φ20

②梁顶外侧贯通角筋 1Φ20

③梁顶内侧贯通角筋 1Φ20

机械连接接头

①梁顶外侧贯通角筋 1Φ20

⑥支座第一排负筋 1Φ20

⑤支座负筋 2Φ20

⑭箍筋 Φ8

⑫侧面构造筋 4Φ12

⑩梁底纵筋 3Φ18

⑦支座第二排负筋 2Φ20

①侧面抗扭筋 4Φ12

⑨梁底纵筋 3Φ18

⑬箍筋 Φ8

梁端上部纵筋外侧距离柱外侧距离
=25+8+20+25=78 取 80

侧面抗扭筋直锚
柱中 444 取 445

(a) KL6平面图

⑫侧面构造筋 4Φ12

⑮拉筋 Φ6

侧面构造筋直锚柱中 180

⑦支座第二排负筋 2Φ20

①侧面抗扭筋 4Φ12

⑮拉筋 Φ6

(b) KL6配筋立面图及局部详图

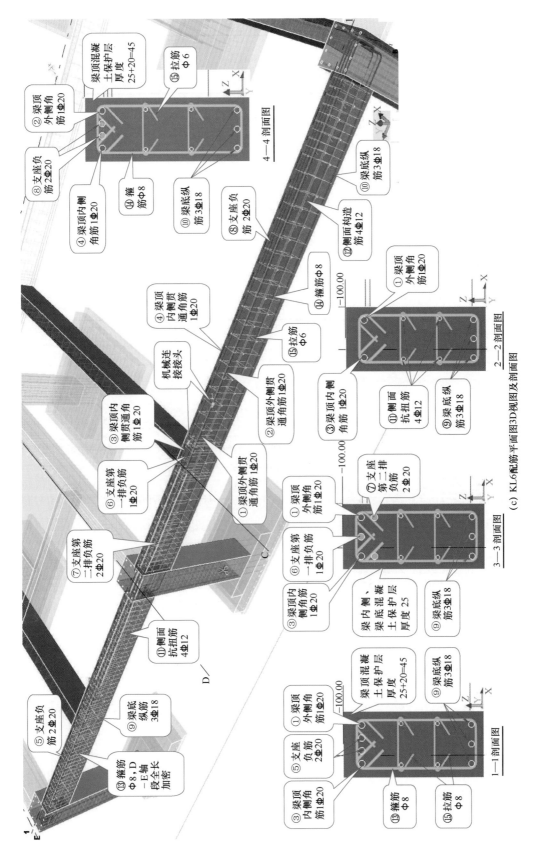

（c）KL6配筋平面图3D视图及剖面图

图4.2.8　KL6配筋及其编号

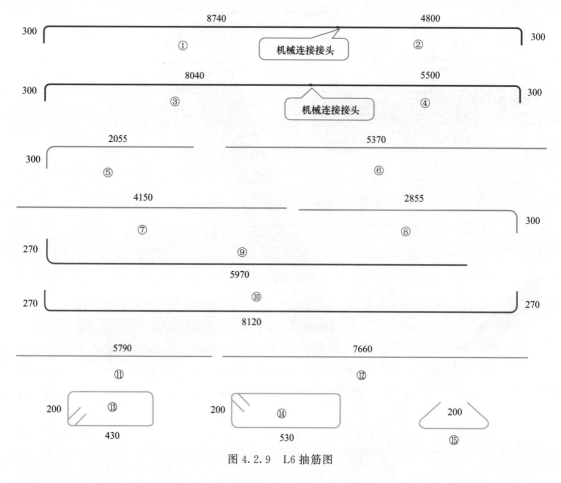

图 4.2.9 L6 抽筋图

平直段长度 $= l_n/3 + $ 柱宽 $-80 = (5700 + 2100 - 400 - 100)/3 + 500 - 80 = 2855$(mm)(写于钢筋外侧)

2) 梁底纵筋

⑨筋尺寸计算：

弯折段长度 $= 15d = 15 \times 18 = 270$ (mm)（写于钢筋外侧）

平直段长度 $=$ 边柱锚固平直段长度 $+$ 梁净跨 $+$ 中柱直锚长度

$$= [500 - (80 + 20)] + (3200 + 2500 - 2 \times 400) + \max(37 \times 18$$

$$\approx 670; 0.5 \times 500 + 5 \times 18 = 340) \approx 5970 \text{(mm)}（写于钢筋外侧）$$

⑩筋尺寸计算：

弯折段长度 $= 15d = 15 \times 18 = 270$ (mm)（写于钢筋外侧）

平直段长度 $= 100 + 5700 + 2100 + 400 - 80 - (80 + 20) = 8120$(mm)（写于钢筋外侧）

3) 侧面钢筋（构造钢筋及抗扭钢筋）

⑪抗扭钢筋尺寸计算：

平直段长度 $=$ 边柱直锚长度 $+$ 梁净跨 $+$ 中柱直锚长度 $= 37 \times 12 + (3200 + 2500 - 2 \times 400) + 37 \times 12 \approx 5790$(mm)

⑫构造钢筋尺寸计算：

平直段长度 $=$ 边柱直锚长度 $+$ 梁净跨 $+$ 中柱直锚长度 $= 15 \times 12 + (5700 + 2100 - 100 -$

$400）+15×12=7660（mm）$

（2）箍筋及拉筋尺寸计算：

⑬箍筋外包尺寸计算：

$250-25-25=200（mm）；500-45-25=430（mm）；（写于箍筋外侧）$

⑭箍筋外包尺寸计算：

$250-25-25=200（mm）；600-45-25=530（mm）；（写于箍筋外侧）$

⑮拉筋内包尺寸计算：

$250-25-25=200（mm）$（写于钢筋内侧，此为拉筋内包尺寸）

2. KL6（标高-0.100 结构层）下料长度计算

（1）纵筋下料长度计算

1）梁顶纵筋下料计算：

$L_①=9000mm$

$L_②=300+4820-2.07×20≈5080（mm）$

$L_③=9000-700mm=8300（mm）$

$L_④=5080+700=5780（mm）$

$L_⑤=300+2055-2.07×20≈2315（mm）$

⑥号钢筋无弯折，故：$L_⑥=5370（mm）$

⑦号钢筋无弯折，故：$L_⑦=4150（mm）$

$L_⑧=300+2855-2.07×20≈3115（mm）$

2）梁底纵筋下料计算

$L_⑨=270+5970-2.07×18≈6205（mm）$

$L_⑩=2×270+8120-2×2.07×18≈8620（mm）$

3）侧面钢筋（构造钢筋及抗扭钢筋）下料计算

⑪抗扭钢筋无弯折，故：$L_⑪=5790（mm）$

⑫构造钢筋无弯折，故：$L_⑫=7660（mm）$

（2）箍筋及拉筋料长度及数量计算

1）箍筋筋料长度及数量计算

$10d=80mm>75mm$，故：$L_⑬=2×(h_外+b_外)+19.57d=2×(200+430)+19.57×8≈1420（mm）$

$n_⑬=[(3200+2500)-2×400-2×50]/100+1+6=55（道）$

$L_⑭=2×(h_外+b_外)+19.57d=2×(200+530)+19.57×8≈1620（mm）$

$$n_⑭=n_{加密区}+n_{非加密区}+n_{附加}$$
$$=2×[(1.5×600-50)/100+1]$$
$$+[(5700+2100-100-400-2×1.5×600)/200-1]+6$$
$$≈52（道）$$

2）拉筋筋料长度及数量计算

$10d=60mm<75mm$，故：$L_⑮=200+7.78×6+150≈397（mm）$

$n_⑮=(3200+2500-2×400-2×50)/200+1+(5700+2100-100-400-2×50)/200+1+4=66（道）$

3. 填制 KL6（标高-0.100 结构层）钢筋翻样单（表 4.2.4）

表 4.2.4　KL6（标高－0.100 结构层）钢筋翻样单

构件名称	钢筋编号	简图	钢筋级别	直径/mm	下料长度/mm	单件根数/根	合计根数/根	合计长度/m	质量/kg
KL6（计1件）	①	8740　300	HRB400	20	9000	1	1	9.00	22.3
	②	4800　300	HRB400	20	5080	1	1	5.08	12.6
	③	8040　300	HRB400	20	8300	1	1	8.30	20.5
	④	5500　300	HRB400	20	5780	1	1	5.78	14.3
	⑤	2055　300	HRB400	20	2315	2	2	4.63	11.5
	⑥	5370	HRB400	20	5370	1	1	5.37	13.3
	⑦	4150	HRB400	20	4150	2	2	8.30	20.5
	⑧	2855　300	HRB400	20	3115	2	2	6.23	15.4
	⑨	270　5970	HRB400	18	6205	3	3	18.62	37.3
	⑩	270　270　8120	HRB400	18	8620	3	3	25.86	51.7
	⑪	5790	HRB400	12	5790	4	4	23.16	20.6
	⑫	7660	HRB400	12	7660	4	4	30.64	27.2
	⑬	200　450　弯折平直段长度：80	HRB300	8	1420	55	55	78.10	30.9
	⑭	200　550　弯折平直段长度：80	HPB300	8	1620	52	52	84.24	33.3
	⑮	200　弯折平直段长度：75	HPB300	6	397	66	66	26.21	5.9
合计质量	Φ12：47.8kg		Φ18：89.0kg		Φ20：130.4kg		Φ6：5.9kg		Φ8：64.2kg

注：Φ12 钢筋 0.888kg/m；Φ18 钢筋 2.00kg/m；Φ20 钢筋 2.47kg/m；Φ6 钢筋 0.222kg/m；Φ8 钢筋 0.395kg/m。

任务 3　板钢筋翻样

请结合模块二"项目 9　二层结构平面布置图及其施工构造",读懂钢筋混凝土现浇板施工图中表达的板钢筋信息及其 BIM 结构模型,对"××××电缆生产基地办公综合楼"二层①~②轴与Ⓓ~Ⓔ轴间上部板块(2B4)(结施 10/13)的钢筋进行下料计算,并填制该板块的钢筋翻样单。

 指导

板钢筋翻样要点:

(1)板一般不参与抗震,这里按非抗震构造。

(2)板底筋伸入支座内长度为 max(5d,支座宽/2)。当板内温度、收缩应力较大时,伸入支座内的长度适当增加。

(3)板上部支座负筋在支座处应伸至支座(梁)外侧纵筋内侧后弯折,当直段长度不小于 l_a 时可不弯折。当支座宽度小于 l_a 时弯折,支座内平直段长度可取支座宽-50。

(4)板负筋在板内弯折长度=板厚-2×保护层厚度。当板负筋弯折长度=板厚-保护层厚度,容易导致露筋。

(5)温度筋与支座负筋搭接长度为 $l_l = 1.2 \times 30 \times d$,温度筋属于受拉钢筋,任何情况下受拉钢筋搭接长度不得小于 300mm,故温度筋搭接长度取 300mm。

(6)板上部通长筋在板跨中 $l_n/3$ 范围内连接。在此范围内相邻纵筋连接接头相互错开,接头面积百分率一般是 25%(不应大于 50%)。板上部通长筋接头面积百分率 25% 时,接头位置不受限制。当不同直径的钢筋绑扎搭接时,搭接长度按较小直径计算。

(7)板中间支座计算时按轴线或支座线归类,既避免重复计算,又不能遗漏。

示例:2B4 板块(二层①~②轴与Ⓓ~Ⓔ轴间上部板块)钢筋翻样

1. 钢筋编号见图 4.2.10,绘抽筋图(图 4.2.11)

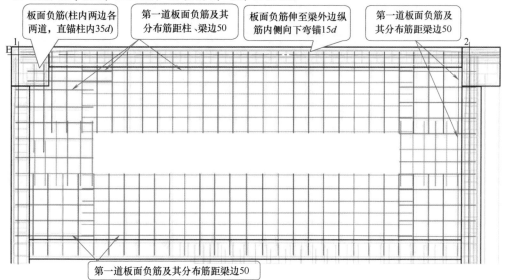

(a) 2B4 板面配筋平面图

图 4.2.10

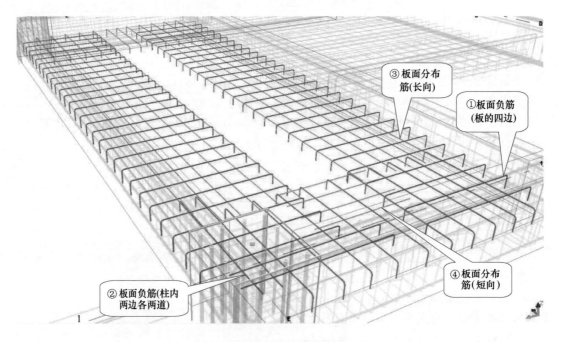

③板面分布筋(长向)

①板面负筋(板的四边)

④板面分布筋(短向)

②板面负筋(柱内两边各两道)

(b) 2B4板面配筋3D视图及其编号

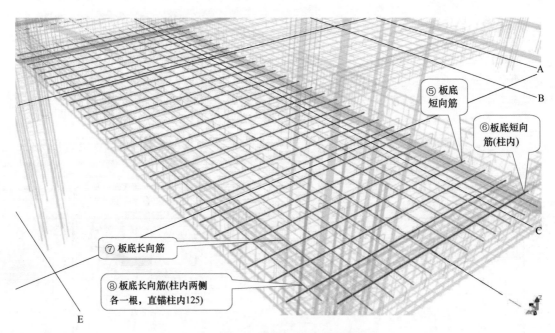

⑤板底短向筋

⑥板底短向筋(柱内)

⑦板底长向筋

⑧板底长向筋(柱内两侧各一根,直锚柱内125)

(c) 2B4板底配筋3D视图及其编号

图 4.2.10   2B4 配筋及其编号

①筋尺寸计算:

板内弯折段长度=120－2×15=90(mm)(写于钢筋外侧)

支座内弯折段长度=15×8=120(mm)(写于钢筋外侧)

平直段长度=850＋250－(20＋20＋8)=1052(mm)(写于钢筋外侧)(KL 上部纵筋直径为 20)

②筋尺寸计算：

板内弯折段长度＝120－2×15＝90（mm）（写于钢筋外侧）

平直段长度＝850＋35×8＝1130（mm）（写于钢筋外侧）

③筋尺寸计算：

平直段长度＝6000－150－100－2×850＋2×150＝4350（mm）

④筋尺寸计算：

平直段长度＝2500－150－125－2×850＋2×150＝825（mm）

⑤筋尺寸计算：

平直段长度＝2500－150＋125＝2475（mm）

⑥筋尺寸计算：

平直段长度＝2500－400＋125＝2225（mm）

⑦筋尺寸计算：

平直段长度＝6000－150－100＋2×125＝6000（mm）

⑧筋尺寸计算：

平直段长度＝6000－400－100＋2×125＝5750（mm）

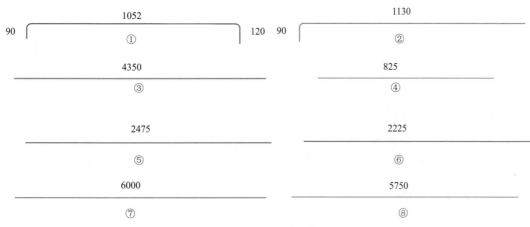

图 4.2.11　2B1 抽筋图

2. 2B4 钢筋下料长度及数量计算

$L_①＝90＋1052＋120－2×2.07×8≈1230$（mm）

$n_1＝[(6000－400－100－2×50)/200＋1]＋[(2500－400－125－2×50)/200＋1]$
　　$＋[(6000－150－100－2×50)/200＋1]＋[(2500－150－125－2×50)/200＋1]≈80$(根)

$L_②＝90＋1130－2.07×8≈1210$（mm），$n_2＝4$（根）

③钢筋无弯折，故：$L_③＝4350mm$，$n_3＝2×(850－50)/150＋1≈12$（根）

④钢筋无弯折，故：$L_④＝825mm$，$n_4＝2×(850－50)/150＋1≈12$（根）

⑤钢筋无弯折，故：$L_⑤＝2475mm$，$n_5＝(6000－150－100－2×50)/200＋1－1≈29$
（根）

⑥钢筋无弯折，故：$L_⑥＝2225$，$n_6＝1$（根）

⑦钢筋无弯折，故：$L_⑦＝6000mm$，$n_7＝(2500－150－100－2×50)/200＋1－1≈11$
（根）

⑧钢筋无弯折，故：$L_⑧＝5750mm$，$n_8＝1$（根）

3. 填制 2B4 钢筋翻样单（表 4.2.5）

表 4.2.5　2B4 钢筋翻样单

构件名称	钢筋编号	简图	钢筋级别	直径/mm	下料长度/mm	单件根数/根	合计根数/根	合计长度/m	质量/kg
2B4（计1件）	①	90 ⌐‾1052‾⌐ 120	HRB400	8	1230	80	80	98.40	38.9
	②	1130 90 ⌐‾‾	HRB400	8	1210	4	4	4.84	1.9
	③	4350	HPB300	6	4350	12	12	52.20	11.6
	④	825	HPB300	6	825	12	12	9.90	2.2
	⑤	2475	HRB400	8	2475	29	29	71.78	28.4
	⑥	2225	HRB400	8	2225	1	1	2.23	0.9
	⑦	6000	HRB400	8	6000	11	11	66.00	26.1
	⑧	5750	HRB400	8	5750	1	1	5.75	2.3
合计质量		Φ6:13.8kg				Φ8:98.5kg			

注：Φ6 钢筋 0.222kg/m；Φ8 钢筋 0.395kg/m。

任务4　墙身钢筋翻样

请结合模块三"项目2　标高－3.300～±0.000 剪力墙平法施工图及其施工构造"，读懂钢筋混凝土剪力墙施工图中表达的墙身钢筋信息及其 BIM 结构模型，对"××××电缆生产基地办公综合楼"标高－3.300～±0.000 间 Q-6 的墙身钢筋进行下料计算，并填制该墙身钢筋的翻样单。

 指导

剪力墙基本构件包含墙柱、墙梁、墙身三种基本组成构件，其中墙柱、墙梁钢筋翻样技术与框架柱、梁翻样技术基本相同，请参考学习。本节任务仅学习墙身钢筋翻样技术。

示例：Q-6 墙身钢筋翻样

1. 插筋施工段钢筋翻样

（1）钢筋编号见图 4.2.12，绘抽筋图（图 4.2.13）

①筋尺寸计算：

弯折段长度＝15d＝15×12＝180（mm）（写于钢筋外侧）；

平直段长度＝1500－65＋540＝1975（mm）（写于钢筋外侧）

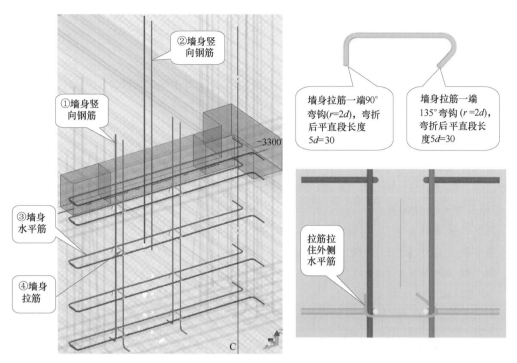

(a) Q-6墙身插筋3D视图与拉筋构造

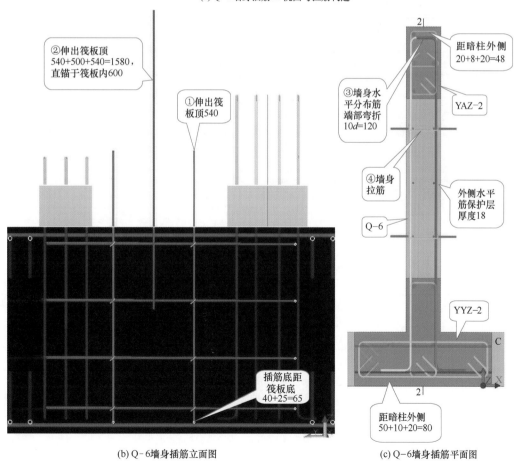

(b) Q-6墙身插筋立面图

(c) Q-6墙身插筋平面图

图4.2.12　Q-6墙身配筋及其编号

②筋尺寸计算：

无弯折，平直段长度＝1580＋600＝2180（mm）

③筋尺寸计算：

T形翼墙中弯折段长度＝15d＝15×12＝180（mm）（写于钢筋外侧）

暗柱中弯折段长度＝10d＝10×12＝120（mm）（写于钢筋外侧）

平直段长度＝1800＋200－80－48＝1872（mm）

④筋尺寸计算：

墙身拉筋内包尺寸＝200－（18＋18）＝164（mm）（写于钢筋内侧，此为拉筋内包尺寸）

（2）下料长度计算

1）纵筋下料长度计算

①筋下料长度计算：$L_①$＝180＋1975－2.07×12≈2135（mm）

②筋下料长度计算：$L_②$＝2180（mm）

③筋下料长度计算：$L_③$＝180＋1872＋120－2.07×12×2≈2125（mm）

2）墙身拉筋下料长度计算：

由式（4.9），$L_④$≈b－2c＋15.82d＝160＋15.82×6≈255（mm）

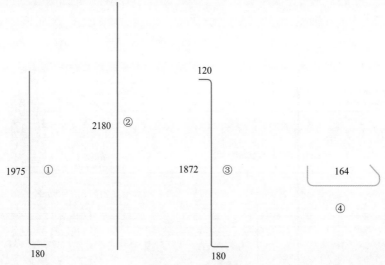

图 4.2.13　抽筋图

（3）填制 Q-6 插筋施工段钢筋翻样单（表 4.2.6）

表 4.2.6　Q-6 插筋施工段钢筋翻样单

构件名称	钢筋编号	简图	钢筋级别	直径/mm	下料长度/mm	单件根数/根	合计根数/根	合计长度/m	质量/kg
Q-6（计1件）	①	180 1975	HRB400	12	2135	4	4	8.54	7.59
	②	2180	HRB400	12	2180	2	2	4.36	3.88
	③	120 180 1872	HRB400	12	2125	8	8	17.00	15.10

构件名称	钢筋编号	简图		钢筋级别	直径/mm	下料长度/mm	单件根数/根	合计根数/根	合计长度/m	质量/kg
Q-6（墙身）	④	164 ⌐‾‾‾⌐	弯钩平直段长度:30	HPB300	6	260	8	8	2.08	0.47
合计质量				Ф 12:26.57kg			Φ 6:0.47kg			

注：Ф 12 钢筋 0.888kg/m；Φ 6 钢筋 0.222kg/m。

2. Q-6 地下层施工段钢筋翻样

分析：Q-6 地下层施工段墙身水平筋与拉筋的翻样方法与插筋段相同，竖向接长钢筋只是接头错开，下料长度相同，故可仅计算竖向接长钢筋下料长度。

（1）钢筋编号见图 4.2.14，绘抽筋图（图 4.2.15）

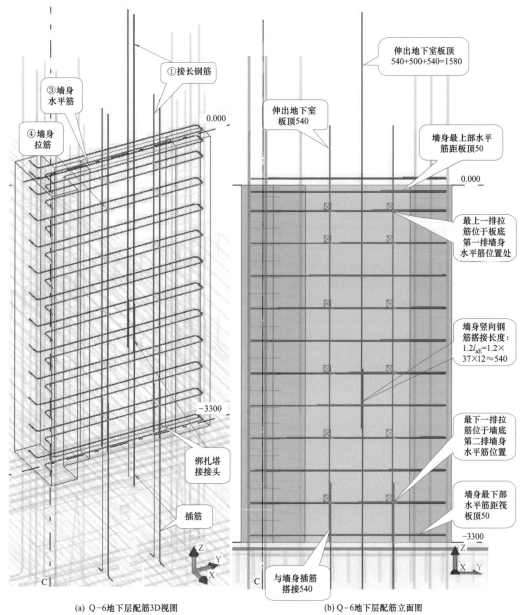

(a) Q-6地下层配筋3D视图　　　　(b) Q-6地下层配筋立面图

图 4.2.14　Q-6 地下层配筋及其编号

模块四　钢筋翻样技术　　**175**

①筋尺寸计算：

平直段长度＝3300＋540＝3840（mm）（写于抽筋图中），

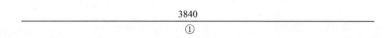

$$\frac{3840}{①}$$

图 4.2.15　抽筋图

（2）下料长度计算

①钢筋无弯折，故：$L_①$＝3840mm

（3）填制 Q-6 地下层施工段钢筋翻样单（表 4.2.7）

表 4.2.7　Q-6 地下层施工段钢筋翻样单

构件名称	钢筋编号	简图	钢筋级别	直径/mm	下料长度/mm	单件根数/根	合计根数/根	合计长度/m	质量/kg
Q-6（墙身）	①	3840	HRB400	12	3840	6	6	23.04	20.46
	③	120　1885　180	HRB400	12	2125	24	24	51.00	45.29
	④	164　弯钩平直段长度:30	HPB300	6	260	12	12	3.12	0.70
合计质量			Φ 12:65.75kg				Φ 6:0.70kg		

注：Φ 12 钢筋 0.888kg/m；Φ 6 钢筋 0.222kg/m。

软件翻样代替手工翻样已成必然。

想了解"平法钢筋软件 G101.CAC"如何操作吗？

请扫描右侧二维码吧！

任务 5　利用软件 G101.CAC 进行钢筋翻样

请在使用 BIM 建模软件建好的"××××电缆生产基地办公综合楼"BIM 模型中，查询标高−0.100 结构层中 KL6 的钢筋信息。

请将从 BIM 模型中提取的 KL6 配筋信息，与"任务 2 梁钢筋翻样"完成的 KL6 手算成果进行比较，并分析两者的不同之处。

指导

　　钢筋混凝土结构 BIM 模型不仅仅是 3D 模型，其中包含结构中所有钢筋及混凝土等工程数字信息，充分利用其中信息可以有效地进行钢筋混凝土结构的建造与管理。

　　示例：BIM 模型中 KL6 配筋信息查询

　　（1）组成 KL6（2）构件（图 4.2.16）。

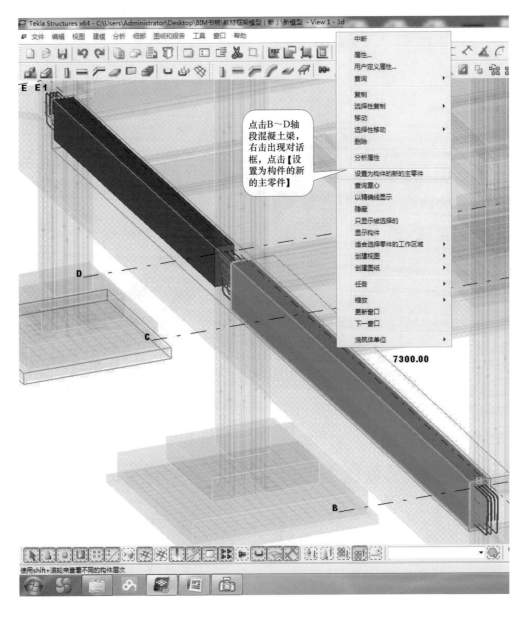

(a) 设置主零件

图 4.2.16

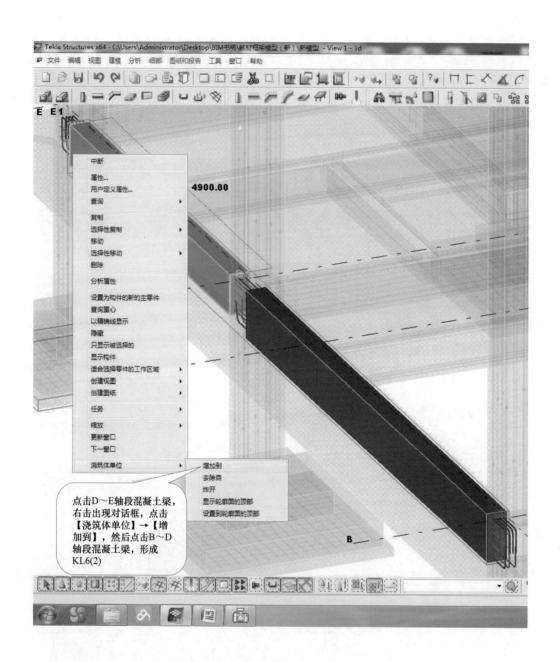

(b) 形成KL6(2)

图4.2.16　组成 KL6（2）构件

（2）选择 KL6（2）构件，并生成 KL6 图纸（图4.2.17）。

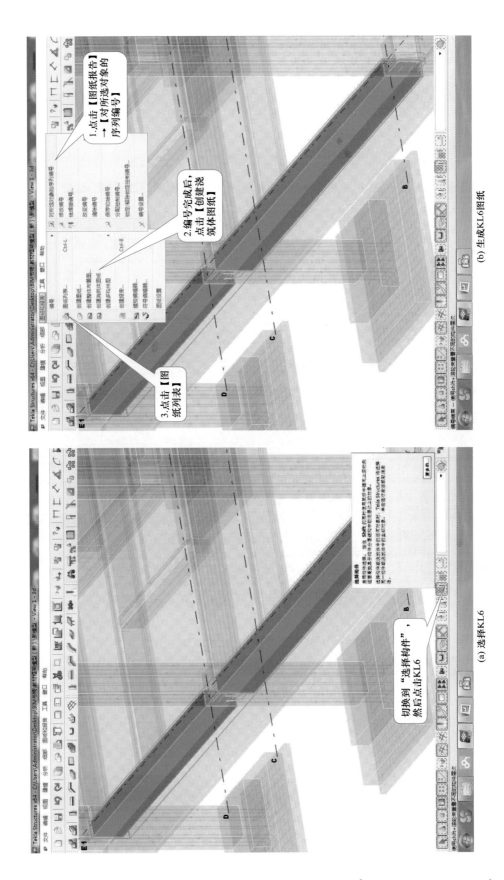

（a）选择 KL6

（b）生成KL6图纸

图 4.2.17　生成 KL6 图纸

（3）打开 KL6 图纸，并查询其配筋信息（图 4.2.18）。

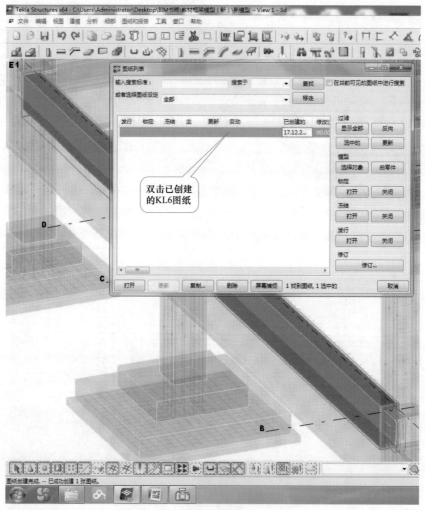

(a) 打开KL6图纸

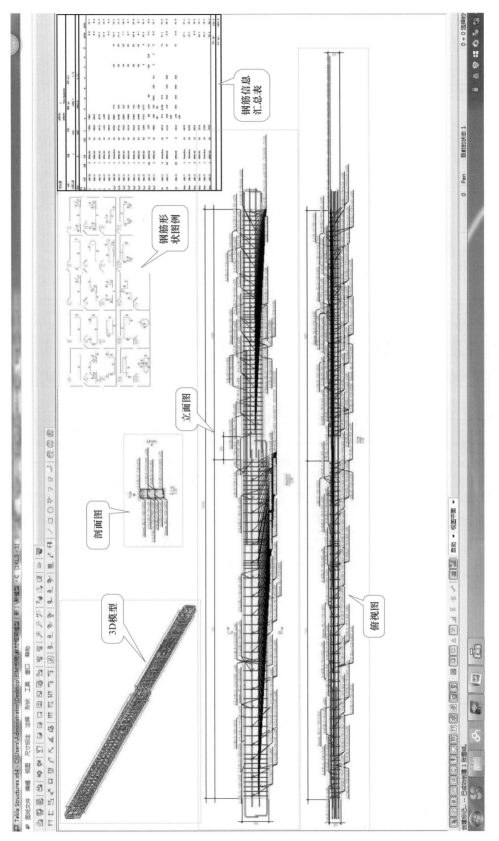

（b）生成的 KL6 图纸

图 4.2.18

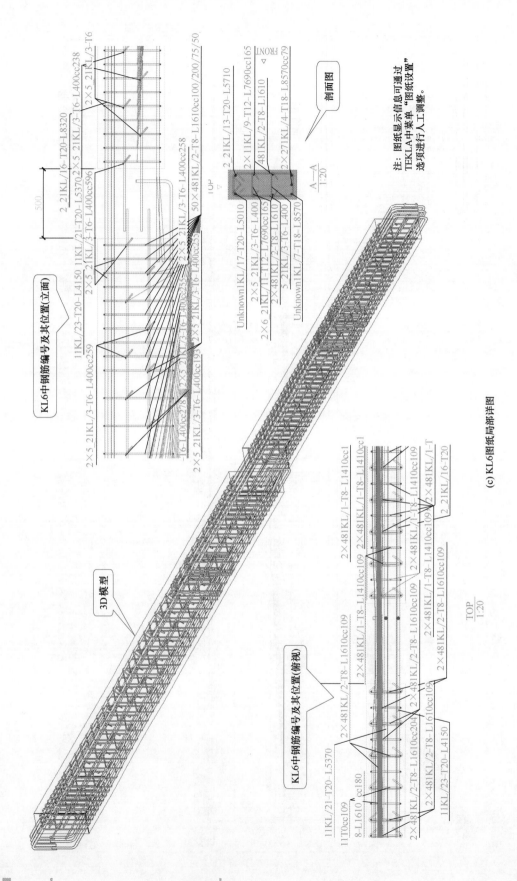

KL6中钢筋编号及其位置(立面)

2 21KL/16-T20-L8320
2×5 21KL/21-T20-L5370 2×5 21KL/3-T6-L400cc238
11KL/21-T20-L4150 11KL/23-T20-L4150 2×5 21KL/3-T6-L400cc596
2×5 21KL/3-T6-L400cc258
2 21KL/16-T20-L8320
50×481KL/2-T8-L1610cc100/200/75/50
2×5 21KL/3-T6-L400cc255
2×5 21KL/3-T6-L400cc255
T6-L400cc278
2×5 21KL/3-T6-L400cc259
2×5 21KL/3-T6-L400cc193

剖面图

2 21KL/13-T20-L5710
2×11KL/9-T12-L7690cc165
481KL/2-T8-L1610
2×271KL/4-T18-L8570cc79

FRONT ▽

Unknown1KL/17-T20-L5010
2×5 21KL/1-T12-L7690cc165
2×481KL/2-T8-L1610
5 21KL/3-T6-L400
Unknown1KL/7-T18-L8570

2×6 21KL/1-T...

A—A
1:20

注: 图纸显示信息可通过
TEKLA中菜单"图纸设置"
选项进行人工调整。

3D模型

KL6中钢筋编号及其位置(俯视)

2×481KL/1-T8-L1410cc1
2×481KL/1-T8-L1410cc1
2 21KL/16-T20
2×481KL/1-T...
2×481KL/1-T8-L1410cc109
2×481KL/2-T8-L1610cc109
2×481KL/1-T8-L1410cc109
2×481KL/2-T8-L1610cc109
2×481KL/2-T8-L1610cc109
2×481KL/2-T8-L1610cc109
2×481KL/2-T8-L1610cc204
2×481KL/2-T8-L1610cc109
2×481KL/2-T8-L1610cc109
11KL/21-T20-L5370
2×481KL/2-T8-L4150
11KL/23-T20-L4150
11T0cc109
11T0cc180
8-L1610
cc180

TOP
1:20

(c) KL6图纸局部详图

材料表	软件自动编号			工程编号:	1			KL6混凝土用量			
				工程名称:	Tekla Corporation						
编号		数量		材质		重量 (kg)		体积 (m^3)			
1KL5		1		C30		4268.7		1.71			
CG1		2		C30		1531.2		1.71			

钢筋形状	编号	数量	等级	直径	L	a	b	c	d	e	u	v	D	kg/kp1	kg/yht
1	1KL/9	2	HRB400	12	7690	7690	KL6中各种钢筋信息							6.8	13.7
1	1KL/1	1	HRB400	12	5800	5800								5.2	5.2
1	1KL/2	1	HRB400	20	5370	5375								13.3	13.3
1	1KL/2	1	HRB400	20	4150	4155								10.3	10.3
1	1KL/2	1	HRB400	12	5800	5800								5.2	5.2
2_2	1KL/6	1	Undefin	18	6190	5961	273				90		72	12.4	12.4
2_2	1KL/1	1	HRB400	20	5710	5458	303				90		80	14.1	14.1
2_2	1KL/1	2	HRB400	20	3100	2850	303				90		80	7.7	15.3
2_2	1KL/1	1	HRB400	20	2310	2055	303				90		80	5.7	5.7
2_2	1KL/1	1	HRB400	20	8320	8066	303				90		80	20.6	20.6
2_2	1KL/1	1	HRB400	20	2310	2055	305				90		80	5.7	5.7
3_1	1KL/2	1	HRB400	20	4150	2781	1373				0		0	10.3	10.3
5_2	1KL/3	65	HPB235	6	400	95	215	95			135	135	24	0.1	5.8
6_2	1KL/1	2	HRB400	12	7690	152 39 52	482	6394	483	181	3	3	72	6.8	13.7
27	1KL/4	2	Undefin	18	8570	273	8106	273					72	17.1	34.2
48	1KL/1	52	HPB235	8	1410	106 106	432	200	432	200			32	0.6	29.0
48	1KL/2	50	HPB235	8	1610	106 106	532	200	532	200			32	0.6	31.9
Unk	1KL/7	1	Undefin	18	8570									17.1	17.1
Unk	1KL/8	1	Undefin	18	6190									12.4	12.4
Unk	1KL/1	2	HRB400	12	5800									5.2	10.3
Unk	1KL/1	1	HRB400	20	5010									12.4	12.4
Unk	1KL/2	1	Undefin	18	6190			KL6钢筋总用量							12.4	12.4
Unk	1KL/2	1	HRB400	20	9020									22.3	22.3
												汇总 (kg):			333.0
												总计 (kg):			4501.9

(d) KL6配筋信息汇总表

图 4.2.18 KL6 配筋信息查询

[1] 中国建筑标准设计研究院. 混凝土结构施工图平面整体表示方法制图规则和构造详图（现浇混凝土框架、剪力墙、梁、板）16G101-1. 北京：中国计划出版社，2016.

[2] 中国建筑标准设计研究院. 混凝土结构施工图平面整体表示方法制图规则和构造详图（现浇混凝土板式楼梯）16G101-2. 北京：中国计划出版社，2016.

[3] 中国建筑标准设计研究院. 混凝土结构施工图平面整体表示方法制图规则和构造详图（独立基础、条形基础、筏形基础及桩基承台）16G101-3. 北京：中国计划出版社，2016.

[4] 中国建筑标准设计研究院. 混凝土结构施工钢筋排布规则与构造详图（现浇混凝土框架，剪力墙、梁、板）12G901-1. 北京：中国计划出版社，2012.

[5] 中国建筑标准设计研究院. 混凝土结构施工钢筋排布规则与构造详图（现浇混凝土板式楼梯）12G901-2. 北京：中国计划出版社，2012.

[6] 中国建筑标准设计研究院. 混凝土结构施工钢筋排布规则与构造详图（独立基础、条形基础、筏形基础、桩基承台）12G101-3. 北京：中国计划出版社，2012.

[7] 中国建筑标准设计研究院. 13G101-11 G101 系列图集施工常见问题答疑图解. 北京：中国计划出版社，2013.

[8] 中国建筑标准设计研究院. 11G902-1 G101 系列图集施工常用构造三维节点详图（框架结构、剪力墙结构、框架-剪力墙结构）. 北京：中国计划出版社，2011.

[9] 中国建筑科学研究院. 混凝土结构设计规范（2015 年版）. GB 50010—2010. 北京：中国建筑工业出版社，2016.

[10] 中华人民共和国住房和城乡建设部. 混凝土结构工程施工规范. GB 50666—2011. 北京：中国建筑工业出版社，2012.

[11] 中华人民共和国住房和城乡建设部. 建筑抗震设计规范. GB 50011—2010. 北京：中国建筑工业出版社，2010.

[12] 中华人民共和国住房和城乡建设部. 混凝土结构工程施工质量验收规范. GB 50204—2015. 北京：中国建筑工业出版社，2015.

[13] 北京土木建筑学会主编. 钢筋工现场施工处理方法与技巧. 北京：机械工业出版社，2009.

[14] 茅洪斌. 钢筋翻样方法及实例. 北京：中国建筑工业出版社，2010.

[15] 张军主编. 钢筋翻样与加工实例教程. 南京：江苏科学技术出版社，2013.

[16] Tekla Corporation Tekla Structures 建模指南及细部指南（用户手册）.

[17] 张宪江主编. 钢筋混凝土结构技术. 北京：清华大学出版社，2014.

应用型人才培养"十三五"规划教材

混凝土结构施工图与 BIM 建模指导

张宪江　主编

穆静波　主审

化学工业出版社

·北京·

目　　录

1.1 ××××电缆生产基地办公综合楼建筑施工图

建施图纸目录

序号	图纸名称	图号	图幅
1	建筑施工图设计总说明（一）	1/12	A₂
2	建筑施工图设计总说明（二） 门窗统计表	2/12	A₂
3	建筑构造统一做法表	3/12	A₂
4	一层平面图	4/12	A₂
5	二层平面图	5/12	A₂
6	三层平面图	6/12	A₂
7	屋顶平面图 女儿墙大样	7/12	A₂
8	①～⑥轴立面图 ⑥～①轴立面图	8/12	A₂
9	Ⓐ～Ⓔ轴立面图 Ⓔ～Ⓐ轴立面图 景观露台栏杆大样 c—c剖面图	9/12	A₂
10	1—1剖面图 玻璃栏杆大样 无障碍坡道大样	10/12	A₂
11	墙身大样图 卫生间大样图	11/12	A₂
12	门窗大样图	12/12	A₂

建筑施工图设计总说明（一）

一、设计依据

1. ××市××区规划管理局审批通过的建筑设计方案。
2. ××××电缆有限公司设计要求及委托书。
3. ××市××区管理局批准的本项目规划红线图、地形图。
4. 地质勘察报告。
5. 现行的国家有关建筑设计规范、规程和规定，主要有：
   a.《房屋建筑制图统一标准》(GB/T 50001—2010)
   b.《民用建筑设计通则》(GB 50352—2005)
   c.《建筑设计防火规范》(GB 50016—2014)
   d.《办公建筑设计规范》(JGJ 67—2006)
   e.《屋面工程技术规范》(GB 50345—2012)
   f.《公共建筑节能设计标准》(GB 50189—2015)
   g.《无障碍设计规范》(GB 50763—2012)
   h.《建筑玻璃应用技术规程》(JGJ 113—2015)
   i.《民用建筑热工设计规范》(GB 50176—2016)
   j.《工程建设标准强制性条文》(房屋建筑部分 2013 年版)
   k.《建筑抗震设计规范》(2016 年版)(GB 50011—2010)
   l.《建筑工程抗震设防分类标准》(GB 50223—2008)
   m.《玻璃幕墙工程技术规范》(JGJ 102—2003)
   n.《民用建筑隔声设计规范》(GB 50118—2010)

二、项目概况

1. 建设单位：××××电缆有限公司。
2. 项目名称：××××电缆生产基地——办公综合楼。
3. 建设地点：××市××区工业东区。
4. 建筑规模：本项目为××××电缆生产基地办公综合楼，为多层办公综合楼，本建筑共三层，建筑高度 13.35m。总建筑面积为 1403.96m²。
5. 工程等级：三级。
6. 建筑类别及耐火等级：本工程建筑共三层，建筑高度 13.35m，为多层公共建筑；该建筑耐火等级为二级。
7. 建筑层数及层高：本工程建筑共三层，一层层高为 4.2m，二至三层层高为 3.9m。
8. 结构类型、安全等级及抗震设防烈度：本建筑为框架结构，结构安全等级为二级，抗震设防类别为丙类，抗震设防烈度为七度，设计地震分组为第三组，设计基本地震加速度值为 0.10g，特征周期为 0.45s。
9. 设计合理使用年限：3 类 (50) 年。

三、设计范围

1. 本项目设计文件包括建筑、结构、给排水及电气专业的施工图设计。
2. 室外景观（包括大门、围墙、垃圾站、车道装饰顶棚等）和室内、室外二次装修由建设单位另行委托设计。

四、建筑物定位及设计标高

1. 本工程±0.000 相当于绝对标高 477.650m。
   建筑出入口处的室内外高差为 450mm。
2. 本建筑在总平面中的定位以轴线交点坐标，施工时应对其进行全面放线，以确保建筑物之间及建筑物与道路等的间距准确无误，如现场发现施工图中所示坐标与实际情况有出入时，应及时通知设计人员进行研究处理。
3. 各层标注标高为建筑完成面标高（屋面标高为结构板面标高）。

五、设计总则

1. 施工中除按本设计图纸选用标准图集施工外，还须严格遵循国家和地方颁发的各项施工及验收规范和规程。在施工中需要更改设计，应征得设计人员同意，并出具设计更改补充通知书；未经通知与同意者，不得单方修改设计。
2. 图中所注尺寸：总图和标高以"米"为单位，其余尺寸均以"毫米"为单位。
3. 所有与水、电等有关的预留孔洞及预埋件，施工时必须与相关图纸及工种密切配合，并作好预埋件的防腐防锈处理，不得事后凿墙打洞，影响施工质量。
4. 设计中采用标准图或重复利用图者，不论采用其局部节点或全部详图，均应按照图纸要求全面配合施工。
5. 凡需二次装修者，其二次装修应满足《建筑内部装修设计防火规范》(GB 50222—95)(2001 年局部修订版)之规定，同时二次装修时，若需修改管道、管线及标高墙体开洞等须与设计单位协商，经同意后，方可修改。
6. 本项目采用的建筑材料及设备产品应符合国家有关法规、技术标准规定的质量要求，装修材料须经设计、建设单位同意后方可实施。

六、土方工程

1. 回填土必须分层回填夯实，填土内不得含有机杂质和大于 50mm 的土块。
2. 回填土厚度不大于 2m 时，其压实系数不得小于 0.94；当回填土的厚度大于 2m 时，压实系数不小于 0.96。

七、建筑主要构造做法要求

(一)防水工程

1. 屋面防水：详见（二）屋面。
2. 楼层防水
   a. 卫生间等有用水的房间应做 400gSBC 防水卷材一道（详见建筑构造统一做法表），并在侧墙上做上翻处理，厨房上翻建筑完成面 300mm，卫生间上翻建筑完成面 300mm，卫生间找坡 1% 坡向地漏。
   b. 凡管道穿过卫生间等有用水的房间楼地面时，须预埋套管，套管直径 50mm，套管周边 20mm 范围涂 2.0mm 厚 JS 复合防水涂料加强层。地漏周围、穿地面或墙面防水层管道及防水管周围与找平层间预留宽 10mm，深 7mm 的凹槽，并嵌填密封材料。
3. 外墙防水
   a. 防水材料：聚合物水泥基防水涂料，聚合物水泥砂浆。
   b. 穿过外墙防水层的管道、螺栓、构件等宜预埋，在预埋件四周留凹槽，并嵌填密封材料。外墙门窗洞口外侧金属框与防水层及饰面层接缝处应留 5mm×7mm（宽×深）的凹槽，并嵌填密封材料。

(二)屋面工程

1. 本工程屋面防水等级为 II 级防水，一道设防，防水层合理使用年限为 10 年，具体构造做法详见《建筑构造统一做法表》，所有设备管道应在屋面防水施工前敷设完毕。
2. 所有防水材料应卷至屋面完成面以上 300mm，屋面竖井处、女儿墙阴阳转角处、天沟、檐沟应附加一层防水材料。
3. 防水层做好后，应注意保护，并要求做正式防水试验合格后方可进行下一道工序的施工。
4. 出屋面管道或泛水以下穿墙管，安装后用细石混凝土封严，且管道周围与找平层加大排水坡度并增设柔性防水附加层与防水层固定密封。水落口周围 500mm 直径范围内坡度不小于 5%。
5. 屋面排水组织见屋面平面图。外排水时采用 UPVC 外排雨水斗，雨水管及配套构件。除图中另有注明者外 UPVC 雨水管的公称外径均为 DN100mm。屋面雨落管根据外墙面色彩做相应处理，颜色同外墙。
6. 高低雨落水管在低跨屋面放置滴水板（或在水落管下设钢筋混凝土水簸箕）。
7. 凡屋面风道、卫生间排气管等出屋面处均要求做 250mm 高泛水。

(三)墙体工程

1. 墙体的基础部分和钢筋混凝土梁、柱见结施，应作好隐蔽工程的记录与验收。
2. 除图中特殊注明外，填充墙体材料及墙体如下：

工程等级	使用部位	填充墙体材料及厚度
外墙	除卫生间外的外墙	200mm 厚页岩多孔砖
	卫生间的外墙	200mm 厚页岩多孔砖
	临接室外土壤的外墙	200mm 厚页岩实心砖
内隔墙	除卫生间外的隔墙	200mm 厚页岩空心砖
	卫生间的隔墙	200mm 厚页岩多孔砖

3. 该工程砌体选用须达到《建筑材料放射卫生防护标准》的要求。各层内外墙砌筑时，每层底部先砌三皮页岩实心砖，宽度同该部位墙体厚度。
4. 卫生间内周边墙体下部浇筑 200mm 高 C20 混凝土挡槛。为防止裂缝，混凝土反槛顶部设纵筋 2Φ10，箍筋 Φ6@200 与楼面梁顶部纵筋拉结。
5. 所有墙体用材料外形尺寸要求准确统一，表面无边角破损，砖块或砌块墙体上下两匹之间应互相错缝搭接，不得有垂直通缝，转角处咬砌应伸入墙体长度＞1/2 砌块，砌筑砂浆应饱满，所有墙体砌筑砂浆比例及墙号均详见结施说明。
6. 所有砌筑墙与钢筋混凝土墙、钢筋混凝土柱的连接，均在墙中每 600mm 高配 2Φ6 通长钢筋与钢筋混凝土墙、钢筋混凝土柱伸出的拉筋焊牢。
7. 外墙不同材料交接处在找平层中加挂 300mm 宽 0.8mm 厚 9mm×25mm 孔钢丝网一层再抹灰，防止墙体裂缝；外墙找平层的水泥砂浆，其强度等级不应小于砌块强度等级且不低于 M7.5 级，与基层墙体的黏结强度不应小于 0.6MPa。
8. 所有砌筑墙上的门窗过梁、构造柱及拉结圈梁，其布置原则、构造方式及施工要求详见结施总说明及结施图。
9. 所有烟道内壁要求用耐火砂浆随砌随抹，并均要求达到无渗漏。
10. 门窗洞口两边 300mm 内墙体应选用实心砌块或 C20 细石混凝土填实。
11. 门窗洞口距结构柱（墙）边小于或等于 100mm 时，C20 细石混凝土后浇，内配 2Φ8 竖筋，锚入上下板内，竖筋中设分布筋 Φ6@200。
12. 砌筑墙预留洞见建施和设备图；钢筋混凝土墙上的留洞见结施和设备图。预留洞的封堵：砌筑墙留洞待管道设备安装完毕后用 C20 细石混凝土封堵，钢筋混凝土墙留洞见结施。
13. 凡墙上预留有设备箱、柜与墙体等宽时，在粉刷前加铺一层镀锌钢丝网，网宽 300mm，丝径 1.0mm，孔径 12mm×12mm，用射钉与基层锚固。
14. 墙身防潮做法采用三层水泥砂浆防潮，详西南 11J112 第 50 页第 2 节点，当室内地坪标高变化处水平防潮层应重叠设置，并在高低差挡土一侧墙身做垂直防潮层（如果埋土侧为室外，还应刷 1.5mm 厚水泥基防水涂料）。

(四)楼地面工程

1. 楼板留洞的封堵：待设备管线安装完毕后，用 C20 细石混凝土封堵密实。管道井在每层楼板处用相当于楼板耐火极限的不燃烧体进行封堵，各层管道井、烟道井竖向处靠墙待管道、烟气道安装完毕后再行砌筑。
2. 凡大面积细石混凝土地面均沿柱（或 6m×6m）纵横用切割机做分缝处理，缝宽 20mm，并用密封膏填塞。

(五)外装修工程

1. 本工程外立面装修用材及色彩详见立面图，构造做法详见《建筑构造统一做法表》及外墙节点详图。外装修选用的各项材料其材质、规格、颜色等，均由施工单位提供样板，经建设单位和设计单位确认后进行封样，并据此实施。
2. 外墙饰面应保证打底、找平层密实不渗水，面层粘结牢靠。外墙饰面材料抗裂分格缝的设置措施由外墙外保温厂家配合施工单位确定。凡贴面砖的外墙，均应采用专用胶粘剂粘贴，并应在现场进行抗拉拔试验，面砖的黏结强度不得小于 0.4MPa。

3. 外墙门窗洞口四周宜采用不小于 5mm 的聚合物水泥防水砂浆做防水增强层。
4. 承包商进行二次设计的装饰线条、其他装饰物等，经确认后应向建筑设计单位提供预埋件的设置要求；室外二次装修不得降低其消防等级。
5. 暴露在外墙立面的管道，色彩与该部位墙面应相同；立管应避免遮挡开窗和各种留洞，具体位置结合现场进行调整。
6. 外墙保温工程应由具有相应专业资质的施工单位提供施工的具体技术及措施，对保温层和饰面层安装固定的安全可靠性负责，并应符合相应规范规程要求。

(六)内装修工程

1. 本工程室内装修除按《建筑构造统一做法表》规定的装修项目外，其余由二次装修确定，不列入土建施工范围。
2. 内装修工程执行《建筑内部装修设计防火规范》(GB 50222—95)(2001 年局部修订版)，楼地面部分执行《建筑地面设计规范》(GB 50037—2013)，装修施工时不得修改、移动、遮蔽消防设施，并应满足消防安全、使用功能、节能等要求，同时不得影响结构安全和损害水、电、暖通等设施。
3. 内墙面装修除特殊要求外，砌体粉刷应分层施工，确保平整牢固，所有阳角距地 2000mm 以下用 1:2 水泥砂浆做护角，两种材料平接时，粉刷前应在交接处加 0.8mm 厚 9mm×25mm 孔钢丝网一层，缝两边各压入 150mm 宽，再进行抹灰。
4. 落地窗、玻璃门、玻璃隔断等易受到人体或物体碰撞的部位，应设置护栏或在视线高度设置明显标志；如需增加减少隔墙，更改室内空间时，不得封堵疏散口及影响疏散距离。
5. 凡二次装修不得降低其消防等级。
6. 内装修选用的各项材料其材质、规格、颜色等，均由施工单位提供样板，经建设单位和设计单位确认后进行封样，并据此验收。

(七)门窗和幕墙工程

1. 本工程外窗及阳台门的气密性等级不应低于《建筑外门窗气密、水密、抗风压性能分级及检测方法》(GB/T 7106—2008)中规定的 6 级，水密性等级不应低于《建筑外门窗气密、水密、抗风压性能分级及检测方法》(GB/T 7106—2008)中规定的 3 级。
2. 门窗玻璃应遵照《建筑玻璃应用技术规程》(JGJ 113—2015)和《建筑安全玻璃管理规定》发改运行 [2003] 2116 号的有关规定。
3. 本工程外门窗型材为彩色塑钢，型材厚度根据具体情况由厂家确定，塑钢门窗的玻璃、型材和相关配件的规格质量和构造安装应符合以下要求：
   a. 设计意图的要求；
   b. 热工性能指标；
   c. 根据川建勘设科发 [2011] 173 号文件要求，选用塑钢材料需取得四川省住房和城乡建设厅颁发的建筑门窗节能性能标识证书。并由生产制作厂家依据设计图纸及施工现场实测尺寸进行二次设计，经相关部门审认后方可生产安装。
4. 外门窗选型及其它要求详见建筑节能设计总说明。

工程项目	××××电缆生产基地	
子项名称	办公综合楼	
建筑施工图设计总说明（一）	设计号	14-04
	图别	建施
	图号	1 / 12
	日期	××××.×

建筑施工图设计总说明（二）

5. 本工程门窗立面仅表示洞口尺寸、立面分隔示意及开启方式，门窗加工时应减去相关饰面材料和保温层厚度。其数量、尺寸、型号须经复核无误后方可加工或向外订货。

6. 门窗和幕墙的立面形式、数量、尺寸、色彩、开启方式、型材、玻璃等详见门窗表和门窗、幕墙立面图。

7. 门窗中梃位置：外门窗一般居墙中（注明者除外）；内门与开启方向的墙面取平；卫生间的门扇宜高出楼地面20mm。

8. 所有门窗五金件均采用不锈钢，五金配件必须齐全，不得遗漏。

9. 本工程木门制作材料的材质含水率不应大于12%，材质不得有变形、裂缝。

10. 凡推拉窗均应加设防窗扇脱落的限位装置以及防止从外面拆卸的安全装置。

11. 无室外阳台的外窗台距室内地面装修完成面（或窗台完成面）高度小于0.8m时，必须采用安全玻璃并加设栏杆或其它可靠的防护措施。

12. 建筑外墙窗框及外门框与外墙体之间的缝隙，用轻质高效的保温材料填实，不得采用普通水泥砂浆勾缝。

13. 供轮椅通行的门扇应安装视线观察玻璃，横执把手和关门拉手，在门扇下方应安装高0.35的护门板（详见门窗详图）。

14. 幕墙的设计、制作和安装应符合《玻璃幕墙工程技术规范》（JGJ 102—2003）、《金属与石材幕墙工程技术规范》（JGJ 133—2001）的要求。

15. 根据《建筑安全玻璃管理规定》发改运行[2003] 2116号文，本工程下列部位必须使用安全玻璃：

a. 七层及七层以上外开窗必须使用安全玻璃。

b. 面积大于1.5m的窗玻璃或玻璃底边离最终装修面小于50mm的落地窗（为外窗时，应满足建筑节能设计总说明中的玻璃厚度及热工要求）。

c. 面积大于0.5m的有框玻璃门及玻璃隔断、无框玻璃门、有框玻璃幕墙（为外窗时，应满足建筑节能设计总说明中的玻璃厚度及热工要求）。

d. 安装在易于受到人体或物体碰撞部位的建筑玻璃，如落地窗、玻璃门、玻璃隔断，且应采取保护措施；一般可在视线高度设置醒目标志，对于碰撞后可发生高处人体或玻璃坠落的情况，必须设置可靠的护栏。

16. 通风井洞均金属定型防雨百页。大面积的装饰性百页固定应由专业厂家设计，并配合施工及时进行预埋件设置。

17. 防火门及卷帘其等级应严格按照图纸施工，并不得随意更换位置及方向。产品应选用由公安部门鉴定认可的产品。

18. 防火门的安装必须保证正面和侧面的垂直度，使安装门框开启灵活，关闭严密；安装时门框与周边结构体系的缝隙应用1:2.5水泥砂浆或C20细石混凝土填充，门框焊接牢固，防火门上不容许留有空洞。

19. 防火门上部须加过梁，在梁上用砖砌填实，粉刷同墙面；如有管线在其上部穿过，则管线四周均应用1:2.5水泥砂浆填实密封。

20. 防火门应在门的疏散方向安装单向闭门器，双扇门应加装顺序器；常开防火门应能在火灾时自行关闭，并应有信号的反馈；防火门内外两侧应能手动开启。管井检修门应安装暗藏式插销以防误开。

21. 门窗的设计、制作、安装均应有资质的专业厂家承担，有关门窗的物理性能、构造措施、保温节能性能及防水、防火、防腐措施等均由专业制作厂家负责设计，并配合土建提供预埋件具体尺寸和位置。

（八）油漆涂料工程

1. 凡露明铁件一律刷防锈漆两遍，调和漆罩面，做法详见西南11J312第81页5113。除不锈钢及铝合金扶手外，其余金属栏杆及护手均刷醇酸磁漆，做法详见西南11J312第81页5114（颜色详见建施图纸）。

2. 所有幕墙体或混凝土的木构件表面及预埋木砖、木块等均应满涂沥青一道进行防腐处理；有防火要求的还应用经防火处理后具有不燃性的防火木材制作。

3. 室内装修所采用的油漆涂料见《建筑构造统一做法表》。

4. 木作装修油漆除特别注明者外均选用油漆调和漆罩面（颜色另详），做法详见西南11J312第79页5102；木扶手选用油漆大漆罩面，做法详见西南11J312第79页5106。

5. 楼梯、平台、护窗钢栏杆选用醇酸磁漆罩面，具体做法详见西南11J312第81页5114（钢构件除锈后先刷二道防锈漆）。

6. 所有外露金属管道，电力线金属管及其它金属管道均应先刷防锈漆二道，并按各专业规定的颜色用醇酸磁漆罩面，做法详见西南11J312第81页5114。

7. 所有外露钢结构构件应涂防火涂料作保护层，具体做法详见西南11J312第85页5141。

8. 各类油漆、涂料及配合比均由施工单位制作样板，经确认后进行封样，并据此进行验收。

八、建筑无障碍设计

1. 设计依据：《无障碍设计规范》（GB 50763—2012）。

2. 设计范围及主要设施如下：

a. 建筑入口、入口平台：入口设轮椅坡道和扶手，坡道坡度为1.5m，坡度为1：12，入口平台宽度均大于或等于2米。所有建筑出入口上方设置钢结构雨篷（详见二装），钢结构雨篷做法详见西南11J516第4页1a。

b. 门：采用平开门（或自动门、推拉门、折叠门），门净宽≥0.8m（1.0m）；推拉门、平开门应在门把手一侧留有≥0.5m的墙面宽度；门扇应安装视线观察玻璃、横执把手和关门拉手，在门扇下方安装高0.35m的护门板；门槛高度及门内外地面高差应≤15mm，并以斜面过渡。

c. 公共厕所：内设无障碍厕所，内部设施应符合JGJ 50—2001第7.8.1和7.8.2的要求。门内外地面高差≤15mm。

九、建筑消防设计

1. 本建筑为三层办公综合楼，按《建筑设计防火规范》（GB 50016—2014）进行防火设计，耐火等级为二级。

2. 本建筑与其他建筑之间间距应符合规范对消防间距的规定。

3. 防火分区：地上每层建筑面积不超过2500m²，每层为一个防火分区。

4. 消防疏散：该建筑靠外墙设有1部楼梯，可天然采光和自然通风，位于袋形走道两侧或尽端的房间房门到最近的直通室外的安全出口或楼梯间的最大距离≤20m，符合规范要求。

5. 防火构造：通风管道穿越防火墙时，应用防火材料填实管道与孔洞间的空隙，并达到相应的耐火极限；每个防火分区之间，房间与房间，房间与走道间的隔墙，不管有无吊顶，均应砌到梁板底部；管道井与房间、走道等相连通的孔洞，其空隙应采用不燃烧材料填塞密实。

6. 内装修木材须经过防火涂料两遍涂刷，室内装修部分应按国家标准《建筑内部装修设计防火规范》等规定执行。

7. 基层墙体内部空腔与建筑幕墙与基层墙体、窗间墙、窗槛墙及裙墙之间的空间，应采用防火封堵材料封堵。

8. 木建筑外墙保温采用中空玻化微珠无机保温砂浆，耐火等级为A级，屋面保温采用挤塑聚苯板，耐火等级为B1级，满足防火规范要求。

十、其它

1. 根据建委[2010] 799号要求，本工程应采用预拌砂浆，禁止现场搅拌砂浆。

2. 凡是在钢筋混凝土墙板上留洞的，其具体位置及尺寸大小除详见结施总说明及结施图外，还应配合设备专业图纸进行施工。凡填充墙上留洞的在土建施工时应密切配合设备专业图进行留洞或穿套管时，不得在梁、板上任意穿洞。

3. 配电箱及通风管在填充墙体上的留洞分别详见电施和设施图。上述箱洞涉及二装部分的位置调整，由二装设计进行，并需设计方确认后方可施工。上述箱洞在剪力墙上的留洞分别详见电施、设施及结施图。

4. 凡出挑部分：雨篷、窗台、窗顶等上部均须做流水坡度，下部须做滴水线，以防雨水沿板底渗入；其宽度和深度不应小于10mm，并整齐划一。

5. 地面垫层须在施工前与安装专业联系配合，管沟盖板铺设需待试压，试水之后方能进行施工。

6. 有关栏杆、扶手等须二装单位另行设计的工程，设计及施工方案须经我公司核对使用材料特点的相关安装要求，按有关图集，大样做好施工组织计划。

7. 本工程未标注预埋件位置、规格、尺寸的，施工单位应根据不同构件、配件、采用预埋、射钉、膨胀螺栓方式进行安装。

8. 卫生洁具、成品隔断选型由建设单位与设计单位商定，并应与施工配合。

9. 灯具、送回风口等影响美观的器具须经建设单位与设计单位确认样品后，方可批量加工、安装。

10. 在施工中若发现有管道挡门洞口或其它错碰之处时，应及时通知设计人员，核对修改后方可施工。

11. 为确保工程质量，施工单位在施工前应详细熟悉图纸，校对各工种图纸，对相互矛盾和不明之处，应在施工图交底时提出，以便会同解决。

12. 土建施工与水、电的安装应密切配合，做好预留、预埋工作，避免事后打凿，影响工程质量。施工过程中对设计拟作局部调整修改时，应事先会同建设单位及设计人员共同商讨，确定后再作处理。

13. 施工中除必须按本设计图纸、选用图册施工外，还须遵循国家颁布的施工及验收规范。施工中如需更改设计，要与设计单位协商，不得单方修改设计。

14. 本工程对全部建筑材料和施工质量的要求，除图中作规定外，一律严格遵照国家现行的施工和安装质量验收规范的有关规定执行。

15. 本工程采用图集为《西南地区建筑标准设计通用图》、《国家建筑标准设计图集》和《四川省工程建设标准设计图集》。

16. 图例。

材料	比例	钢筋混凝土	页岩空心（多孔）砖砌块
图例	≤1：50	■■	—
	>1：50	/////	////

门窗表

类型	名称	设计编号	洞口尺寸/mm 宽	洞口尺寸/mm 高	数量	采用标准图集及编号 图集代号	采用标准图集及编号 编号
门	木门	M1221	1200	2100	2	西南11J611	M0721-PY01
		M1821	1800	2100	2		M1821-PJ08
		M0921	900	2100	6		参照 PBM06-0921
		M1021	1000	2100	16		M1021-PJ08
		M1521	1500	2100	2		M1521-PJ08
窗	塑钢窗	C0930	900	3000	6	JSMC-93-(2)	
		C1215	1200	1500	2		
		C1230	1200	3000	2		
		C1236	1200	3600	1		
		C1821	1800	2100	4		
		C1830	1800	3000	4		
		C1872	1800	7200	1		
		C2121	2100	2100	12		
		C2472	2400	7200	1		
		C3015	3000	1500	2		
		C3130	3100	3000	1		
		C5536	5500	3600	1		
		C6124	6100	2400	3		
		C6130	6100	3000	2		
		C6136	6100	3600	1		
		C-1	600	10800	4		
		GC1212	1200	1200	6		
		GC1212'	1200	1200	1		
门联窗	塑钢全玻门联窗	MC6136	6100	3600	1	JSMC-93-(2)	
		MC6933	6900	3300	1		

注：1. 门窗数量仅作参考，以实际数量为准。
2. 所有卫生间的门要求距离地面留出不小于30mm的缝隙。
3. 所有供轮椅通行的门窗，应安装视线观察玻璃、横执把手和关门拉手，在门扇的下方应安装高0.35m的护门板。

工程项目	××××电缆生产基地	
子项名称	办公综合楼	
建筑施工图设计总说明（二）门窗统计表	设计号	14-04
	图别	建施
	图号	2 / 12
	日期	××××.××

3

建筑构造统一做法表

类别	编号	名称	材料及做法	使用部位	备注	燃烧性能等级
屋面及雨篷	屋1	保温上人屋面Ⅱ级防水（建筑找坡倒置式）	1. 钢筋混凝土结构层 2. 1:6水泥炉渣找坡最薄处40 3. 20厚1:3水泥砂浆找平层 4. 刷底胶剂一道（材料同上） 5. SBS改性沥青防水卷材4厚,四周翻起300高,基层刷专用清洁剂一道 6. 挤塑聚苯板保温材料 7. 干铺无纺聚氨酯纤维布一层 8. 40厚C20细石混凝土加5%防水剂,内配Φ4钢筋网片,双向间距200,提浆压光（内配钢筋在分格缝处断开）	景观露台	第6项取值详节能设计	保温材料为:B1级
	屋2	保温不上人屋面Ⅱ级防水（建筑找坡倒置式）	1. 钢筋混凝土结构层 2. 1:6水泥炉渣找坡最薄处40 3. 20厚1:3水泥砂浆找平层 4. 刷底胶剂一道（材料同上） 5. SBS改性沥青防水卷材4厚,四周翻起300高,基层刷专用清洁剂一道 6. 挤塑聚苯板保温材料 7. 20厚1:2.5水泥砂浆保护层,分格缝间距≤1.0m	不上人屋面	第6项取值详节能设计	保温材料为:B1级
	屋3	非保温不上人屋面Ⅱ级防水（建筑找坡倒置式）	1. 钢筋混凝土结构层 2. 1:6水泥炉渣找坡最薄处40 3. 20厚1:3水泥砂浆找平层 4. SBS改性沥青防水卷材4厚,四周翻起300高,基层刷专用清洁剂一道 5. 20厚1:2.5水泥砂浆保护层,分格缝间距≤1.0m	除屋2外不上人屋面		
楼地面	地1	防滑地砖地面	1. 素土夯实基土 2. 100厚C10混凝土垫层 3. 1:0.5水泥砂结合层一道,阴角位置作直径50的R角 4. 1:3水泥砂浆找坡层,最低处不小于20厚,坡度1%坡向地漏 5. 400gSBC防水卷材,上翻侧墙 6. 20厚1:2干硬性水泥砂浆黏合层,上洒1~2厚干水泥并洒清水适量 7. 300×300×9防滑地砖,1:1水泥砂浆勾缝	卫生间、开水间、卫生间前室地面	周边墙上防水卷材上翻,卫生间上翻建筑完成面300mm,淋浴部分上翻建筑完成面1800mm	A级
	地2	地砖地面	1. 素土夯实基土 2. 100厚C10混凝土垫层 3. 1:0.5水泥砂结合层一道 4. 20厚1:2干硬性水泥砂浆黏合层,上洒1~2厚干水泥并洒清水适量 5. 600×600抛光地砖面层,水泥浆擦缝	公共走道、门厅、及除地1外所有房间地面		A级
	楼1	防滑地砖楼面	1. 结构层 2. 1:0.5水泥砂结合层一道,阴角位置作直径50的R角 3. 1:3水泥砂浆找坡层,最低处不小于20厚,坡度1%坡向地漏 4. 400gSBC防水卷材,上翻侧墙 5. 20厚1:2干硬性水泥砂浆黏合层,上洒1~2厚干水泥并洒清水适量 6. 300×300×9防滑地砖,1:1水泥砂浆勾缝	卫生间、开水间、卫生间前室楼面	周边墙上防水卷材上翻,卫生间上翻建筑完成面300mm,淋浴部分上翻建筑完成面1800mm	A级
	楼2	地砖楼面	1. 结构层 2. 1:0.5水泥浆结合层一道 3. 20厚1:3水泥砂浆找平层 4. 20厚1:2干硬性水泥砂浆黏合层,上洒1~2厚干水泥并洒清水适量 5. 600×600抛光地砖面层,水泥浆擦缝	公共走道及除楼1外所有房间楼面	楼梯间增加踏步防滑条详国标03J926 (10/52)	A级
外墙面	外1	金属氟碳漆墙面仿仿岗石涂料墙面	1. 水泥砂浆抹灰层 2. 墙体处理 3. 界面砂浆 4. 中空玻化微珠无机保温砂浆 5. 抗裂防渗砂浆复合网格布 6. 20厚1:3水泥砂浆找平（掺5%防水剂） 7. 柔性腻子 8. 金属氟碳漆（仿花岗石涂料）饰面	位置详立面	第4项技术要求见《外墙外保温工程技术规程》川07J123,第4项取值详节能设计	A级

类别	编号	名称	材料及做法	使用部位	备注	燃烧性能等级
内墙面	内1	水泥砂浆喷涂料墙面	1. 基层处理 2. 7厚1:3水泥砂浆打底扫毛 3. 6厚1:3水泥砂浆垫层 4. 5厚1:2.5水泥砂浆罩面压光 5. 喷涂料	公共走道、门厅、楼梯间内墙面	涂料为无机涂料	A级
	内2	白瓷砖墙面	1. 基层处理 2. 10厚1:3水泥砂浆打底扫毛,分两次抹 3. 8厚1:0.15:2水泥石灰砂浆黏结层（加建筑胶适量） 4. 5厚白瓷砖,白水泥擦缝	开水间及卫生间内墙面	瓷砖墙面高1.8m	A级
	内3	水泥砂浆刷乳胶漆墙面	1. 基层处理 2. 7厚1:3水泥砂浆打底扫毛 3. 6厚1:3水泥砂浆垫层 4. 5厚1:2.5水泥砂浆罩面压光 5. 刷乳胶漆	除内1、内2外内墙面		B1级
踢脚	踢1	彩釉砖踢脚线踢脚	1. 基层处理 2. 4厚1:1水泥砂浆黏结层 3. 12厚1:3水泥砂浆打底扫毛,分两次抹 4. 120高彩面砖,白水泥擦缝	除开水间及卫生间外所有房间踢脚	高度为120mm	A级
顶棚	顶1	混合砂浆刷乳胶漆顶棚	1. 基层清理 2. 刷水泥浆一道（加建筑胶适量） 3. 10厚1:1:4水泥石灰砂浆 4. 4厚1:0.3:3水泥石灰砂浆 5. 刷乳胶漆	除顶2外所有房间顶棚	乳胶漆湿涂覆比<1.5kg/m²	B1级
	顶2	水泥砂浆喷涂料顶棚	1. 现浇钢筋混凝土楼板底面清理干净 2. 刷水泥浆一道（加建筑胶适量） 3. 10厚1:1:4水泥石灰砂浆 4. 7厚1:2.5水泥砂浆 5. 喷胶浆	公共走道、门厅、楼梯间顶棚	涂料为无机涂料	A级
油漆	油1	油性大漆（广漆）	详西南11J312第79页5106	木扶手	本色	
	油2	防锈漆	详西南11J312第81页5116	所有金属件	本色	
	油3	醇酸磁漆	详西南11J312第81页5114	用于钢构件的装饰	按外观设计	
	油4	醇酸磁漆（三宝漆）	详西南11J312第80页5109	木作装修	本色	
	油5	防火涂料	详西南11J312第85页5141	钢结构构配件	本色	
	油6	沥青漆	详西南11J312第81页5117	用于防腐木砖及防腐材料	本色	

注意事项:
1. 本施工图工程做法及做法大样仅注明建筑材料之构造层次,施工单位还应按照本施工图工程做法及做法大样中所引注之相应标准图之图说明进行施工。
2. 外墙保温做法及措施,还应严格按照甲方指定的具有相应专业资质的建筑外保温材料厂家提供的安装图集之图说明施工,保温层和饰面层安装固定的安全性由生产厂家负责。
3. 建筑外立面上的装饰构件由甲方另行委托具有相应专业资质的专业生产厂家进行设计生产,其安装固定方式及安全性等各项技术措施均由其生产厂家负责设计,并配合土建设置预埋件,本施工图仅确定其外观尺寸。

工程项目	××××电缆生产基地	
子项名称	办公综合楼	
	设计号	14-04
建筑构造统一做法表	图别	建 施
	图号	3
	日期	××××.××

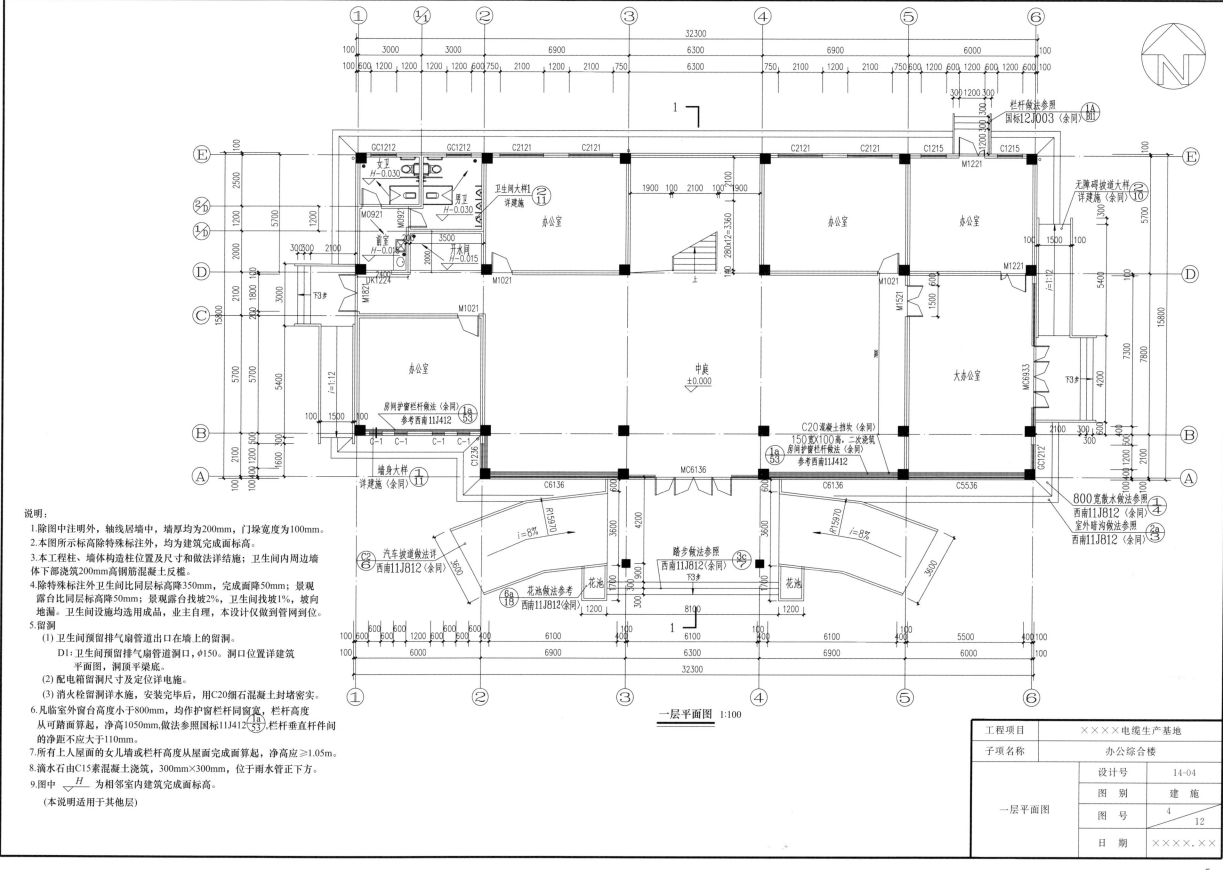

说明:
1. 除图中注明外,轴线居墙中,墙厚均为200mm,门垛宽度为100mm。
2. 本图所示标高除特殊标注外,均为建筑完成面标高。
3. 本工程柱、墙体构造柱位置及尺寸和做法详施;卫生间内周边墙体下部浇筑200mm高钢筋混凝土反槛。
4. 除特殊标注外卫生间比同层标高降350mm,完成面降50mm;景观露台比同层标高降50mm;景观露台找坡2%,卫生间找坡1%,坡向地漏。卫生间设施均选用成品,业主自理,本设计仅做到管网到位。
5. 留洞
   (1) 卫生间预留排气扇管道出口在墙上的留洞。
   D1:卫生间预留排气扇管道洞口,ϕ150。洞口位置详建筑平面图,洞顶平梁底。
   (2) 配电箱留洞尺寸及定位详电施。
   (3) 消火栓留洞详水施,安装完毕后,用C20细石混凝土封堵密实。
6. 凡临室外窗台高度小于800mm,均作窗栏杆同窗宽,栏杆高度从可踏面算起,净高1050mm,做法参照国标11J412 ⟨1a/53⟩,栏杆垂直杆件间的净距不应大于110mm。
7. 所有上人屋面的女儿墙或栏杆高度从屋面完成面算起,净高应≥1.05m。
8. 滴水石由C15素混凝土浇筑,300mm×300mm,位于雨水管正下方。
9. 图中 $\frac{H}{}$ 为相邻室内建筑完成面标高。

(本说明适用于其他层)

一层平面图 1:100

工程项目	××××电缆生产基地	
子项名称	办公综合楼	
设计号	14-04	
图 别	建 施	
图 号	4 / 12	
日 期	××××.××	

一层平面图

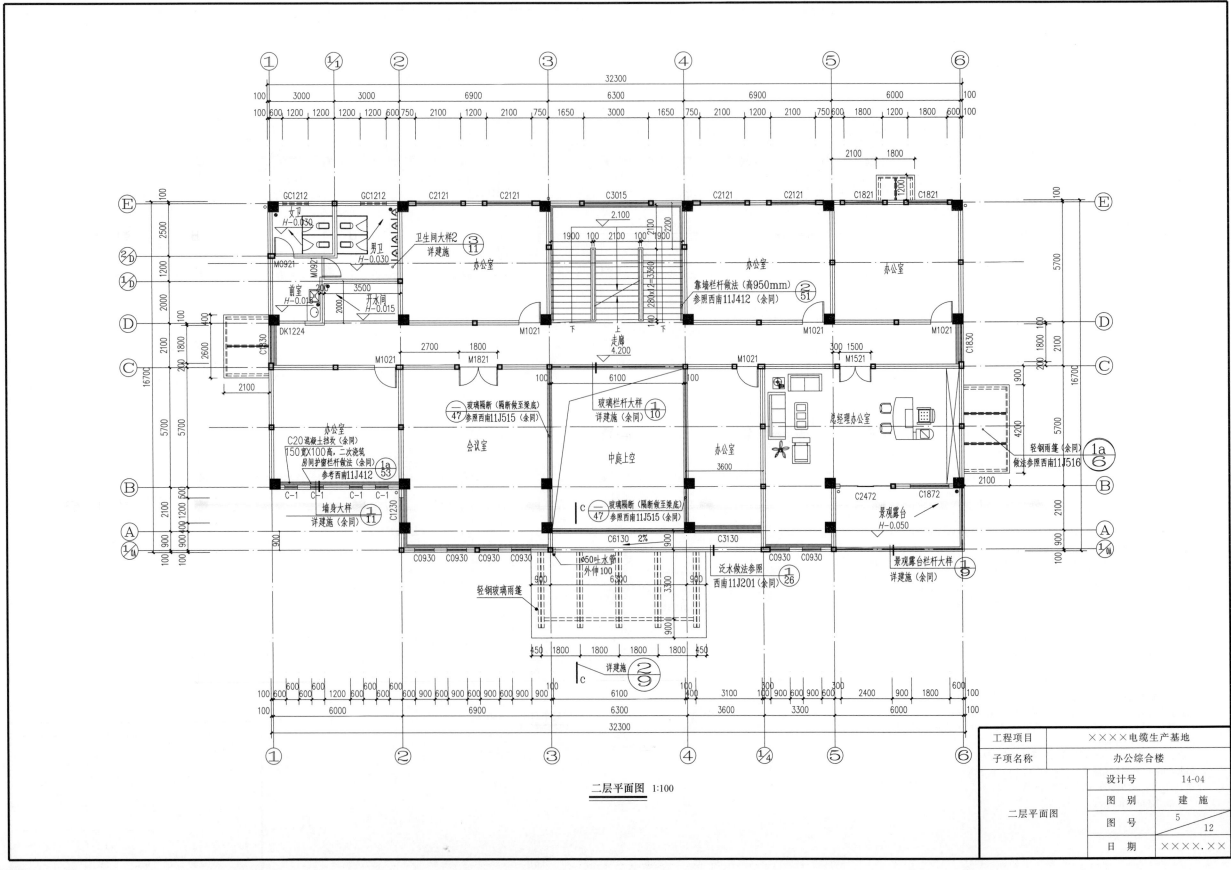

二层平面图 1:100

工程项目	××××电缆生产基地	
子项名称	办公综合楼	
二层平面图	设计号	14-04
	图 别	建 施
	图 号	5 / 12
	日 期	××××.××

6

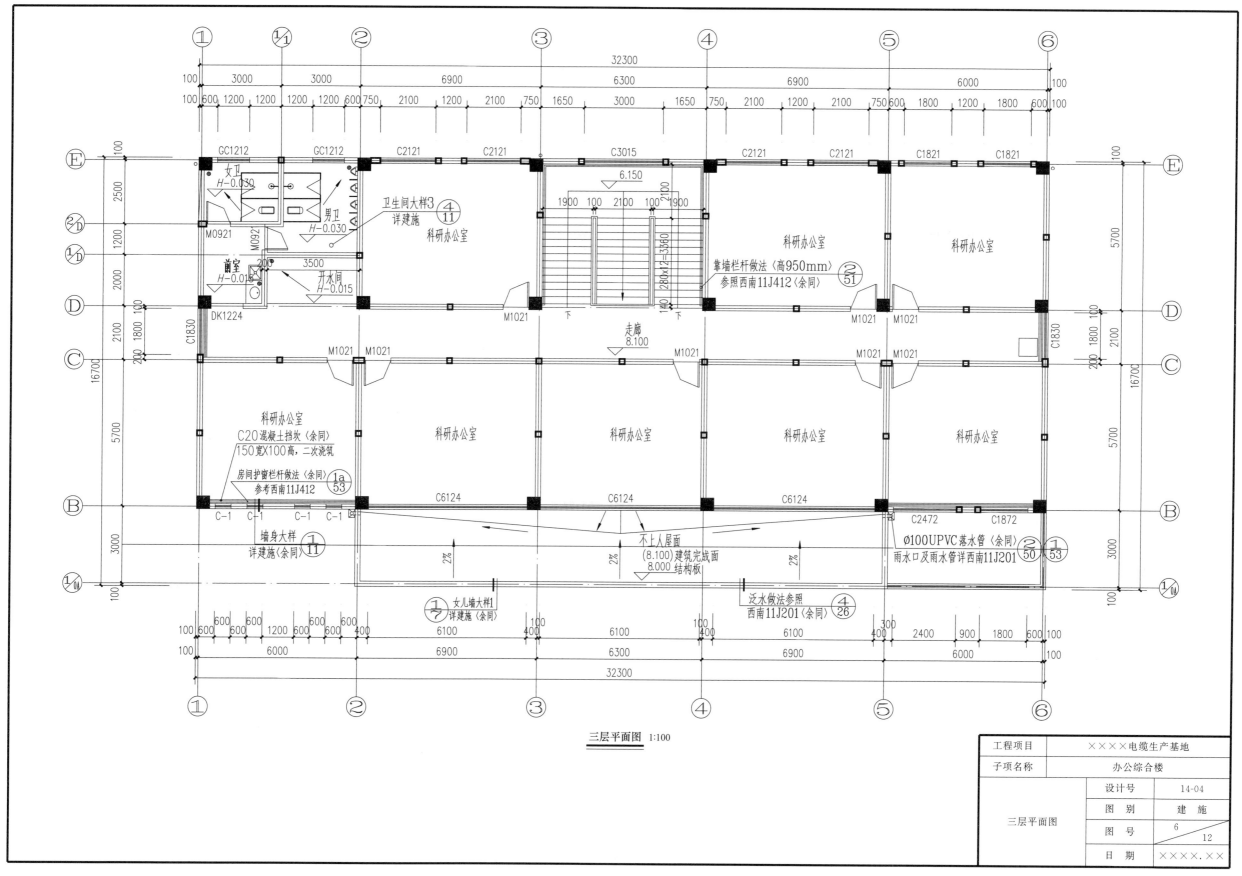

三层平面图 1:100

工程项目	××××电缆生产基地	
子项名称	办公综合楼	
三层平面图	设计号	14-04
	图 别	建 施
	图 号	6／12
	日 期	××××.××

7

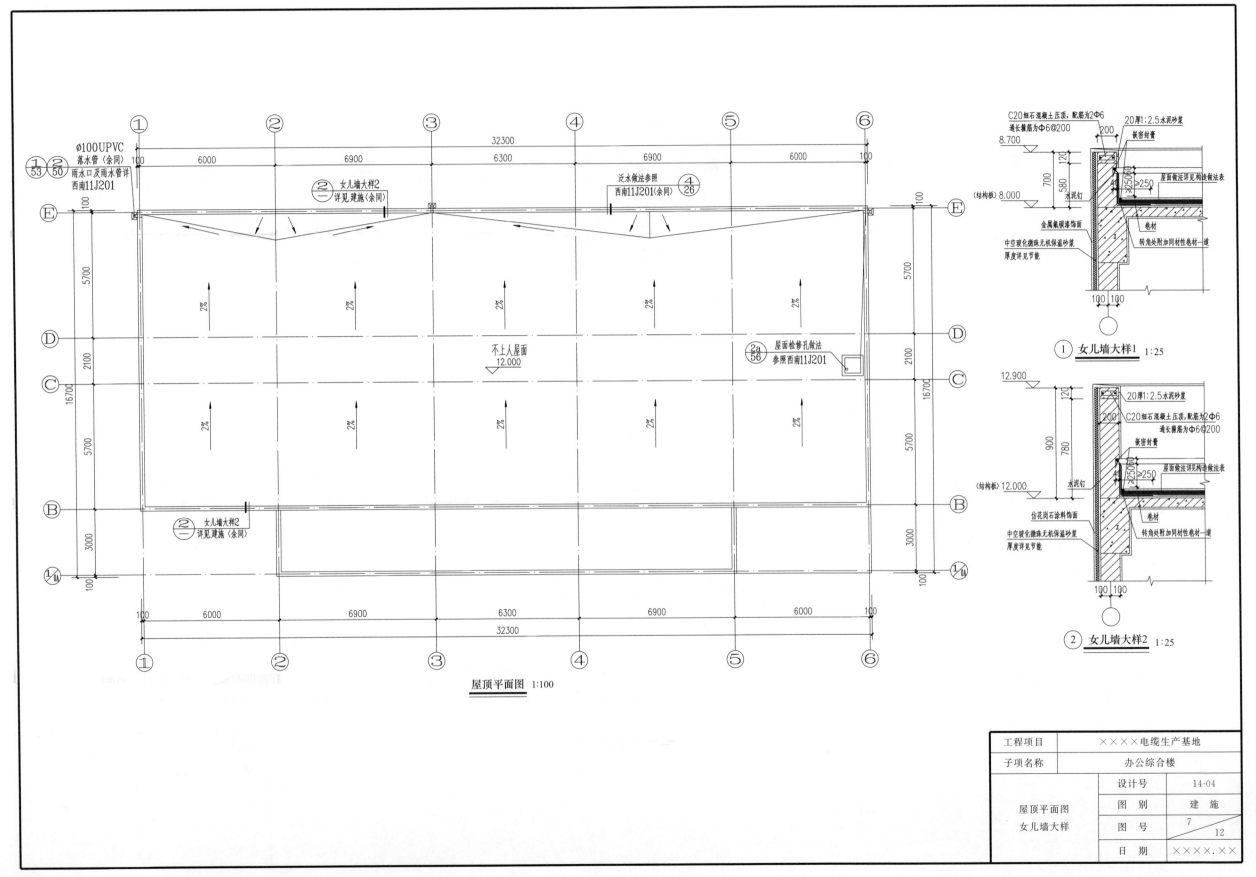

屋顶平面图 1:100

① 女儿墙大样1 1:25

② 女儿墙大样2 1:25

工程项目	××××电缆生产基地		
子项名称	办公综合楼		
屋顶平面图 女儿墙大样	设计号	14-04	
	图 别	建 施	
	图 号	7	12
	日 期	××××.××	

①~⑥轴立面图 1:100

⑥~①轴立面图 1:100

工程项目	××××电缆生产基地		
子项名称	办公综合楼		
设计号			14-04
①~⑥轴立面图	图 别		建 施
⑥~①轴立面图	图 号		8 / 12
	日 期		××××.××

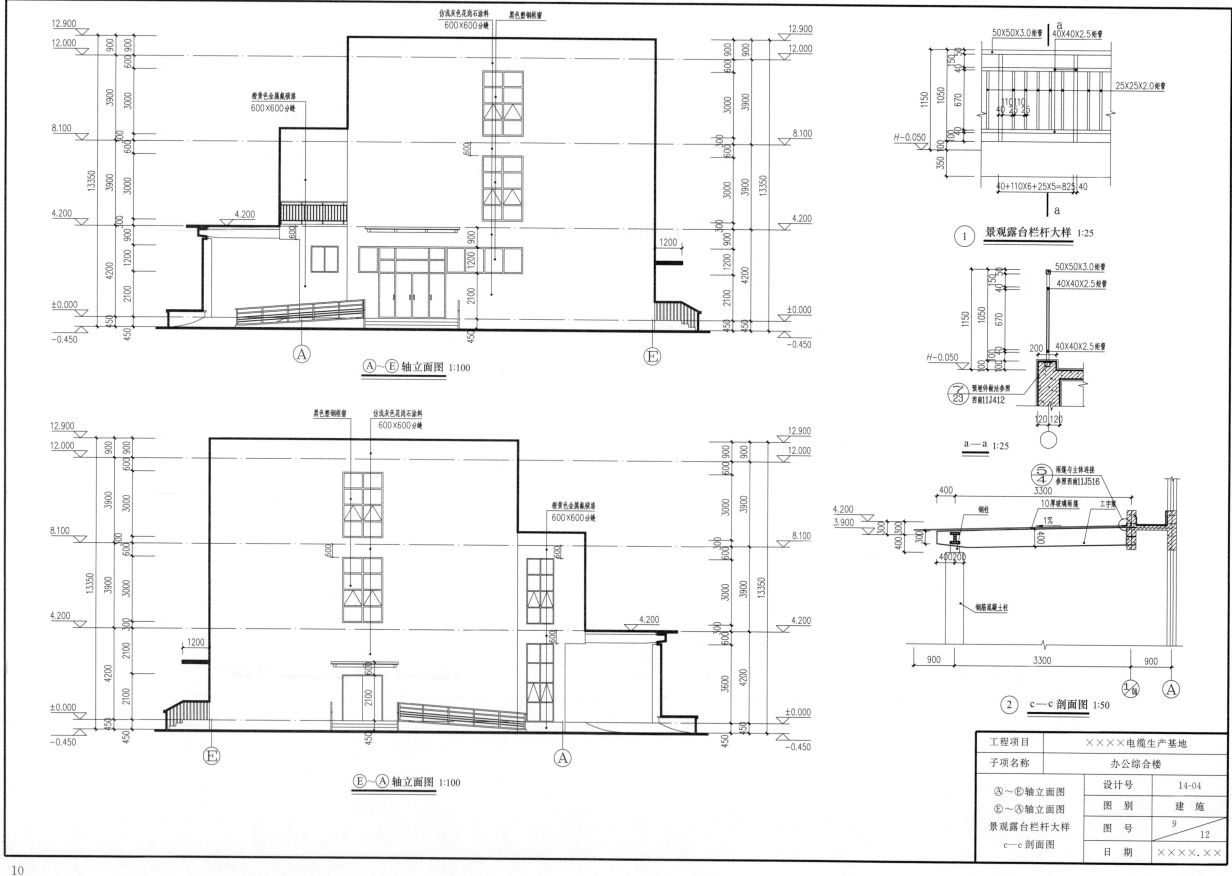

仿浅灰色花岗石涂料
600×600分缝
黑色塑钢框窗
橙黄色金属氟碳漆
600×600分缝

12.900
12.000
8.100
4.200
±0.000
−0.450

13350
3900
3900
4200
2100

900
600
600
900

Ⓐ
Ⓔ

Ⓐ~Ⓔ轴立面图 1:100

黑色塑钢框窗
仿浅灰色花岗石涂料
600×600分缝
橙黄色金属氟碳漆
600×600分缝

12.900
12.000
8.100
4.200
±0.000
−0.450

13350
3900
3900
4200
2100

Ⓔ
Ⓐ

Ⓔ~Ⓐ轴立面图 1:100

50X50X3.0矩管
40X40X2.5矩管
25X25X2.0矩管

1150
1050
670
350
100

40 25 25
110 110
40+110X6+25X5=825 40

① 景观露台栏杆大样 1:25

50X50X3.0矩管
40X40X2.5矩管
40X40X2.5矩管

1150
1050
670
200
120 120

预埋件做法参照
西南11J412

a—a 1:25

雨篷与主体连接
参照西南11J516
10厚玻璃雨篷
钢柱
工字梁
1%

4.200
3.900

400
300
300
400
400
200
400

3300

钢筋混凝土柱

900
3300
900

② c—c 剖面图 1:50

工程项目	××××电缆生产基地	
子项名称	办公综合楼	
Ⓐ~Ⓔ轴立面图 Ⓔ~Ⓐ轴立面图 景观露台栏杆大样 c—c剖面图	设计号	14-04
	图 别	建 施
	图 号	9 / 12
	日 期	××××.××

10

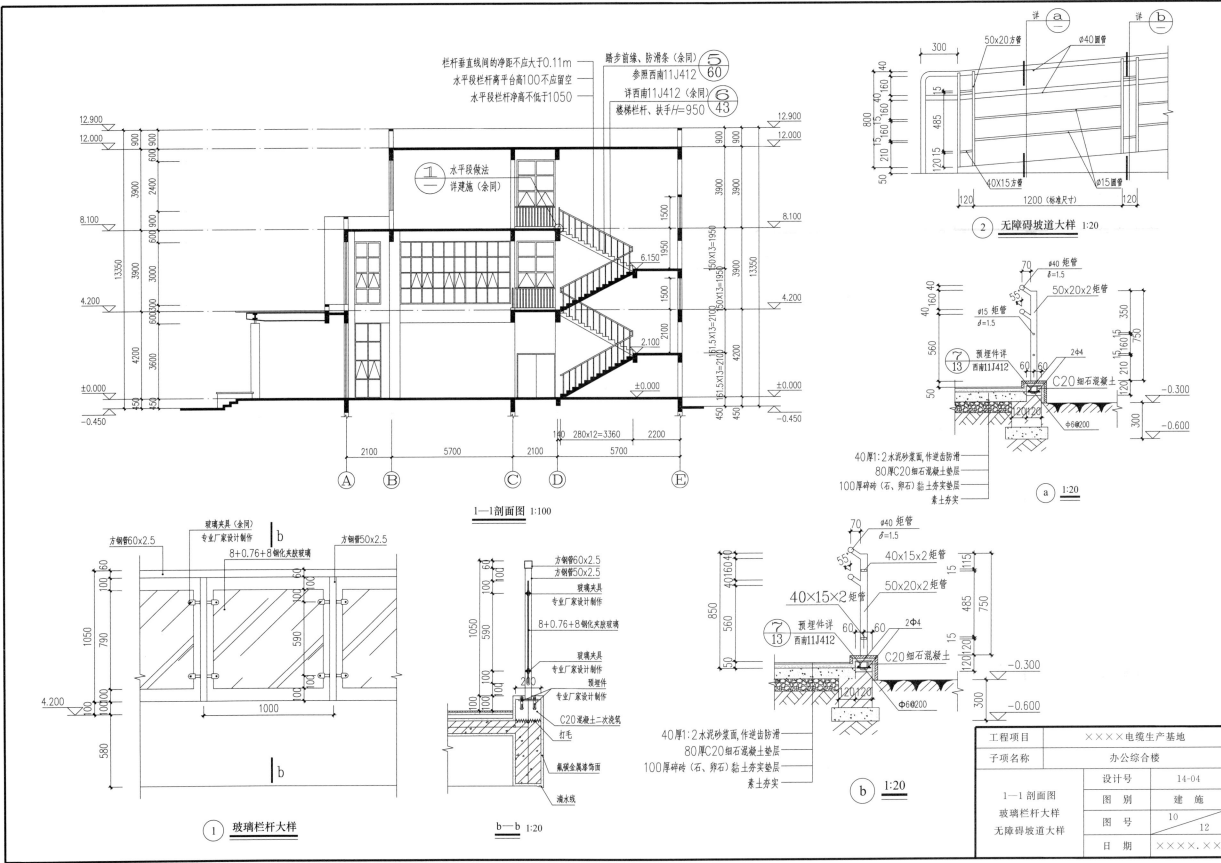

栏杆垂直线间的净距不应大于0.11m
水平段栏杆离平台高100不应留空
水平段栏杆净高不低于1050

踏步前缘、防滑条（余同）⑤/60
参照西南11J412
详西南11J412（余同）⑥/43
楼梯栏杆、扶手H=950

①/一 水平段做法详建施（余同）

12.900
12.000
8.100
4.200
±0.000
-0.450

1—1剖面图 1:100

2100　5700　2100　5700

Ⓐ Ⓑ Ⓒ Ⓓ Ⓔ

2 无障碍坡道大样 1:20

详ⓐ 详ⓑ
300
50×20方管　Ø40圆管
40X15方管　Ø15圆管
1200（标准尺寸）

Ø40 矩管 δ=1.5
50×20×2矩管
Ø15 矩管 δ=1.5
⑦/13 预埋件详 西南11J412
2Φ4
C20 细石混凝土
Φ6@200
-0.300
-0.600

40厚1:2水泥砂浆面，作逆齿防滑
80厚C20细石混凝土垫层
100厚碎砖（石、卵石）黏土夯实垫层
素土夯实

ⓐ 1:20

方钢管60×2.5
玻璃夹具（余同）专业厂家设计制作
方钢管50×2.5
8+0.76+8钢化夹胶玻璃

1050　790
1000
4.200
580

① 玻璃栏杆大样

方钢管60×2.5
方钢管50×2.5
8+0.76+8钢化夹胶玻璃
玻璃夹具 专业厂家设计制作
玻璃夹具 专业厂家设计制作
预埋件 专业厂家设计制作
C20混凝土二次浇筑
打毛
氟碳金属漆饰面
滴水线

b—b 1:20

Ø40 矩管 δ=1.5
40×15×2矩管
50×20×2矩管
40×15×2矩管
⑦/13 预埋件详 西南11J412
2Φ4
C20 细石混凝土
Φ6@200
-0.300
-0.600

40厚1:2水泥砂浆面，作逆齿防滑
80厚C20细石混凝土垫层
100厚碎砖（石、卵石）黏土夯实垫层
素土夯实

ⓑ 1:20

工程项目	××××电缆生产基地	
子项名称	办公综合楼	
1—1剖面图 玻璃栏杆大样 无障碍坡道大样	设计号	14-04
	图 别	建 施
	图 号	10/12
	日 期	××××.××

11

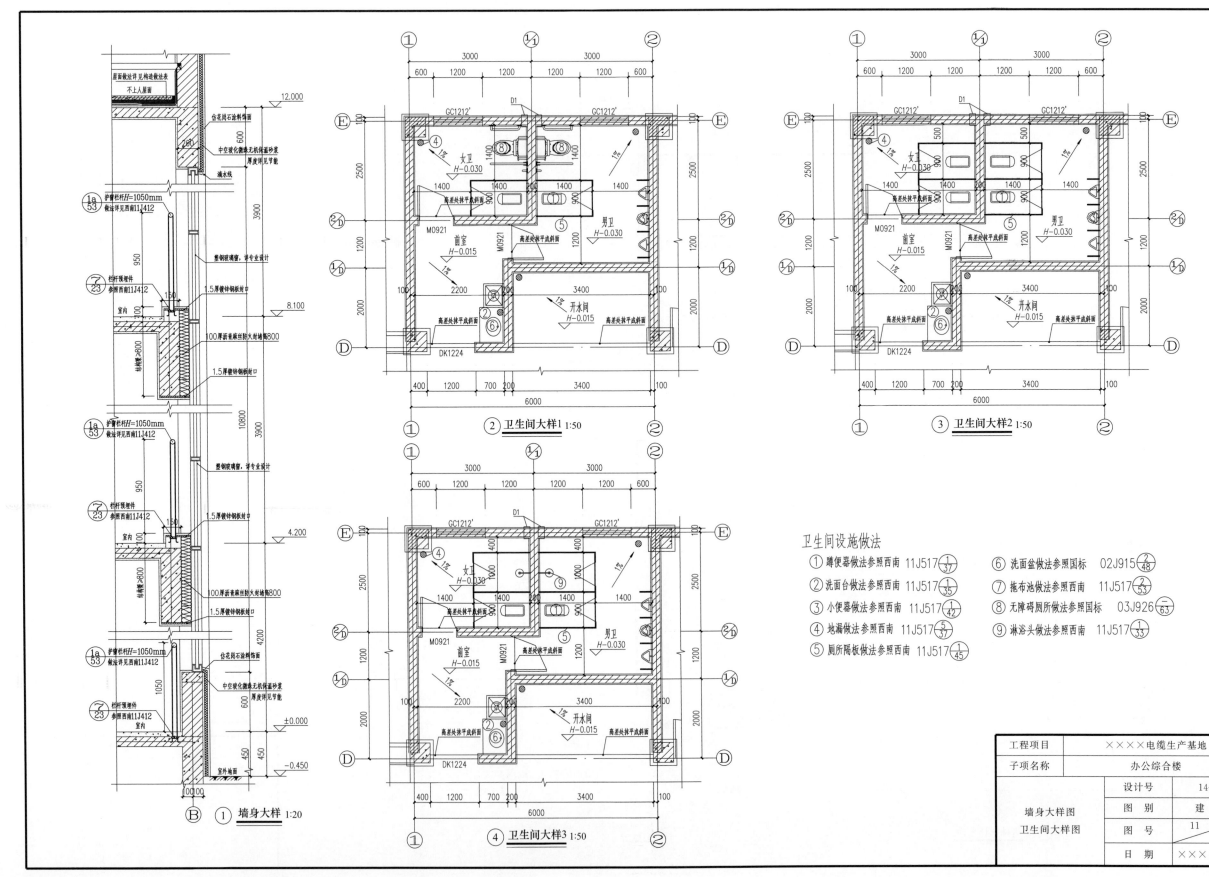

墙面做法详见构造做法表
不上人屋面

12.000

倍花岗石涂料饰面

中空玻化微珠无机保温砂浆
厚度详见节能

滴水线

1a/53 护窗栏杆H=1050mm
做法详见西南11J412

7/23 栏杆预埋件
参照西南11J412

整钢玻璃窗，详专业设计

1.5厚镀锌钢板封口

8.100

100厚沥青麻丝防火填缝800

1.5厚镀锌钢板封口

1a/53 护窗栏杆H=1050mm
做法详见西南11J412

7/23 栏杆预埋件
参照西南11J412

整钢玻璃窗，详专业设计

1.5厚镀锌钢板封口

4.200

100厚沥青麻丝防火填缝800

1.5厚镀锌钢板封口

倍花岗石涂料饰面

中空玻化微珠无机保温砂浆
厚度详见节能

7/23 栏杆预埋件
参照西南11J412

±0.000
室内

-0.450
室外地面

B ① 墙身大样 1:20

② 卫生间大样1 1:50

③ 卫生间大样2 1:50

④ 卫生间大样3 1:50

卫生间设施做法

① 蹲便器做法参照西南 11J517 ①/37
② 洗面台做法参照西南 11J517 ①/35
③ 小便器做法参照西南 11J517 ①/42
④ 地漏做法参照西南 11J517 ⑤/37
⑤ 厕所隔板做法参照西南 11J517 ①/45
⑥ 洗面盆做法参照国标 02J915 ②/48
⑦ 拖布池做法参照西南 11J517 ②/53
⑧ 无障碍厕所做法参照国标 03J926 一/63
⑨ 淋浴头做法参照西南 11J517 ③/33

工程项目	××××电缆生产基地		
子项名称	办公综合楼		
		设计号	14-04
墙身大样图 卫生间大样图		图 别	建 施
		图 号	11 / 12
		日 期	××××.××

12

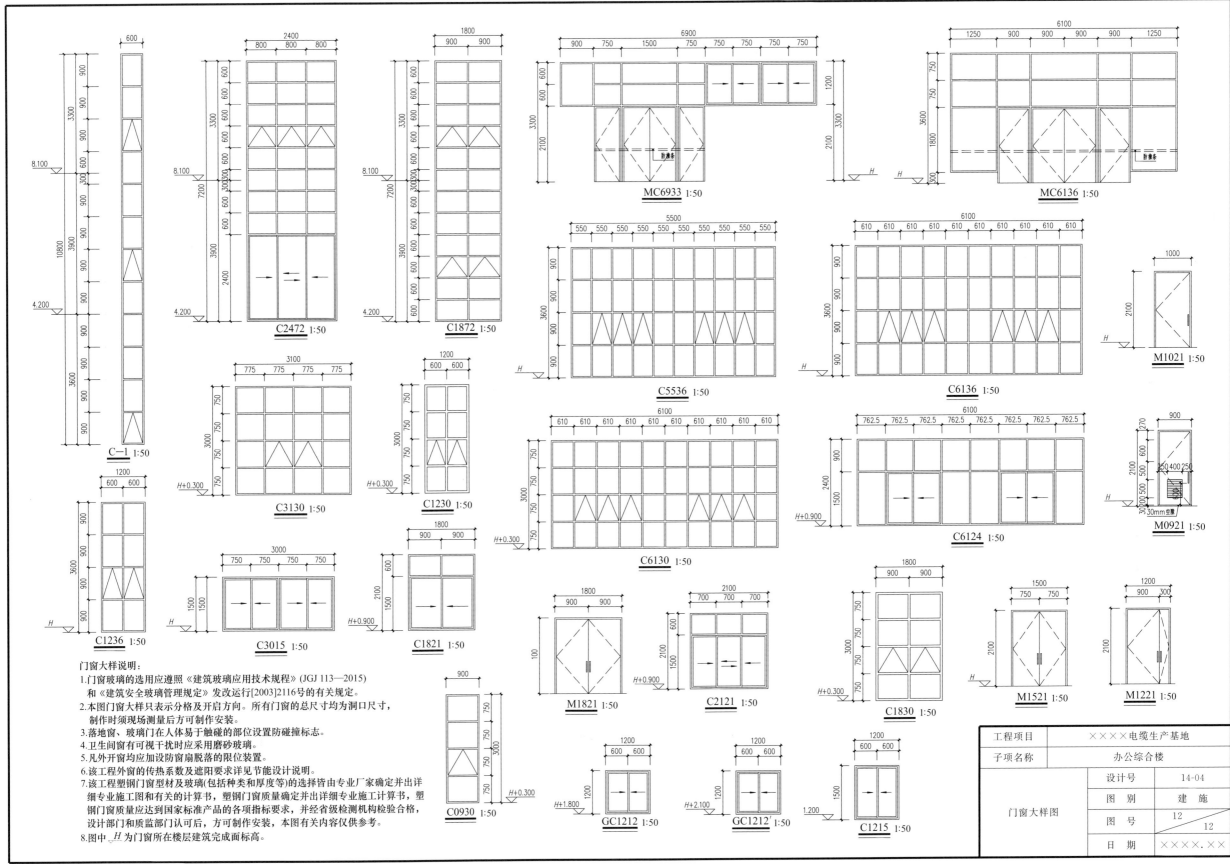

门窗大样说明：
1.门窗玻璃的选用应遵照《建筑玻璃应用技术规程》(JGJ 113—2015)和《建筑安全玻璃管理规定》发改运行[2003]2116号的有关规定。
2.本图门窗只表示分格及开启方向。所有门窗的总尺寸均为洞口尺寸，制作时须现场测量后方可制作安装。
3.落地窗、玻璃门在人体易于触碰的部位设置防碰撞标志。
4.卫生间门窗有可视干扰时应采用磨砂玻璃。
5.凡外开窗均应加设防窗扇脱落的限位装置。
6.该工程外窗的传热系数及遮阳要求详见节能设计说明。
7.该工程塑钢门窗型材及玻璃(包括种类和厚度等)的选择皆由专业厂家确定并出详细专业施工图和有关的计算书，塑钢门窗质量确定并出详细专业施工计算书，塑钢门窗质量应达到国家标准产品的各项指标要求，并经省级检测机构检验合格，设计部门和质监部门认可后，方可制作安装。本图有关内容仅供参考。
8.图中 *H* 为门窗所在楼层建筑完成面标高。

工程项目	××××电缆生产基地	
子项名称	办公综合楼	
	设计号	14-04
图别		建 施
门窗大样图	图 号	12/12
	日 期	××××.××

13

1.2 ××××电缆生产基地办公综合楼结构施工图

结施图纸目录

序号	图纸名称	图别	图号	图幅
1	结构设计总说明(一)	结施	1/13	A2+
2	结构设计总说明(二)	结施	2/13	A2
3	基础平面布置图	结施	3/13	A2
4	标高<基顶~4.200>柱平面图	结施	4/13	A2
5	标高<4.200以上>柱平面图	结施	5/13	A2
6	标高-0.100m结构层梁平法施工图	结施	6/13	A2
7	标高4.200m结构层梁平法施工图	结施	7/13	A2
8	标高8.100m结构层梁平法施工图	结施	8/13	A2
9	标高12.000m结构层梁平法施工图	结施	9/13	A2
10	二层结构平面布置图	结施	10/13	A2
11	三层结构平面布置图	结施	11/13	A2
12	屋面层结构平面布置图	结施	12/13	A2
13	楼梯详图	结施	13/13	A2

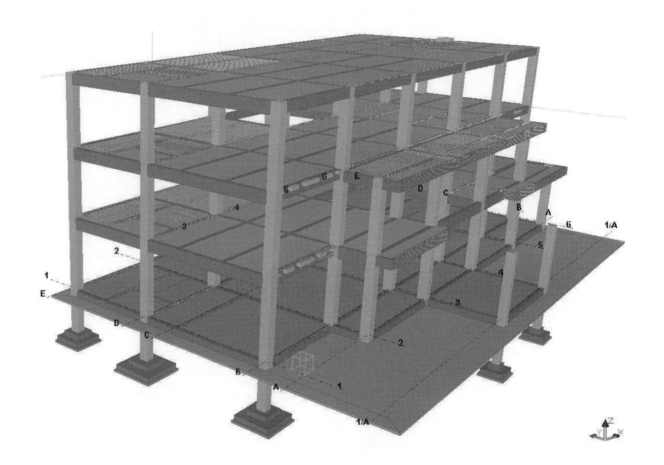

××××电缆生产基地办公综合楼结构BIM模型

结构设计总说明（一）

一、工程概况

本工程拟建于××市工业东区，为三层框架结构，结构高度为12.450m。采用独立柱基，框架抗震等级为三级。

二、建筑结构的安全等级及设计使用年限

建筑结构的安全等级：	二级
设计使用年限：	50 年
建筑抗震设防类别：	丙类
地基基础设计等级：	丙级
混凝土构件裂缝控制等级：	三级

三、自然条件

1. 基本风压： $W_0 = 0.30 kN/m^2$
   地面粗糙度： B 类
2. 基本雪压： $S_0 = 0.1 kN/m^2$
3. 场地地震基本烈度： 7 度
   抗震设防烈度： 7 度
   抗震构造： 7 度
   设计基本地震加速度： 0.10g
   特征周期： $T_g = 0.45s$
   设计地震分组： 第三组
   建筑物场地类别： Ⅱ类
4. 场地的工程地质及地下水条件：地层岩性、地下水等详见地勘报告。

四、 本工程相对标高±0.000 相对应的绝对高程为 477.650m。

五、本工程设计遵循的标准、规范、规程

1. 《建筑结构可靠度设计统一标准》 (GB 50068—2001)
2. 《建筑结构荷载规范》 (GB 50009—2012)
3. 《混凝土结构设计规范》(2015 年版) (GB 50010—2010)
4. 《建筑抗震设计规范》(2016 年版) (GB 50011—2010)
5. 《建筑地基基础设计规范》 (GB 50007—2011)
6. 《砌体结构设计规范》 (GB 50003—2011)
7. 《建筑工程抗震设防分类标准》 (GB 50223—2008)
8. 《混凝土结构耐久性设计规范》 (GB/T 50476—2008)
9. 《工程建设标准强制性条文》 (房屋建筑部分2013年版)

六、本工程设计计算所采用的计算程序

中国建筑科学研究院结构所计算机辅助设计工程部 2011 年 4 月版：

1. 采用"结构空间有限元分析软件 SAT-8"进行结构整体分析。
2. 采用"结构平面计算机辅助设计软件——PMCAD"进行平面设计。
3. 采用"基础设计——JCCAD"进行基础计算。

七、设计采用的均布荷载标准值

部位	活荷载/(kN/m²)	部位	活荷载/(kN/m²)
办公室	2.0	走廊	2.5
楼梯	3.5	非上人屋面	0.5
卫生间	2.5	上人屋面	2.0

注：楼梯、阳台和上人屋面的栏杆顶部水平荷载：1.0kN/m；挑檐、雨蓬检修集中荷载：1.0kN。

八、地基基础

基础（坑）开挖时应注意放坡，防止基坑垮塌。开挖至基底标高以上 100mm 或设计确定的持力层时，应进行普遍钎探，并通知地质勘探、监理、设计等有关单位共同验槽，确定持力层准确无误后，方可进行下一道工序。

基槽（坑）开挖后，应进行基槽检验。基槽检验可用触探或其他方法。当发现与勘察报告和设计文件不一致，或遇到异常情况时，再结合地质条件提出处理意见。

九、主要结构材料

1. 钢筋、钢材和焊条 钢筋的技术指标应符合《混凝土结构设计规范》(GB 50010) 的要求，钢筋的强度标准值应具有不小于 95% 的保证率。

(1) 热轧钢筋

钢筋种类、符号	HPB300(Φ)	HRB335(Φ)	HRB400(Φ)
$f_y, f_y'/(N/mm^2)$	270	300	360
$f_{yk}/(N/mm^2)$	300	335	400

对于抗震等级一、二、三级的框架和斜撑构件（含梯段），其纵向受力钢筋采用普通钢筋时，钢筋抗拉强度实测值与屈服强度实测值的比值不应小于 1.25；钢筋的屈服强度实测值与屈服强度标准值的比值不应大于 1.3；且钢筋在最大拉力下的总伸长率实测值不应小于 9%。

(2) 钢材：Q235B 钢板、热轧普通型钢。

(3) 焊条：E50 系列用于焊接 HRB335 钢筋；E55 系列用于焊接 HRB400 热轧钢筋。不同材质时，焊条应与低强度等级材质匹配。

2. 混凝土 混凝土的技术指标应符合《混凝土结构设计规范》(GB 50010—2010) 的要求。

(1) 主要部位混凝土强度等级

构件部位	混凝土强度等级	备注
构造柱、现浇过梁	C25	
框架梁、现浇板	C30	
框架柱	C30	
标准构件		按标准图要求

注：施工图未标注者均为 C25。

(2) 结构混凝土耐久性基本要求

环境类别		最大水胶比	最大氯离子含量/%	最大碱含量
一		0.60	0.3	不限制
二	a	0.55	0.3	3.0
	b	0.50	0.15	3.0

混凝土构件环境类别：室内地坪以下及卫生间、露天构件为二a类，其余为一类。

3. 砌体（室内地坪以上）

构件部位	砖、砌块强度等级	砂浆强度等级	备注
填充墙	MU3.5 页岩空心砖	M5 混合砂浆	砖重不大于 11kN/m³
外墙	MU10 多孔砖	M5 混合砂浆	砖重不大于 19kN/m³

十、钢筋混凝土结构构造

本工程采用国家标准图《混凝土结构施工图平面整体表示方法制图规则和构造详图》11G101-1 的表示方法。施工图中未注明的构造要求应按照标准图的有关要求执行。

1. 钢筋的混凝土保护层厚度，且不小于钢筋公称直径。

环境类别	板、墙、壳	梁、柱、杆
一	15	20
二 a	20	25

注：1. 混凝土强度等级不大于 C25 时，表中保护层厚度数值应增加 5mm。
2. 钢筋保护层厚度指最外层钢筋外边缘至混凝土表面距离。

2. 钢筋接头形式及要求

(1) 框架梁、框架柱、剪力墙暗柱主筋采用焊接接头，其余构件当受力钢筋直径≥25mm 时，应采用直螺纹机械连接接头，当受力钢筋直径<25mm 时，采用绑扎搭接接头。

(2) 接头位置宜设置在受力较小处，在同一根钢筋上宜少设接头。纵向受力钢筋的连接接头宜避开梁端、柱端箍筋加密区；当无法避开时，应采用满足等强度连接要求的高质量机械连接接头（A 级接

头），且位于同一连接区段的钢筋接头面积百分率不应超过 50%。

(3) 受力钢筋接头的位置应相互错开，当采用机械接头时，在任一 35d 且不小于 500mm 区段内和当采用绑扎搭接接头时，在任一 1.3 倍搭接长度的区段内，有接头的受力钢筋截面面积占受力钢筋总截面面积的百分率应符合下表要求：

接头形式	受拉区接头数量	受压区接头数量
机械连接	50	不限
绑扎连接	25	50

(4) 直接承受动力荷载的结构构件中，不应采用焊接接头；当采用机械连接时，位于同一连接区段的钢筋接头面积不大于 50%。

3. 纵向钢筋的锚固长度、搭接长度

(1) 纵向钢筋的锚固长度

钢筋种类	非抗震锚固长度 抗震锚固长度	混凝土强度等级				
		C20	C25	C30	C35	C40
HPB300	l_{ab}	39d	34d	30d	28d	25d
	l_{abE} 一、二级抗震等级	45d	39d	35d	32d	29d
	l_{abE} 三级抗震等级	41d	36d	32d	29d	26d
HRB335	l_{ab}	38d	33d	29d	27d	25d
	l_{abE} 一、二级抗震等级	44d	38d	33d	31d	29d
	l_{abE} 三级抗震等级	40d	35d	31d	29d	26d
HRB400	l_{ab}		40d	35d	32d	29d
	l_{abE} 一、二级抗震等级		46d	40d	37d	33d
	l_{abE} 三级抗震等级		42d	37d	34d	32d

注：1. 按上表计算的锚固长度 l_{ab}（l_{abE}）小于 250mm（300mm）时，按 250mm（300mm）采用。
2. 采用环氧树脂涂层钢筋时，其锚固长度乘以修正系数 1.25。
3. 当钢筋在施工中易受扰动（如滑模施工）时，乘以修正系数 1.1。

(2) 纵向钢筋的搭接长度

纵向钢筋的搭接接头百分率	≤25	50	100
纵向受拉钢筋的搭接长度	$1.2l_a(l_{aE})$	$1.4l_a(l_{aE})$	$1.6l_a(l_{aE})$
纵向受压钢筋的搭接长度	$0.85l_a(l_{aE})$	$1.0l_a(l_{aE})$	$1.13l_a(l_{aE})$

受拉钢筋搭接长度不应小于 300mm，受压钢筋搭接长度不应小于 200mm。

(3) 钢筋混凝土墙、柱纵向钢筋伸入承台或基础内时，应满足锚固长度 l_{aE} 的要求。并应伸入承台或基础底部后作水平弯折，弯折长度不小于 150mm。在承台或基础内设置纵向的稳定箍筋三道。

4. 现浇钢筋混凝土板

除具体施工图中有特别规定者外，现浇钢筋混凝土板的施工应符合以下要求：

(1) 板的底部钢筋伸入支座长度应≥10d，且不小于 100mm 及伸入支座中心线。

(2) 板的边支座和中间支座板顶标高不同时，负筋在梁或墙内的锚固应满足受拉钢筋最小锚固长度 l_a。

(3) 双向板的底部钢筋，短跨钢筋置于下排，长跨钢筋置于上排。

(4) 当板底与梁底平时，板的下部钢筋伸入梁内须弯折后置于梁的下部纵向钢筋之上。

(5) 板上孔洞应预留，一般结构平面图中只表示出洞口尺寸≥300mm 的孔洞，施工时各工种必须根据各专业图纸配合土建预留全部孔洞，不得后凿。当孔洞尺寸≤300mm 时，洞边不再另加钢筋，板内外钢筋由洞边绕过，不得截断（见图一）。当洞口尺寸>300mm 时，应设洞边加筋，按平面图给出的要求施工。当平面图未交代时，一般按图二要求。加筋的长度为单向板受力方向或双向板的两个方向沿跨度方向长，并锚入支座≥5d，且应伸入到支座中心线。单向板非受力方向的洞口加筋长度为洞口宽度加两侧各 40d，且应放置在受力钢筋之上。

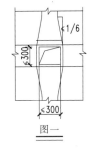

图一

用于单向板

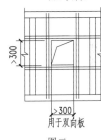

用于双向板

图二

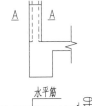

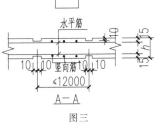

A—A

图三

工程项目	××××电缆生产基地	
子项名称	办公综合楼	
	设计号	14-04
结构设计总说明（一）	图 别	结 施
	图 号	1 / 13
	日 期	××××.××

（6）对于外露的现浇钢筋混凝土女儿墙、挂板、栏板、檐口等构件，当其水平直线段长度超过12m时，应按图三设置伸缩缝。伸缩缝间距≤12m。

（7）楼板上后砌隔墙的位置应严格遵守建筑施工图，不可随意砌筑。

（8）板钢筋标注示意：

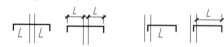

（9）除图中注明外，板内分布钢筋按下述规定采用：板厚为100mm采用φ6@200，板厚为120mm采用φ6@150，板厚为150mm采用φ8@200。

6. 钢筋混凝土梁

（1）梁内箍筋除单肢箍外，其余采用封闭形式，并作成135°，纵向钢筋为多排时，应增加直线段弯钩，在两排或三排钢筋以下弯折。

（2）梁内第一根箍筋距柱边或梁边50mm起。

（3）主梁内在次梁作用处，箍筋应贯通布置，凡未在次梁两侧注明箍筋者，均在次梁两侧各设4组箍筋，箍筋肢数、直径同梁箍筋，间距50mm。次梁吊筋在梁配筋图中表示。

（4）主次梁高度相同时，次梁的下部纵向钢筋置于主梁下部纵向钢筋之上。

（5）梁的纵向钢筋需要设置接头时，底部钢筋应在距支座1/3跨度范围内接头，上部钢筋应在跨中1/3跨度范围内接头。同一接头范围内的接头数量不应超过总钢筋数量的50%。

（6）在梁跨中开不大于φ150mm的洞，在具体设计中未说明做法时，洞的位置应在梁跨中的2/3范围内，梁高的中间1/3范围内。洞边及洞上下的配筋见图四。

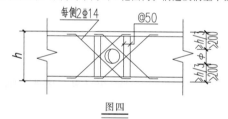

图四

（7）梁跨度大于或等于4m时，模板按跨度的0.2%起拱；悬臂梁按悬臂长度的0.4%起拱，起拱高度不小于20mm。

7. 钢筋混凝土柱

（1）柱子箍筋一般为复合箍，除拉结钢筋外均采用封闭形式，并做成135°弯钩，弯钩长度为10d。

（2）柱应按建筑施工图中填充墙的位置预留拉结筋。

（3）柱与现浇过梁、圈梁连接处，在柱内应预留插铁，插铁伸出柱外皮长度为1.2lₐ（lₐE），锚入柱内长度为lₐ（lₐE）。

（4）当柱边与梁边平齐时，梁纵筋放在柱纵筋内侧。

8. 填充墙

（1）填充墙的平面位置见建筑图，不得随意更改。

（2）当首层填充墙下无基础梁或结构楼板时，墙下应做基础，基础做法详见图五。

（3）砌体填充墙应沿墙体高度每隔500mm设2φ6拉筋（楼梯间墙体应每隔300mm设置拉筋），拉筋沿墙体全长贯通，拉筋与主体结构的拉接做法详见标准图集西南05G701（四），内墙转角处详见图集西南05G701（四）。墙板构造及与主体结构的拉接做法详见各墙板的相应构造图集。楼梯间、走廊墙体尚应采用φ4@300钢筋网砂浆面层。

（4）当墙长度大于5m时应在墙中部设构造柱，构造柱配筋见图六，构造柱上下

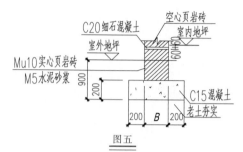

图五

端楼层处400mm高度范围内，箍筋间距加密到@100。构造柱与楼面相交处在施工楼面时应留出相应插筋，见图七。构造柱钢筋绑扎后，应先砌墙，后浇混凝土，在构造柱处，墙体中应留好拉结筋。浇筑构造柱混凝土前，应将柱根处杂物清理干净，并用压力水冲洗，然后才能浇筑混凝土。

（5）填充墙应在主体结构施工完毕后，由上而下逐层砌筑，或将填充墙砌筑至梁、板底附近，最后再按05G701（四）第34页6、7节点施工。

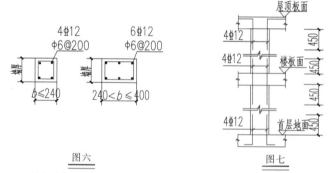

图六　　　　图七

（6）填充墙洞口过梁可根据建施图纸的洞口尺寸按下表设置钢筋混凝土过梁，当洞口紧贴柱或钢筋混凝土墙时，过梁改为现浇。施工主体结构时，应按相应的梁配筋，在柱（墙）内预留插筋，见下表（梁宽同墙厚）。

洞口宽度 B/mm	梁高及配筋			
	梁高/mm	上部配筋	下部配筋	箍筋
B≤1000	120	2φ8	2φ10	φ4@200
1000<B≤1500	120	2φ8	2φ12	φ4@d
1500<B≤2100	180	2φ10	2φ12	φ6@200
2100<B≤3000	240	2φ10	2φ14	φ6@200
3000<B≤3600	240	2φ10	3φ14	φ6@150

（7）当砌体填充墙高度大于4m及楼梯间墙体在休息平台标高处应设钢筋混凝土圈梁时应设钢筋混凝土圈梁。做法为：内墙门洞上设一道，兼作过梁，外窗顶及窗顶处各设一道。内墙圈梁宽度同墙厚，高度120mm。外墙圈梁宽度见建筑墙身剖面图，高度120mm。圈梁宽度b≤240mm时，配筋上下各2φ12，φ6@200箍；b>240mm时，配筋上下各2φ14，φ6@200箍。圈梁兼作过梁时，应在洞口上方按过梁要求确定截面并另加钢筋。

（8）填充墙砌至板、梁底附近后，应待砌体沉实后再用拉筋把下部砌体与上部板、梁拉结，构造柱柱顶采用干硬性混凝土捣实。

（9）外墙洞口大于2.4m时，应在窗台顶部设置窗台压顶及立柱，压顶详见图八，立柱间距不大于2m，做法详见图集西南05G701（四）38页。

（10）当通窗顶标高低于梁底标高时，应按图九设置过梁。

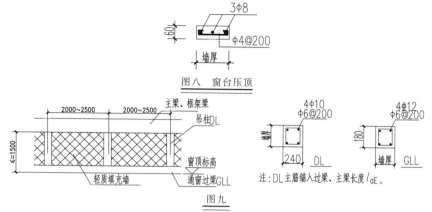

图八　窗台压顶

注：DL主筋锚入过梁，主梁长度lₐE

图九

9. 预埋件

所有钢筋混凝土构件均应按各工种的要求，如建筑吊顶、门窗、栏杆管道吊架等设置预埋件，各工种应配合土建施工，将需要的埋件留全。

十一、其他

1. 本工程图示尺寸以毫米（mm）为单位，标高以米（m）为单位。

2. 防雷接地做法详见电施图。

3. 凡悬挑构件，其底模应待混凝土强度达100%方可拆除。

4. 主体结构施工时应配合建施图预埋楼梯栏杆连结件，构造柱插筋以及窗台卧梁与钢筋混凝土柱的连结筋。

十二、本工程结构使用功能及用途详见建施图，在设计使用年限内未经技术鉴定或设计许可，不得改变结构的用途和使用环境。本图须经施工图审查合格后方可施工。

十三、本工程耐火等级为二级，构件耐火极限：框架柱2.5h，梁1.5h，现浇板1.0h，墙体3h。

十四、本图未述及部分执行国家现行相关施工及验收标准。

十五、本图设计结构所注标高均为建筑标高。施工应扣除建筑面层50mm（屋面层除外）。

十六、在施工中，当需要以强度等级较高的钢筋替代原设计中的纵向受力钢筋时，应按照钢筋受拉承载力设计值相等的原则换算，并应满足最小配筋率要求。

十七、土方开挖完成后应立即对基坑进行封闭，防止水浸和暴露，并应及时进行地下结构施工。基坑土方开挖应严格按设计要求进行，不得超挖。基坑周边超载，不得超过设计荷载限制条件。

选用图集目录

序号	图集名称	图集代号	备注
1	框架轻质填充墙构造图	西南05G701（四）	按7度构造选用
2	混凝土结构施工图平面整体表示方法制图规则和构造详图	16G101-1	
3	建筑物抗震构造详图	11G329-1	

工程项目	××××电缆生产基地		
子项名称	办公综合楼		
结构设计总说明（二）	设计号	14-04	
	图别	结施	
	图号	2 / 13	
	日期	××××.××	

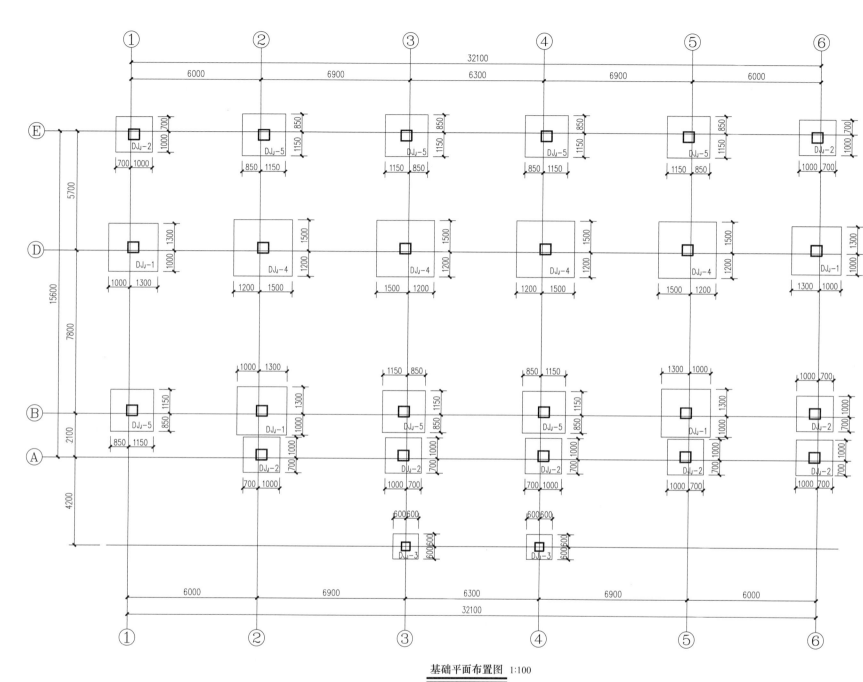

基础平面布置图 1:100

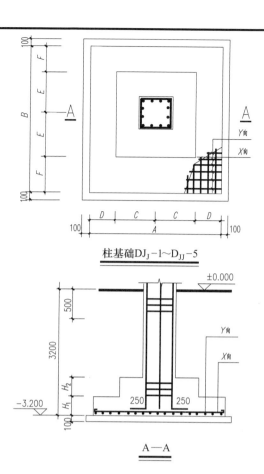

柱基础DJ₁-1~D₃₃-5

A—A

说明：
1. 本工程地勘报告由××市××勘察测绘有限公司提供，以松散卵石层作为基础持力层，地基承载力特征值 f_{ak}=200kPa，设计埋深为3.200m（±0.000高程：477.650m，基底高程：474.45m）。
2. 基坑土方开挖应严格按设计要求进行，不得超挖。基坑周边超载，不得超过设计荷载限制条件。
3. 材料强度等级：±0.000下砌体：MU15标准实心页岩砖，M5水泥砂浆。混凝土：基础垫层C15，独立柱基：C30。
4. 本图混凝土环境类别为二a类，主筋保护层厚：基础40mm，柱25mm。
5. 基础设计等级为丙级，基础安全等级为二级。局部超深部位采用C15素混凝土换填至设计标高。
6. 基础的框架柱钢筋详见柱配筋图；钢筋混凝土柱纵向受力钢筋在基础内的锚固长度不小于37d；基础宽度大于2.5m，基础钢筋长度可减短10%，交错布置。

柱基数据表

编号	A	B	C	D	E	F	H₁	H₂	X 向	Y 向
DJ₁-1	2300	2300	700	450	700	450	300	300	Φ12@150	Φ12@150
DJ₁-2	1700	1700	550	300	550	300	300	300	Φ12@150	Φ12@150
DJ₁-3	1200	1200	400	200	400	200	300	300	Φ12@150	Φ12@150
DJ₁-4	2700	2700	800	550	800	550	300	300	Φ12@130	Φ12@130
DJ₁-5	2000	2000	600	400	600	400	300	300	Φ12@150	Φ12@150

工程项目	××××电缆生产基地	
子项名称	办公综合楼	
基础平面布置图	设计号	14-04
	图 别	结 施
	图 号	3 / 13
	日 期	××××.××

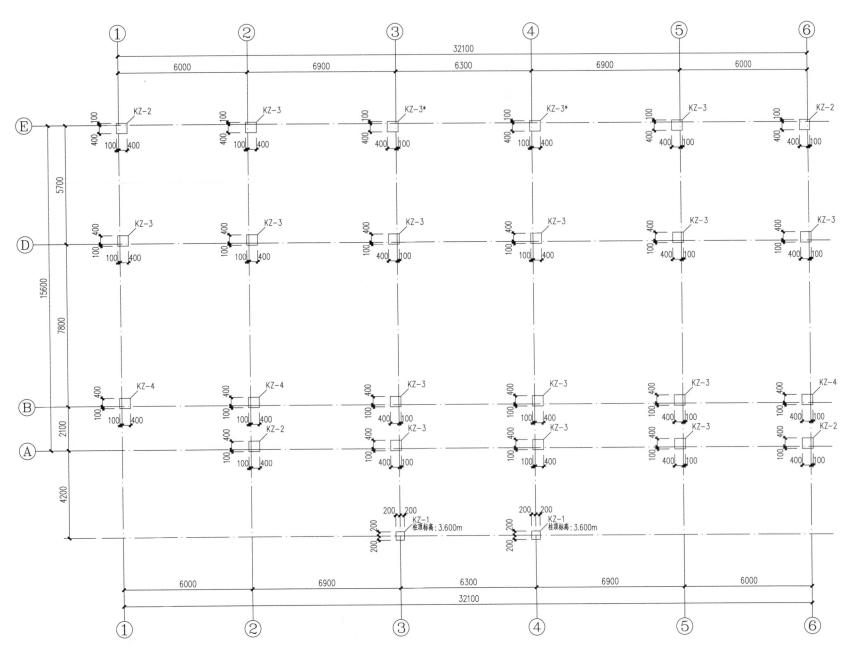

标高<基顶~4.200>柱平面图 1:100

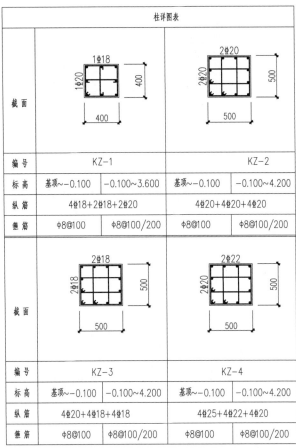

柱详图表	
截面	1⌀18截面400×400 / 2⌀20截面500×500
编 号	KZ-1	KZ-2
标 高	基顶~-0.100	-0.100~3.600	基顶~-0.100	-0.100~4.200
纵 筋	4⌀18+2⌀18+2⌀20		4⌀20+4⌀20+4⌀20	
箍 筋	Φ8@100	Φ8@100/200	Φ8@100	Φ8@100/200
截 面	2⌀18截面500×500 / 2⌀22截面500×500	
编 号	KZ-3	KZ-4
标 高	基顶~-0.100	-0.100~4.200	基顶~-0.100	-0.100~4.200
纵 筋	4⌀20+4⌀18+4⌀18		4⌀25+4⌀22+4⌀20	
箍 筋	Φ8@100	Φ8@100/200	Φ8@100	Φ8@100/200

柱截面表示方向为:

柱说明:
1.柱纵向钢筋连接构造,柱头纵向钢筋构造,柱箍筋加密区范围见图集
16G101-1,框架抗震等级为三级。
2.柱混凝土强度等级C30。
3.柱施工时应严格按照本建筑的《结构设计总说明》及16G101-1的具体要求施工。
4.各层柱独立编号,柱编号后带*者表示柱本层箍筋全高加密(间距100mm)。

工程项目	××××电缆生产基地		
子项名称	办公综合楼		
标高<基顶~4.200>柱平面图	设计号	14-04	
	图 别	结 施	
	图 号	4/13	
	日 期	××××.××	

18

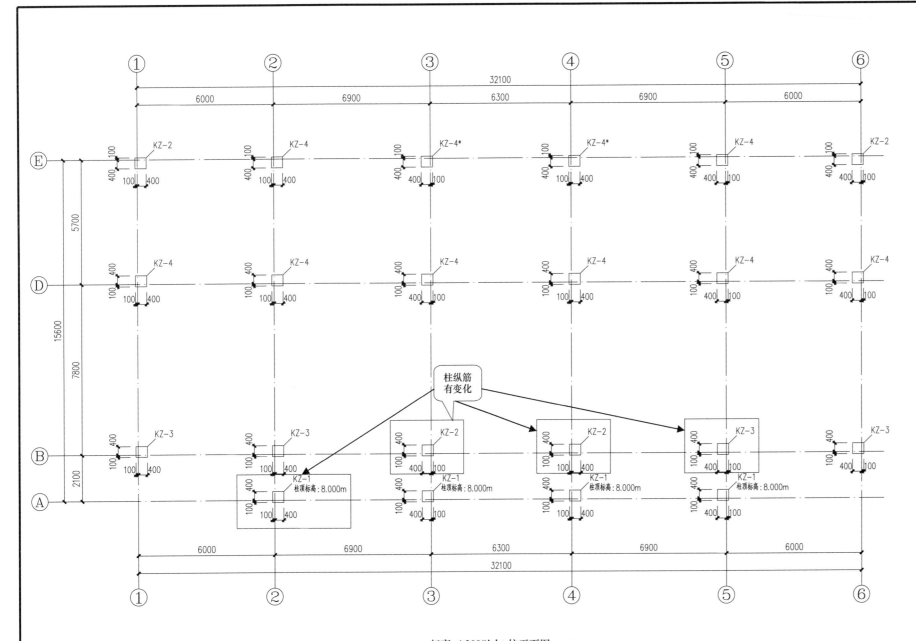

标高<4.200以上>柱平面图 1:100

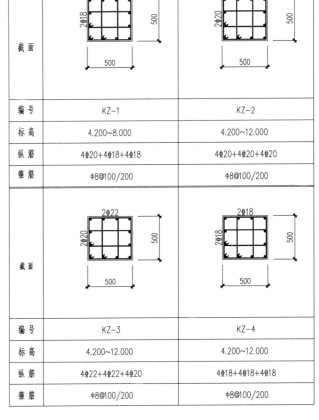

柱详图表		
编号	KZ-1	KZ-2
标高	4.200~8.000	4.200~12.000
纵筋	4Φ20+4Φ18+4Φ18	4Φ20+4Φ20+4Φ20
箍筋	Φ8@100/200	Φ8@100/200
编号	KZ-3	KZ-4
标高	4.200~12.000	4.200~12.000
纵筋	4Φ22+4Φ22+4Φ20	4Φ18+4Φ18+4Φ18
箍筋	Φ8@100/200	Φ8@100/200

柱截面表示方向为:

柱说明:
1.柱纵向钢筋连接构造,柱头纵向钢筋构造,柱箍筋加密区范围见图集
  16G101-1,框架抗震等级为三级。
2.柱混凝土强度等级C30。
3.柱施工时应严格按照本建筑的《结构设计总说明》及16G101-1的具体要求施工。
4.各层柱独立编号。

工程项目	××××电缆生产基地		
子项名称	办公综合楼		
标高<4.200以上>柱平面图	设计号	14-04	
	图别	结施	
	图号	5/13	
	日期	××××.××	

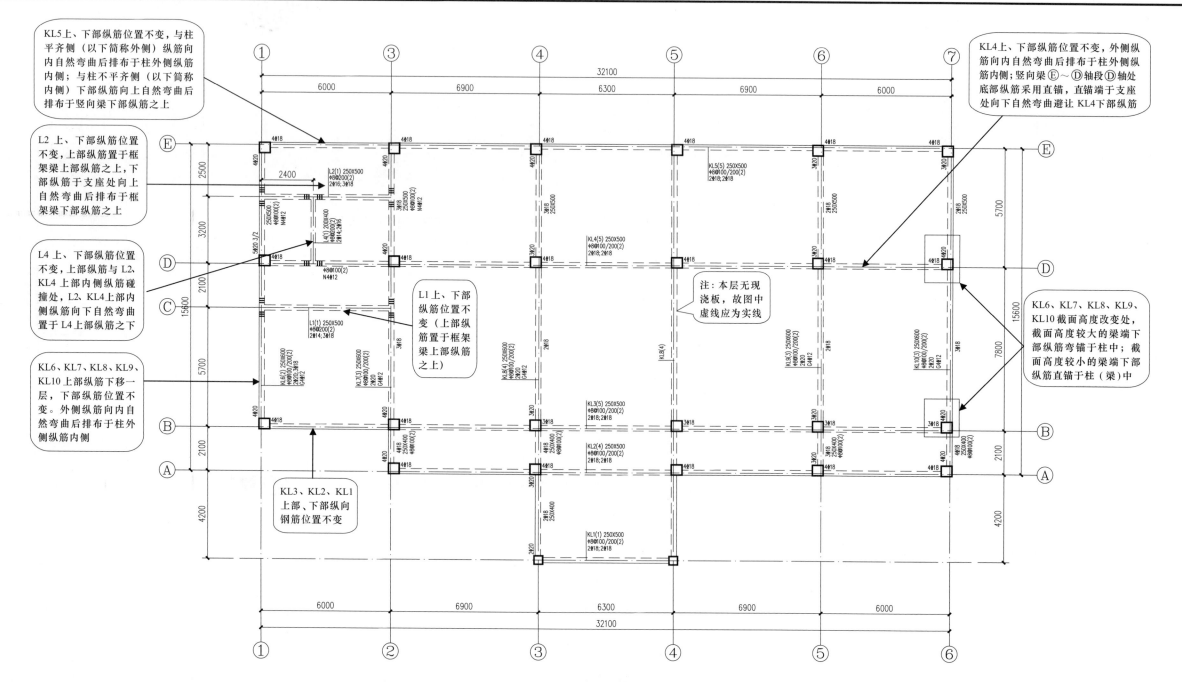

标高－0.100m结构层梁平法施工图 1:100

KL5上、下部纵筋位置不变，与柱平齐侧（以下简称外侧）纵筋向内自然弯曲后排布于柱外侧纵筋内侧；与柱不平齐侧（以下简称内侧）下部纵筋向上自然弯曲后排布于竖向梁下部纵筋之上

L2 上、下部纵筋位置不变，上部纵筋置于框架梁上部纵筋之上，下部纵筋于支座处向上自然弯曲后排布于框架梁下部纵筋之上

L4 上、下部纵筋位置不变，上部纵筋与 L2、KL4 上部内侧纵筋碰撞处，L2、KL4 上部内侧纵筋向下自然弯曲置于 L4 上部纵筋之下

KL6、KL7、KL8、KL9、KL10 上部纵筋下移一层，下部纵筋位置不变。外侧纵筋向内自然弯曲后排布于柱外侧纵筋内侧

KL3、KL2、KL1 上部、下部纵向钢筋位置不变

L1 上、下部纵筋位置不变（上部纵筋置于框架梁上部纵筋之上）

注：本层无现浇板，故图中虚线应为实线

KL4上、下部纵筋位置不变，外侧纵筋向内自然弯曲后排布于柱外侧纵筋内侧；竖向梁 E～D 轴段 D 轴处底部纵筋采用直锚，直锚端于支座处向下自然弯曲避让 KL4 下部纵筋

KL6、KL7、KL8、KL9、KL10 截面高度改变处，截面高度较大的梁端下部纵筋弯锚于柱中；截面高度较小的梁端下部纵筋直锚于柱（梁）中

梁说明：

1.梁定位除特别注明外均按轴线居中布置或与柱边平齐。

2.梁混凝土强度C30,保护层厚度见总说明,本图应与水、暖、电专业图纸配合施工。

3.本图应配合梁配筋图例及《混凝土结构施工平面整体表示方法制图规则和构造详图》(16G101－1)施工。

4.主次梁相交处在主梁附加箍筋根数除特注明外，均为在主梁两边各附加3根箍筋，箍筋直径及肢数同主梁箍筋，附加吊筋除注明外均采用2Φ12。

5.当框架梁一端支承于柱上，一端支承于梁上时，仅须在靠近柱一端将箍筋加密。

工程项目	××××电缆生产基地		
子项名称	办公综合楼		
标高－0.100m 结构层 梁平法施工图	设计号	14-04	
	图 别	结 施	
	图 号	6 / 13	
	日 期	××××.××	

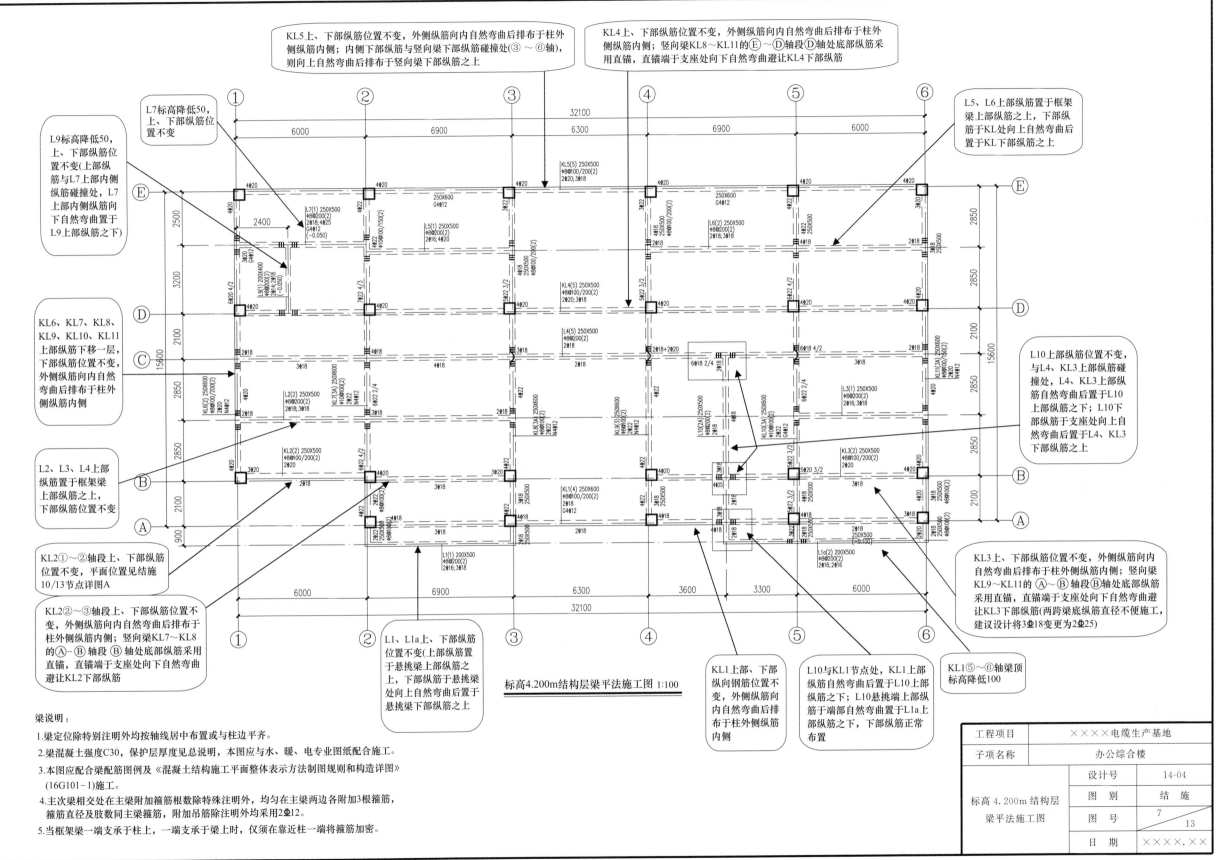

KL5上、下部纵筋位置不变,外侧纵筋向内自然弯曲后排布于柱外侧纵筋内侧;内侧下部纵筋与竖向梁下部纵筋碰撞处(③～⑥轴),则向上自然弯曲后排布于竖向梁下部纵筋之上

KL4上、下部纵筋位置不变,外侧纵筋向内自然弯曲后排布于柱外侧纵筋内侧;竖向梁KL8～KL11的⑥～⑩轴段⑩轴处底部纵筋采用直锚,直锚端于支座处向下自然弯曲避让KL4下部纵筋

L7标高降低50,上、下部纵筋位置不变

L9标高降低50,上、下部纵筋位置不变(上部纵筋与L7上部内侧纵筋碰撞处,L7上部内侧纵筋向下自然弯曲置于L9上部纵筋之下)

L5、L6上部纵筋置于框架梁上部纵筋之上,下部纵筋于KL处向上自然弯曲后置于KL下部纵筋之上

KL6、KL7、KL8、KL9、KL10、KL11上部纵筋下移一层,下部纵筋位置不变,外侧纵筋向内自然弯曲后排布于柱外侧纵筋内侧

L10上部纵筋位置不变,与L4、KL3上部纵筋碰撞处,L4、KL3上部纵筋自然弯曲后置于L10纵筋之下;L10下部纵筋于支座处向上自然弯曲后置于L4、KL3下部纵筋之上

L2、L3、L4上部纵筋置于框架梁上部纵筋之上,下部纵筋位置不变

KL2①～②轴段上、下部纵筋位置不变,平面位置见结施10/13节点详图A

KL2②～③轴段上、下部纵筋位置不变,外侧纵筋向内自然弯曲后排布于柱外侧纵筋内侧;竖向梁KL7～KL8的⑩-⑧轴段⑧轴处底部纵筋采用直锚,直锚端于支座处向下自然弯曲避让KL2下部纵筋

L1、L1a上、下部纵筋位置不变(上部纵筋置于悬挑梁上部纵筋之上,下部纵筋于悬挑梁处向上自然弯曲后置于悬挑梁下部纵筋之上

KL1上部、下部纵筋位置不变,外侧纵筋向内自然弯曲后排布于柱外侧纵筋内侧

L10与KL1节点处,KL1上部纵筋自然弯曲后置于L10上部纵筋之下;L10悬挑端上部纵筋于端部自然弯曲后置于L1a上部纵筋之下,下部纵筋正常布置

KL1⑤～⑥轴梁顶标高降低100

KL3上、下部纵筋位置不变,外侧纵筋向内自然弯曲后排布于柱外侧纵筋内侧;竖向梁KL9～KL11的⑥～⑧轴段⑧轴处底部纵筋采用直锚,直锚端于支座处向下自然弯曲避让KL3下部纵筋(两跨梁底纵筋直径不便施工,建议设计将3∆18变更为2∆25)

标高4.200m结构层梁平法施工图 1:100

梁说明:
1.梁定位除特别注明外均按轴线居中布置或与柱边平齐。
2.梁混凝土强度C30,保护层厚度见总说明,本图应与水、暖、电专业图纸配合施工。
3.本图应配合梁配筋图例及《混凝土结构施工平面整体表示方法制图规则和构造详图》(16G101-1)施工。
4.主次梁相交处在主梁附加箍筋根数除特殊注明外,均匀在主梁两边各附加3根箍筋,箍筋直径及肢数同主梁箍筋,附加吊筋除注明外均采用2∆12。
5.当框架梁一端支承于柱上,一端支承于梁上时,仅须在靠近柱一端将箍筋加密。

工程项目	××××电缆生产基地		
子项名称	办公综合楼		
标高 4.200m 结构层 梁平法施工图	设计号	14-04	
	图 别	结 施	
	图 号	7/13	
	日 期	××××.××	

21

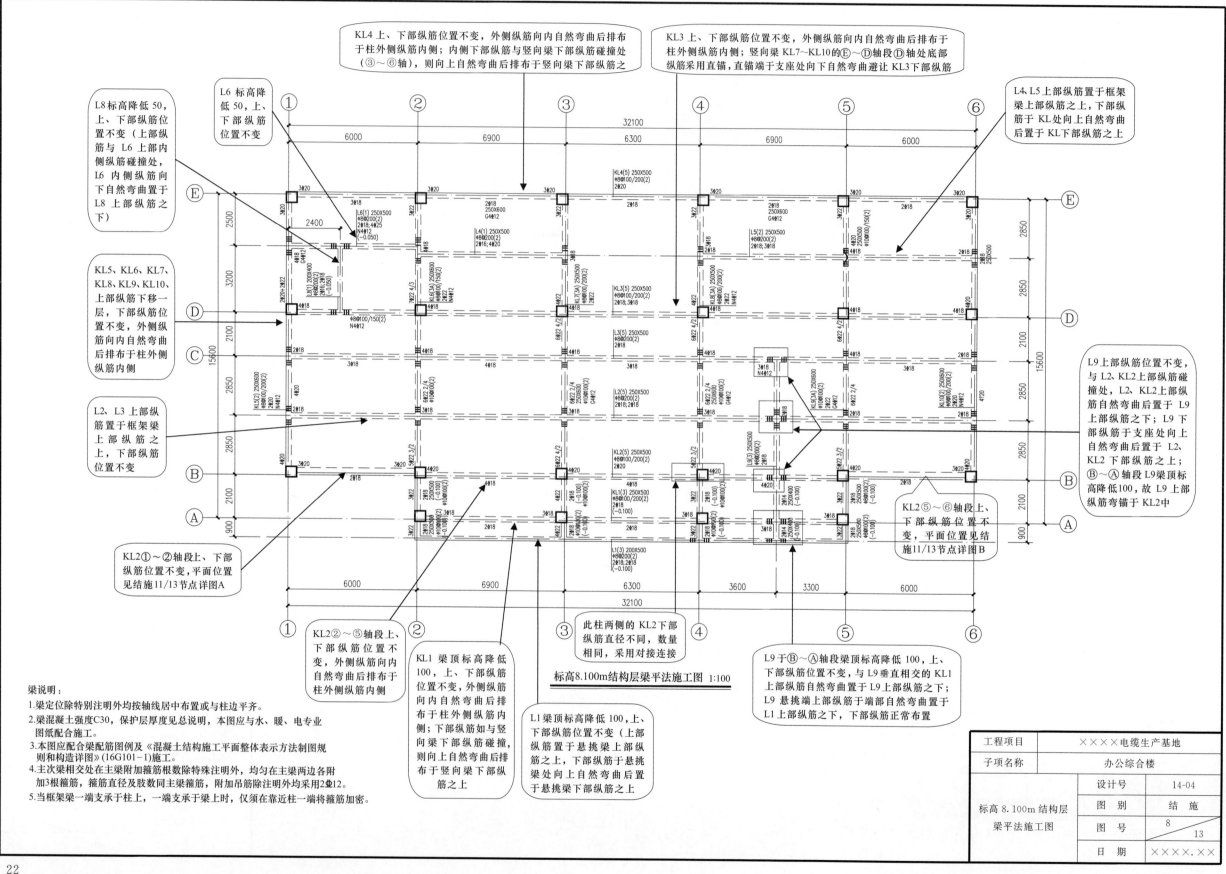

KL4 上、下部纵筋位置不变，外侧纵筋向内自然弯曲后排布于柱外侧纵筋内侧；内侧下部纵筋与竖向梁下部纵筋碰撞处（③～⑥轴），则向上自然弯曲后排布于竖向梁下部纵筋之间

KL3 上、下部纵筋位置不变，外侧纵筋向内自然弯曲后排布于柱外侧纵筋内侧；竖向梁 KL7～KL10 的Ｅ～Ｄ轴段Ｄ轴处底部纵筋采用直锚，直锚端于支座处向下自然弯曲避让 KL3 下部纵筋

L4、L5 上部纵筋置于框架梁上部纵筋之上，下部纵筋于 KL 处向上自然弯曲后置于 KL 下部纵筋之上

L8 标高降低 50，上、下部纵筋位置不变（上部纵筋与 L6 上部内侧纵筋碰撞处，L6 内侧纵筋向下自然弯曲置于 L8 上部纵筋之下）

L6 标高降低 50，上、下部纵筋位置不变

KL5、KL6、KL7、KL8、KL9、KL10、上部纵筋下移一层，下部纵筋位置不变，外侧纵筋向内自然弯曲后排布于柱外侧纵筋内侧

L2、L3 上部纵筋置于框架梁上部纵筋之上，下部纵筋位置不变

L9 上部纵筋位置不变，与 L2、KL2 上部纵筋碰撞处，L2、KL2 上部纵筋自然弯曲后置于 L9 上部纵筋之下；L9 下部纵筋于支座处向上自然弯曲后置于 L2、KL2 下部纵筋之上；Ｂ～Ａ轴段 L9 梁顶标高降低 100，故 L9 上部纵筋弯锚于 KL2 中

KL2⑤～⑥轴段上、下部纵筋位置不变，平面位置见结施11/13节点详图B

KL2①～②轴段上、下部纵筋位置不变，平面位置见结施11/13节点详图A

KL2②～⑤轴段上、下部纵筋位置不变，外侧纵筋向内自然弯曲后排布于柱外侧纵筋内侧

此柱两侧的 KL2 下部纵筋直径不同，数量相同，采用对接连接

KL1 梁顶标高降低 100，上、下部纵筋位置不变，外侧纵筋向内自然弯曲后排布于柱外侧纵筋内侧；下部纵筋如与竖向梁下部纵筋碰撞，则向上自然弯曲后排布于竖向梁下部纵筋之上

L1 梁顶标高降低 100，上、下部纵筋位置不变（上部纵筋置于悬挑梁上部纵筋之上，下部纵筋于悬挑梁处向上自然弯曲后置于悬挑梁下部纵筋之上）

L9 于Ｂ～Ａ轴段梁顶标高降低 100，上、下部纵筋位置不变，与 L9 垂直相交的 KL1 上部纵筋自然弯曲置于 L9 上部纵筋之下；L9 悬挑端上部纵筋于端部自然弯曲置于 L1 上部纵筋之下，下部纵筋正常布置

标高8.100m结构层梁平法施工图 1:100

梁说明：

1.梁定位除特别注明外均按轴线居中布置或与柱边平齐。

2.梁混凝土强度C30，保护层厚度见总说明，本图应与水、暖、电专业图纸配合施工。

3.本图应配合梁配筋图例及《混凝土结构施工平面整体表示方法制图规则和构造详图》(16G101-1)施工。

4.主次梁相交处在主梁附加箍筋根数除特殊注明外，均在主梁两边各附加3道箍筋，箍筋直径及肢数同主梁箍筋，附加吊筋除注明外均采用2⌀12。

5.当框架梁一端支承于柱上，一端支承于梁上时，仅须在靠近柱一端将箍筋加密。

工程项目	××××电缆生产基地		
子项名称	办公综合楼		
标高 8.100m 结构层梁平法施工图	设计号	14-04	
	图别	结施	
	图号	8	13
	日期	××××.××	

22

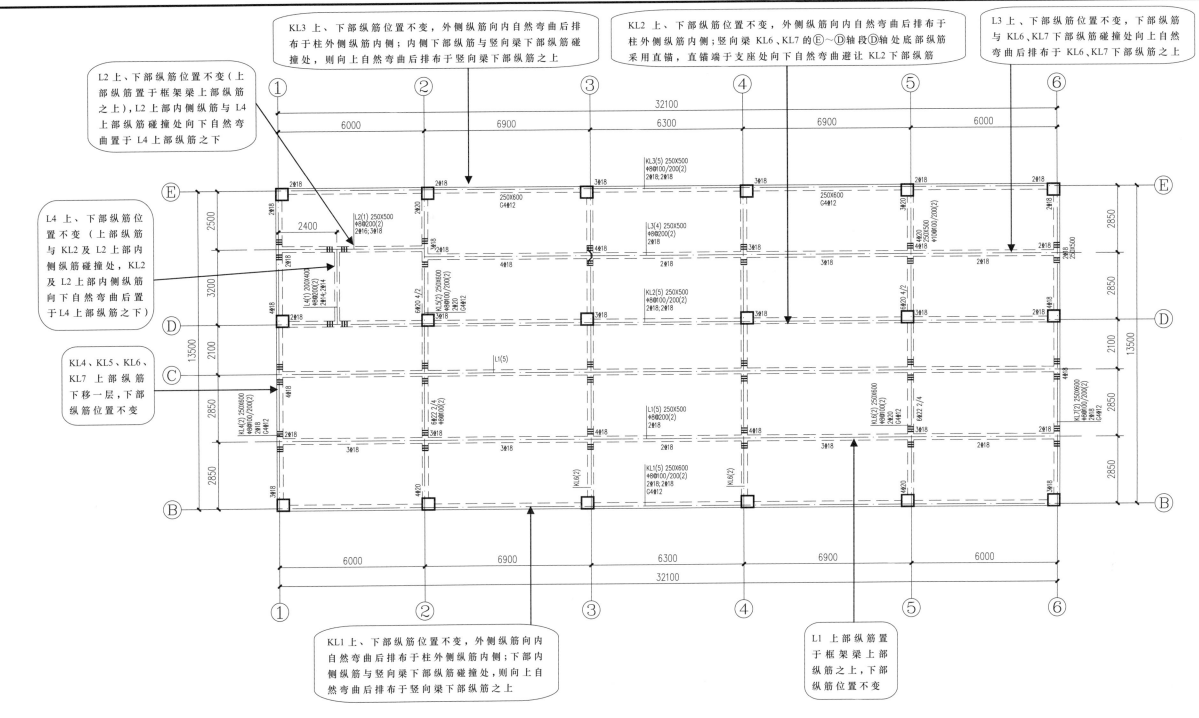

KL3 上、下部纵筋位置不变，外侧纵筋向内自然弯曲后排布于柱外侧纵筋内侧；内侧下部纵筋与竖向梁下部纵筋碰撞处，则向上自然弯曲后排布于竖向梁下部纵筋之上

KL2 上、下部纵筋位置不变，外侧纵筋向内自然弯曲后排布于柱外侧纵筋内侧；竖向梁 KL6、KL7 的 E～D 轴段于 D 轴处底部纵筋采用直锚，直锚端于支座处向下自然弯曲避让 KL2 下部纵筋

L3 上、下部纵筋位置不变，下部纵筋与 KL6、KL7 下部纵筋碰撞处向上自然弯曲后排布于 KL6、KL7 下部纵筋之上

L2 上、下部纵筋位置不变（上部纵筋置于框架梁上部纵筋之上），L2 上部内侧纵筋与 L4 上部纵筋碰撞处向下自然弯曲于 L4 上部纵筋之下

L4 上、下部纵筋位置不变（上部纵筋与 KL2 及 L2 上部内侧纵筋碰撞处，KL2 及 L2 上部内侧纵筋向下自然弯曲后置于 L4 上部纵筋之下）

KL4、KL5、KL6、KL7 上部纵筋下移一层，下部纵筋位置不变

KL1 上、下部纵筋位置不变，外侧纵筋向内自然弯曲后排布于柱外侧纵筋内侧；下部内侧纵筋与竖向梁下部纵筋碰撞处，则向上自然弯曲后排布于竖向梁下部纵筋之上

L1 上部纵筋置于框架梁上部纵筋之上，下部纵筋位置不变

标高12.000m结构层梁平法施工图 1:100

梁说明：
1. 梁定位除特别注明外均按轴线居中布置或与柱边平齐。
2. 梁混凝土强度C30，保护层厚度见总说明，本图应与水、暖、电专业图纸配合施工。
3. 本图应配合梁配筋图例及《混凝土结构施工平面整体表示方法制图规则和构造详图》(16G101-1)施工。
4. 主次梁相交处在主梁附加箍筋根数除特殊注明外，均为在主梁两边各附加3根箍筋，箍筋直径及肢数同主梁箍筋，附加吊筋除注明外均采用2Φ12。
5. 当框架梁一端支承于柱上，一端支承于梁上时，仅须在靠近柱一端将箍筋加密。

工程项目	××××电缆生产基地		
子项名称	办公综合楼		
标高 12.000m 结构层梁平法施工图	设计号	14-04	
	图别	结 施	
	图号	9 / 13	
	日期	××××.××	

23

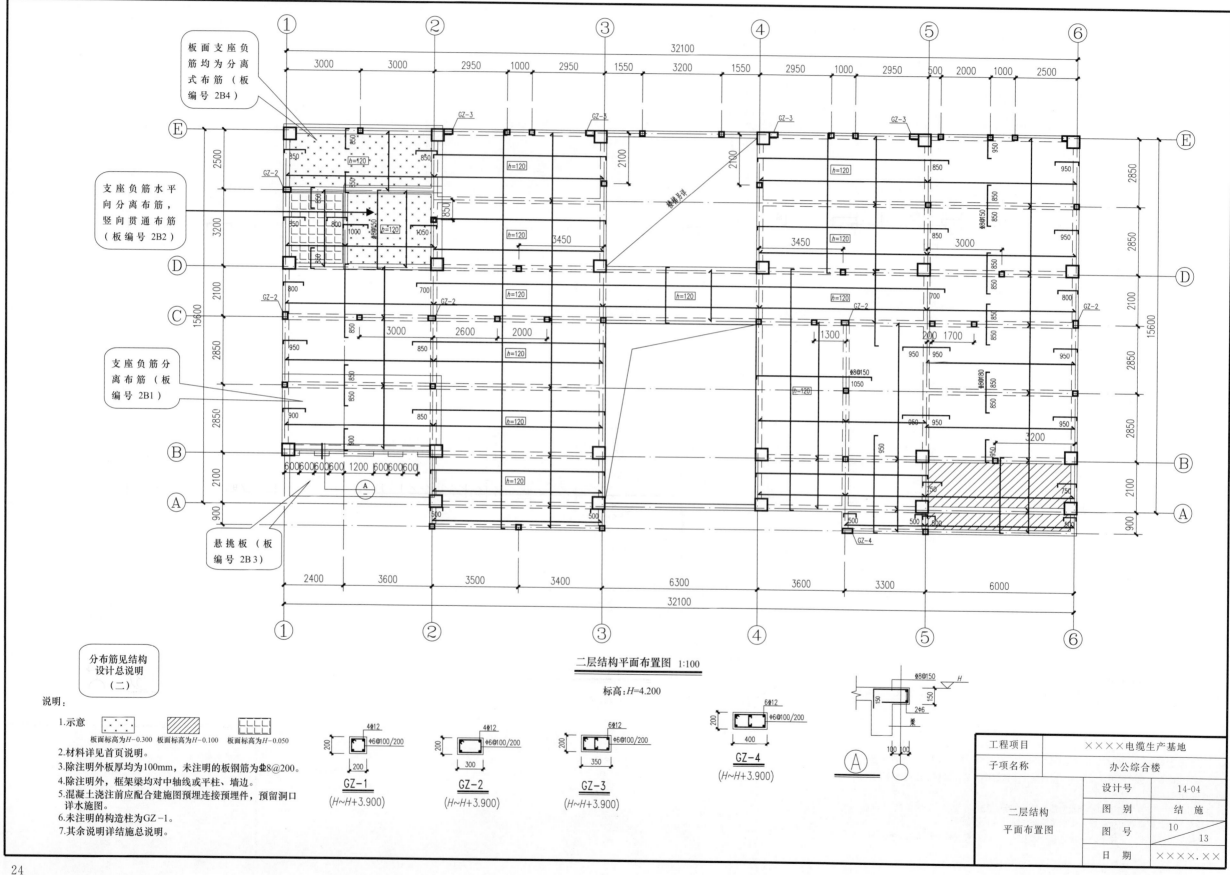

板面支座负筋均为分离式布筋（板编号2B4）

支座负筋水平向分离布筋，竖向贯通布筋（板编号2B2）

支座负筋分离布筋（板编号2B1）

悬挑板（板编号2B3）

二层结构平面布置图 1:100

标高:H=4.200

分布筋见结构
设计总说明
（二）

说明：

1.示意

板面标高为H−0.300　　板面标高为H−0.100　　板面标高为H−0.050

2.材料详见首页说明。
3.除注明外板厚均为100mm，未注明的板钢筋为Φ8@200。
4.除注明外，框架梁均对中轴线或平柱、墙边。
5.混凝土浇注前应配合建施图预埋连接预埋件，预留洞口详水施图。
6.未注明的构造柱为GZ−1。
7.其余说明详结施总说明。

GZ−1
(H~H+3.900)

GZ−2
(H~H+3.900)

GZ−3
(H~H+3.900)

GZ−4
(H~H+3.900)

工程项目	××××电缆生产基地	
子项名称	办公综合楼	
二层结构平面布置图	设计号	14-04
	图 别	结 施
	图 号	10／13
	日 期	××××.××

24

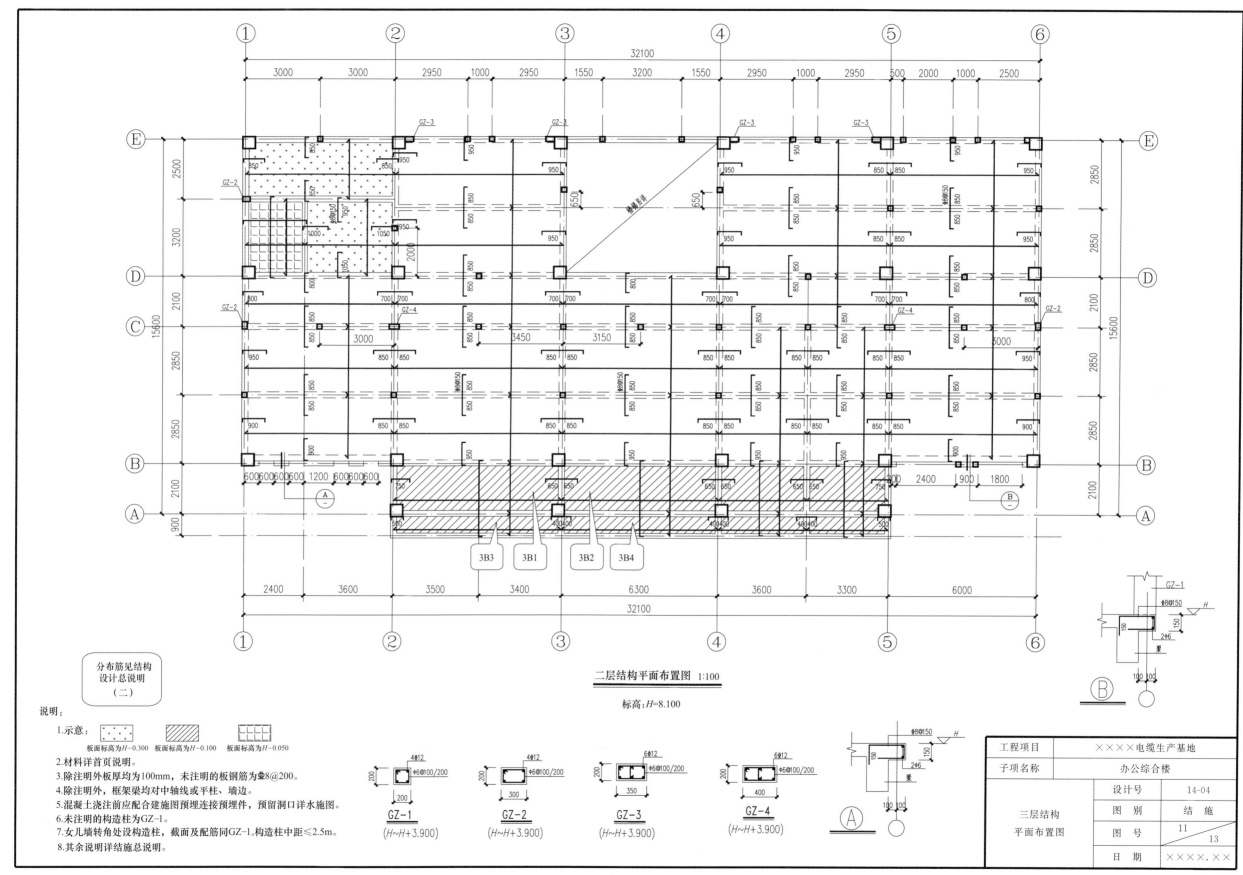

二层结构平面布置图 1:100

标高:*H*=8.100

说明：

1.示意： 板面标高为*H*-0.300 板面标高为*H*-0.100 板面标高为*H*-0.050

2.材料详首页说明。

3.除注明外板厚均为100mm,未注明的板钢筋为Φ8@200。

4.除注明外,框架梁均对中轴线或平柱、墙边。

5.混凝土浇注前应配合建施图预埋连接预埋件,预留洞口详水施图。

6.未注明的构造柱为GZ-1。

7.女儿墙转角处设构造柱,截面及配筋同GZ-1,构造柱中距≤2.5m。

8.其余说明详结施总说明。

GZ-1
(*H*~*H*+3.900)

GZ-2
(*H*~*H*+3.900)

GZ-3
(*H*~*H*+3.900)

GZ-4
(*H*~*H*+3.900)

工程项目	××××电缆生产基地		
子项名称	办公综合楼		
	设计号	14-04	
三层结构 平面布置图	图 别	结 施	
	图 号	11 / 13	
	日 期	××××.××	

25

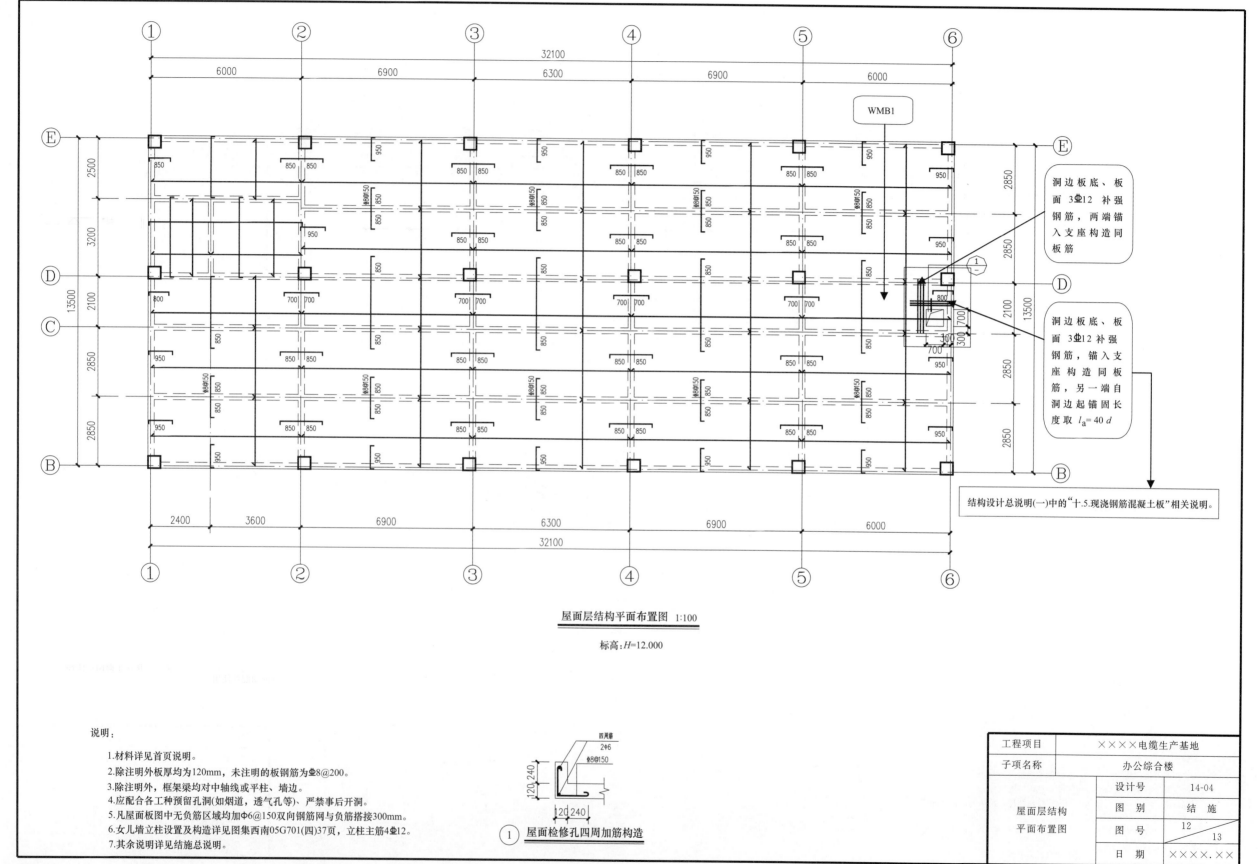

屋面层结构平面布置图 1:100

标高:H=12.000

洞边板底、板面 3⌀12 补强钢筋,两端锚入支座构造同板筋

洞边板底、板面 3⌀12 补强钢筋,锚入支座构造同板筋,另一端自洞边起锚固长度取 $l_a = 40d$

结构设计总说明(一)中的"十.5.现浇钢筋混凝土板"相关说明。

WMB1

说明:

1.材料详见首页说明。

2.除注明外板厚均为120mm,未注明的板钢筋为⌀8@200。

3.除注明外,框架梁均对中轴线或平柱、墙边。

4.应配合各工种预留孔洞(如烟道,透气孔等)、严禁事后开洞。

5.凡屋面板图中无负筋区域均加Φ6@150双向钢筋网与负筋搭接300mm。

6.女儿墙立柱设置及构造详见图集西南05G701(四)37页,立柱主筋4⌀12。

7.其余说明详见结施总说明。

① 屋面检修孔四周加筋构造

四周筋 2⌀6 ⌀8@150

120 240

120 240

工程项目	××××电缆生产基地		
子项名称	办公综合楼		
屋面层结构平面布置图	设计号	14-04	
	图 别	结 施	
	图 号	12/13	
	日 期	××××.××	

26

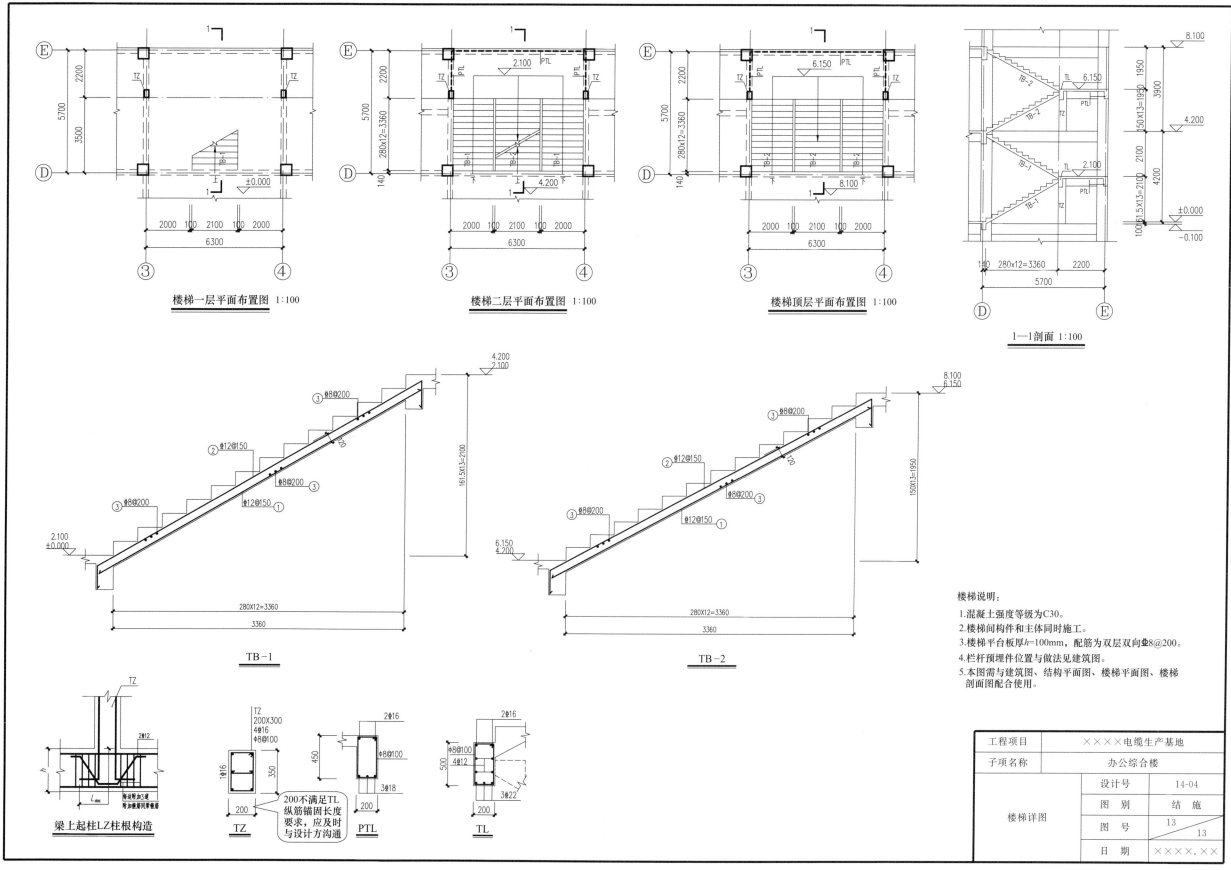

楼梯一层平面布置图 1:100

楼梯二层平面布置图 1:100

楼梯顶层平面布置图 1:100

1—1剖面 1:100

TB-1

TB-2

梁上起柱LZ柱根构造

TZ

PTL

TL

楼梯说明:
1.混凝土强度等级为C30。
2.楼梯间构件和主体同时施工。
3.楼梯平台板厚h=100mm,配筋为双层双向±8@200。
4.栏杆预埋件位置与做法见建筑图。
5.本图需与建筑图、结构平面图、楼梯平面图、楼梯剖面图配合使用。

工程项目	××××电缆生产基地	
子项名称	办公综合楼	
楼梯详图	设计号	14-04
	图 别	结 施
	图 号	13/13
	日 期	××××.××

27

附录二　××××经济适用住房结构施工图

本图集仅附录了与教材相关的结施-1、结施-2、结施-3、结施-4、结施-5、结施-6、结施-7、结施-16施工图纸，完整的结构施工图可扫描下方二维码获取。

			专业负责		日　期	××××.××

建设单位	××××房地产开发公司	项目编号		项目负责		审　核	
项目名称	××××经济适用住房	设计阶段	施工图	校　对		批　准	

序号	图号	图纸名称	张数		图纸规格	备　注
			本设计	其它设计		
1	结施-1	结构设计总说明			A2+	
2	结施-2	基础设计说明　基础平面布置图			A2	
3	结施-3	柱平面布置图			A2	
4	结施-4	−3.300～±0.000墙柱平面布置图			A2	
5	结施-5	−3.300～±0.000剪力墙墙柱表			A2	
6	结施-6	±0.000～7.500墙柱平面布置图			A2	
7	结施-7	±0.000～7.500剪力墙墙柱表			A2	
8	结施-8	7.500～13.500墙柱平面布置图			A2	
9	结施-9	7.500～13.500剪力墙墙柱表			A2	
10	结施-10	13.500～43.500墙柱平面布置图			A2	
11	结施-11	13.500～45.500剪力墙墙柱表			A2	
12	结施-12	43.500～49.500墙柱平面布置图			A2	
13	结施-13	43.500～49.500剪力墙墙柱表			A2	
14	结施-14	49.500～52.500墙柱平面布置图			A2	
15	结施-15	49.500～52.500剪力墙墙柱表			A2	
16	结施-16	56.700结构图			A2	
17	结施-17	±0.000梁平法施工图			A2	
18	结施-18	4.500梁平法施工图			A2	
19	结施-19	7.500梁平法施工图			A2	
20	结施-20	10.500梁平法施工图			A2	
21	结施-21	13.500～40.500梁平法施工图			A2	
22	结施-22	43.500～49.500梁平法施工图			A2	
23	结施-23	52.500梁平法施工图			A2	
24	结施-24	±0.000现浇板配筋图			A2	
25	结施-25	4.500现浇板配筋图			A2	
26	结施-26	7.500～43.500现浇板配筋图			A2	
27	结施-27	46.500、49.500现浇板配筋图			A2	
28	结施-28	52.500现浇板配筋图			A2	
29	结施-29	楼梯结构详图			A2	

结构设计总说明

1 工程概况

本工程位于×××市，为××××经济适用住房。地下1层，地上17层；地上部分结构单元房屋高度51.45m，长25.6m，宽13.3m，高宽比3.87，长宽比1.92（层高见标高表）。

2 设计依据及条件

2.1 设计文件及规范

（1）主要结构设计规范

《建筑结构可靠度设计统一标准》（GB 50068—2001）；《建筑工程抗震设防分类标准》（GB 50223—2008）；《建筑结构荷载规范》（GB 50009—2012）；《混凝土结构设计规范》（GB 50010—2010）；《建筑抗震设计规范》（2016年版）（GB 50011—2010）；《高层建筑混凝土结构技术规程》（JGJ 3—2010）；《建筑地基基础设计规范》（GB 50007—2011）；《高层建筑箱形与筏形基础技术规范》（JGJ 6—2011）；《建筑桩基技术规范》（JGJ 94—2008）；《混凝土结构耐久性设计规范》（GB/T 50476—2008）；《砌体结构设计规范》（GB 50003—2011）；《建筑变形测量规程》（JGJ 8—2016）；《工业建筑防腐蚀设计规范》（GB 50046—2008）；《地下工程防水技术规范》（GB 50108—2008）。

（2）《岩土工程勘查报告》——×××市建筑勘察设计公司2011年7月提交。

（3）《建筑工程设计文件编制深度规定》（建造2008年版本）。

（4）结构计算采用中国建筑科学研究院编制的"多、高层建筑结构空间有限元分析与设计软件SATWE"（版本号2010版）。

2.2 地质概况详见基础设计说明（结施-02）

2.3 根据《建筑抗震设计规范》（2016年版）（GB 50011—2010），×××市抗震设防烈度为8度，设计基本地震加速度值为0.2g，设计地震分组为第二组，多遇水平地震影响系数最大值0.16，罕遇水平地震影响系数最大值0.90；建筑场地类别为Ⅱ类；特征周期0.40s；建筑结构阻尼比0.05。

2.4 《建筑工程抗震设防分类标准》（GB 50223—2008）及×××省建设厅有关规定，本工程抗震设防类别为标准设防类（丙类）。地震作用计算按抗震设防烈度8度（0.20g）采用，抗震措施按抗震设防烈度8度采用。

2.5 建筑结构安全等级二级，结构设计使用年限50年；耐火等级地下室一级、地上部分二级，地下室防水等级一级。

2.6 主要设计荷载标准值

（1）建筑材料自重：混凝土25kN/m³；砂浆20kN/m³；空心砖小于8.5kN/m³。

（2）楼面活荷载：商铺3.5kN/m²；客厅、餐厅、卧室2.0kN/m²；阳台2.0kN/m²；厨房2.0kN/m²；住宅卫生间、消防疏散楼梯、电梯厅3.5kN/m²；设备间、电梯机房7.0kN/m²；水箱间2.0kN/m²；不上人屋面0.5kN/m²。

（3）基本风压为：0.3kN/m²，基本雪压值为：0.15kN/m²（50年一遇），地面粗糙度为：B类，体型系数1.3。

2.7 混凝土结构的环境类别及环境作用等级

根据《混凝土结构设计规范》（GB 50010—2010），地下部分的外墙、桩、筏为五类环境；屋面女儿墙等外露构件为二b类环境；消防水池、集水坑为二a类环境；其余结构件一类环境。混凝土耐久性要求见表1。

3 结构选型

3.1 本工程采用现浇框架-剪力墙结构，框架抗震等级二级，剪力墙抗震等级一级。

3.2 基础形式详见结施-2。

4 材料

4.1 混凝土

（1）基础见结施-2，基础设计说明；

（2）标高12.000及以下墙、柱混凝土强度等级为C35，梁板为C30；12.000以上墙、柱混凝土强度等级为C30，梁板为C25；楼梯间各层板，女儿墙等外露构件C30；其余现浇构件C20。

（2）钢筋：HPB300级钢（用Φ表示），HRB400级钢（用Φ表示）。

4.3 埋件用钢板：Q235钢。

4.4 焊接接头：对接焊和搭接焊的材料及构造应符合《钢筋焊接及验收规范》（JGJ 18—2012）的有关要求。

4.5 机械连接接头：均为等强度直螺纹接头（Ⅰ级），应符合《钢筋机械连接技术规程》（JGJ 107—2016）的规定。

4.6 填充墙：烧结粘土空心砖（±0.000以下孔内填砂浆），M7.5水泥砂浆砌筑，砌体施工质量控制等级为B级。材料自重不得大于"2.6条"的要求。

4.7 所有外加剂的有关要求应遵守《混凝土外加剂应用技术规范》（GB 50119—2013）的规定。

5 施工注意事项

5.1 制图方法

（1）《建筑结构制图标准》（GB/T 50105—2010）。

（2）《混凝土结构施工图平面整体表示方法制图规则和构造详图》16G101-1、16G101-2、16G101-3。

5.2 柱、梁、墙的构造详图根据3.1条所述抗震等级选用《16G101-1》图集的相应页次。该图集接头选用要求：

柱、剪力墙暗柱内直径≥22mm的纵筋采用机械连接，Ⅰ级接头，直径≤20mm者均采用电渣压力焊，同一连接区段内钢筋的接头面积率不应大于50%。梁跨度大于8m时梁内纵筋采用机械连接，Ⅰ级接头；其余梁内纵筋采用等强对焊；对上连接，对受拉钢筋同一连接区段内钢筋的接头面积率不应大于50%。墙内钢筋直径大于或等于16mm者采用搭接焊，小于等于14mm者均采用搭接，构造做法见该图集70页。

（2）第79和80页框架梁及86页非框架梁上部贯通筋在跨中1/3区间内设置接头。

（3）第85~86页主次梁相交处附加箍筋直径及肢数同主梁中箍筋，根数为每侧3根。另外边支座处的次梁端部应设置密箍筋（图1）；楼面梁端部与墙或柱连接时箍筋应加密，详见图1。

（4）框架柱及剪力墙端柱（DZ）纵筋在楼面处变化时，如直径下大上小，则下层大直径钢筋伸入上层接头；如钢筋根数下少上多，则除下层钢筋尽量伸入上层接头外，不足部分另外插筋，具体详见57页。除端柱外其余约束边缘构件纵向钢筋连接构造见该图集70页。KZ边柱、角柱柱顶构造选用59页详图A，中柱柱顶构造选用60页详图B。墙上柱（QZ）、梁上柱（LZ）选用61页相应构造。

（5）梁的悬挑部分箍筋间距沿挑梁全长均加密为100mm；钢筋构造见本图，应保证悬挑构件上部钢筋位置正确，需待混凝土达到设计强度的100%后方可拆模，且严禁单独作为模板支撑；梁跨大于8m的梁需待强度达100%方可拆模。

（6）普通热轧钢筋锚固和搭接长度见53页选用。

（7）钢筋保护层厚度见54页，地下室外墙和基础见基础设计说明。

（8）当梁的上部或下部钢筋为2层时，各层钢筋之间的净距为25和纵筋直径d的较大值。

5.3 楼层现浇板构造

（1）板上部钢筋锚入边支座l_a，下部筋伸至梁中心线且伸入梁内不小于5d（HPB300级钢）和10d（HRB400级钢），见图6。

（2）楼板钢筋除特别注明外，其余均采用搭接接头，接头位置：上部钢筋在跨中1/3区间，下部在支座处。

（3）对板中双层双向钢筋网片，除特别注明外，其余短跨在外侧，长跨在内侧。

（4）板中上部钢筋下所注尺寸为钢筋从梁（墙）边算起的水平长度，在柱角处从柱边算起。

（5）板中的分布钢筋未画出，除图中注明外其余为φ8@250（≤110mm厚板）和φ8@200（≥120mm厚板）。

（6）施工中应采取措施保证楼板底面拆模后平整，无需再做板底粉刷砂浆。

5.4 设备留洞及埋件事项

（1）对板内大于300mm，剪力墙上小于250mm的洞，钢筋均从洞边绕过，不得截断，洞宽超过此值时，洞口设置加筋另详留洞图，剪力墙边缘构件范围内不得留洞；卫生间通风道留洞详建施图，洞每边加筋2φ12并伸入支座l_a。

（2）对板内小于200mm，剪力墙上小于150mm的部分洞未在图中表示，施工时应与相关专业图纸配合预留。

（3）对未留洞的设备井楼板，可不先浇混凝土，钢筋预留，待管道安装完成后再用微膨胀混凝土浇注。

（4）现浇楼板内埋设的机电管线的外径不得大于楼板厚度的1/3，且在同一位置处不得多于2根的管线交错重叠布置。

（5）剪力墙和梁上所留圆洞均为预理钢套管，地下部分防水套管做法详见设备图。

（6）预埋件、预留孔应对照设备施工图，由土建施工人员和设备安装人员共同核对施工。

（7）当梁上留洞直径小于70及梁高的1/10时，洞边可不设置加强筋，当大于此值时，应按图2设置洞边加筋，双洞净距不应小于200，且留洞直径不应大于100mm；未经设计方认可，不得擅自在梁上留洞。

5.5 砌体填充墙构造

（1）框架柱、构造柱、剪力墙与砌体相接处沿墙高设置拉筋，做法见《砌体填充墙结构构造》12G614-1第9、11~13页详图。

（2）墙高超过4m时，墙体半高处（或门洞上皮）应设置与柱连接且沿墙体贯通的钢筋混凝土水平圈梁，圈梁纵筋4φ12。

（3）墙顶和梁底或板底施工要求见《12G614-1》第16页详图4。墙长超过5m且无垂直方向填充墙支撑时，墙顶与梁板应有拉接，做法见《12G614-1》第16页图5。

（4）砌体填充墙洞口过梁选用《02G05》图集，荷载等级Ⅱ级。

（5）剪力墙的结构洞口用加气混凝土砌块（材料需满足2.6条要求）填充，剪力墙下洞口高度大于建施图门洞高度时，在门洞顶面另设现浇过梁，截面及配筋见5.5.4条。

（6）墙体构造柱与梁连接做法见《12G614-1》第14页详图。

（7）当填充墙厚度大于梁宽时，构造详见本图3。

5.6 其他事项

（1）本工程梁采用平法制图方法，施工前应仔细阅读《16G101-1》图集，设计中未明确有关构造详该图集。

（2）本工程标高单位为"米（m）"，其余尺寸单位均为"毫米（mm）"，±0.000相当于绝对高程1717.5m。

（3）本工程应进行沉降观测，施工±0.000时应在建筑物周边设沉降观测点，平面位置见"±0.000结构平面图"，做法及要求见《建筑变形测量规程》（JGJ 8—2016），观测点应做封闭盒保护；变形测量级别为二级。

（4）钢筋连接施工前应做接头检验，检验合格后方可全面施工。

（5）防雷接地做法详见电施图，不可遗漏。

（6）基础施工过程中应采取有效措施，以防止大体积混凝土裂缝。

（7）本工程电梯设计时采用参考样本，施工前应明确电梯型号并与设计图纸进行核对，如有出入应及时联系设计单位，做好埋件的预理及井道的核对工作，未经电梯厂家确认不得施工电梯井道部分。

（8）所有填充墙外露转角处，如无框架柱则设构造柱。

（9）屋顶女儿墙每隔12m设20mm宽伸缩缝一道，内填沥青麻丝。

6 结施采用标准图

（1）《混凝土结构施工图平面整体表示方法制图规则和构造详图》16G101-1、-2、-3；

（2）《砌体填充墙结构构造》12G614-1。

7 未经技术鉴定或设计许可，不得改变结构的用途和使用环境。

8 基础设计说明详见结施-02。

9 本套图纸须通过施工图审查后方可用于施工。

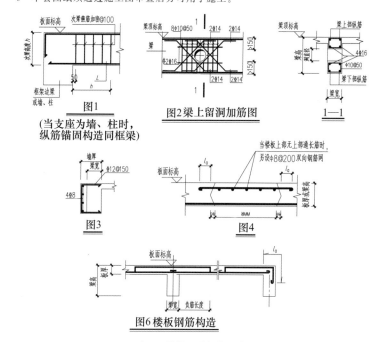

图1   图2 梁上留洞加筋图   1—1
（当支座为墙、柱时，纵筋锚固构造同框梁）
图3   图4
图6 楼板钢筋构造

表1 混凝土耐久性要求

环境类别		最大水胶比	最小水泥用量/（kg/m³）	最大氯离子含量/%	最大碱含量/（kg/m³）
一		0.65	225	1.0	不限制
二	a	0.60	250	0.3	3.0
	b	0.55	275	0.2	3.0

建设单位	××××房地产开发公司		
工程名称	××××经济适用住房		
		设计号	××-××
结构设计总说明		图 号	结施-1
		日 期	××××.××

基础设计说明

一、地质概况

1 层人工填土 Q4ml：表面有约 15cm 的混凝土地面，以下主要由人工回填粉质黏土为主，杂色，含碎石、卵石，偶见少量建筑垃圾及生活垃圾，结构松散，该层土分布于整个拟建场地最上部，层厚为 0.60～2.10m；平均厚度为 1.35m。

2 层卵石 Q4al+pl：冲洪积成因，棕褐色，稍湿至饱和，中密，颗粒磨圆度较好，大多呈亚圆形，局部含土量较大，包含卵石、块石及漂石，夹杂少量角砾，级配一般，颗粒排列杂乱，竖向均匀较差，局部有夹薄层粉质黏土透镜体，厚约 0.20m 左右，大于 2mm 骨架颗粒质量约占总质量的 55%～70% 左右，呈交错排列，大部分接触，颗粒空隙间由粗砂混粉质黏土及岩屑充填，充填程度稍密。该层遍布整个场地杂填土层之下，埋深约 3.40～4.30m，本次勘探最大揭示厚度 13.30m（未揭穿）。

2-1 层粉质黏土：以透镜体分布在 2 层卵石 zk1、zk3、zk4 钻孔范围内，棕红色，湿、可塑状，局部含砾砂及角砾、粉砂，厚度约 0.50～0.80m。勘察期间地下水位埋深 1.80～2.30m，地下水年变幅度约 0.50m，卵石层为主要含水层，该场地地下水和土对混凝土结构无腐蚀性，对混凝土结构中的钢筋具微腐蚀性。

二、本建筑采用钢筋混凝土筏板基础。持力层取 2 层卵石层，承载力特征值取 280kPa，筏板厚度为 1500mm，筏板底做 100mm 厚 C15 素混凝土垫层，垫层底标高为 −4.900m。

三、材料

1. 混凝土强度为 C35，采用普通硅酸盐水泥，水灰比不得大于 0.55，最小水泥用量为 275kg/m³；保护层厚度为 50mm。

2. 所用钢材 HRB400 用 Φ 表示，HPB300 用 ϕ 表示。

四、钢筋接头

筏板钢筋由全跨通长筋与局部附加筋组成，全跨通长筋在筏板平面范围内双层双向通长设置。通长钢筋采用闪光对焊接头，同一截面（接头中心距 35d 且不小于 500mm）内接头的钢筋数量不超过钢筋总数的 50%。局部附加筋仅在虚线所示范围内设置。

五、基坑开挖及回填

1. 本工程因基坑开挖深度较深，开挖时基坑按实际情况进行放坡，当不具备放坡条件时应采取可靠支护措施，确保坑壁稳定施工和安全。基坑支护与施工应委托具有相应资质的单位承担。

2. 基坑回填土应分层夯实，上一半压实系数不小于 0.95，下一半压实系数不小于 0.93。

六、基坑开挖至设计底标高应做静载，以复核地基承载力。

七、其它有关要求

1. 有关防雷接地要求详见电施图。

2. 底板马蹬筋为 ϕ20@1200。

3. 基坑开挖至设计底标高应组织有关人员验槽、钎探，以复核持力层及持力层下有无夹层。

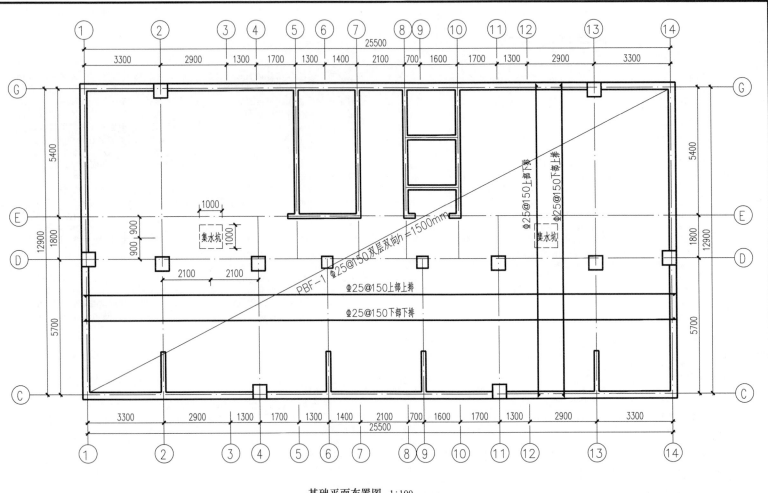

基础平面布置图 1:100

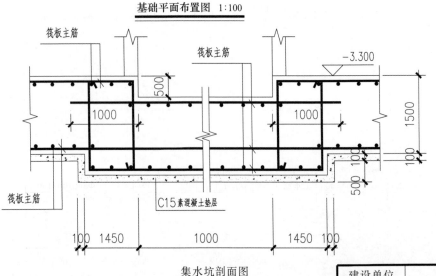

集水坑剖面图

建设单位	××××房地产开发公司		
工程名称	××××经济适用住房		
基础设计说明 基础平面布置图	设计号	××-××	
	图 号	结施-2	
	日 期	××××.××	

柱号	标高	$b×h(b_i×h_i)$（圆柱直径D）	b_1	b_2	h_1	h_2	全部纵筋	角筋	b边一侧中部筋	h边一侧中部筋	箍筋类型号	箍筋
KZ-1	−3.300~±0.000	600×600	300	300	500	100	12Φ25				1.(4×4)	Φ10@100
	±0.000~10.500	600×600	300	300	500	100	12Φ25				1.(4×4)	Φ10@100/150
	10.500~19.500	500×500	250	250	400	100	12Φ25				1.(4×4)	Φ10@100/150
	19.500~34.500	500×500	250	250	400	100	12Φ25				1.(4×4)	Φ8@100/150
	34.500~40.500	500×500	250	250	400	100	12Φ25				1.(4×4)	Φ8@100/150
	40.500~43.500	500×500	250	250	400	100	12Φ25				1.(4×4)	Φ8@100/200
	43.500~46.500	500×500	250	250	400	100	12Φ25				1.(4×4)	Φ8@100/200
	46.500~49.500	500×500	250	250	400	100	12Φ25				1.(4×4)	Φ8@100/150
	49.500~52.500	500×500	250	250	400	100	12Φ25				1.(4×4)	Φ8@100/200
KZ-2	−3.300~±0.000	600×600	300	300	500	100	12Φ20				1.(4×4)	Φ10@100
	±0.000~10.500	600×600	300	300	500	100	12Φ18				1.(4×4)	Φ10@100/150
	10.500~16.500	500×500	250	250	400	100	12Φ18				1.(4×4)	Φ10@100/150
	16.500~49.500	500×500	250	250	400	100	12Φ18				1.(4×4)	Φ8@100/150
	49.500~52.500	500×500	250	250	400	100	12Φ18				1.(4×4)	Φ8@100/150
	52.500~55.500	400×400	200	200	300	100	8Φ22				1.(3×3)	Φ8@100/200
KZ-3	−3.300~7.500	500×500	250	250	400	100	12Φ25				1.(4×4)	Φ10@100
	7.500~22.500	500×500	250	250	400	100	12Φ25				1.(4×4)	Φ8@100/150
	22.500~34.500	500×500	250	250	400	100	12Φ25				1.(4×4)	Φ8@100/150
	34.500~37.500	500×500	250	250	400	100	12Φ25				1.(4×4)	Φ8@100/150
	37.500~40.500	500×500	500	500	400	100	12Φ25				1.(4×4)	Φ8@100/150
	40.500~43.500	500×500	250	250	400	100	12Φ25				1.(4×4)	Φ8@100/150
	43.500~49.500	500×500	250	250	400	100	12Φ25				1.(4×4)	Φ8@100/150
	49.500~52.500	500×500	250	250	400	100	12Φ25				1.(4×4)	Φ8@100/200
	52.500~55.500	400×400	200	200	300	100	12Φ25				1.(4×3)	Φ8@100/200
KZ-4	±0.000~7.500	600×600	200	300	300	300	12Φ25				1.(4×4)	Φ10@100
	7.500~10.500	600×600	200	400	300	300	12Φ25				1.(4×4)	Φ8@100/150
	10.500~13.500	500×500	200	300	250	250	12Φ25				1.(4×4)	Φ8@100/200
	13.500~16.500	500×500	200	300	250	250	12Φ25				1.(4×4)	Φ8@100/200
	16.500~25.500	500×500	200	300	250	250	12Φ25				1.(4×4)	Φ8@100/200
	25.500~28.500	500×500	200	300	250	250	12Φ25				1.(4×4)	Φ8@100/150
	28.500~34.500	500×500	200	300	250	250	12Φ25				1.(4×4)	Φ8@100/200
	34.500~37.500	500×500	200	300	250	250	12Φ25				1.(4×4)	Φ8@100/200
	37.500~43.500	500×500	200	300	250	250	12Φ25				1.(4×4)	Φ8@100/150
	43.500~49.500	500×500	200	300	250	250	12Φ25				1.(4×4)	Φ8@100/200
	49.500~52.500	500×500	200	300	250	250	12Φ25				1.(4×4)	Φ8@100/200
KZ-5	±0.000~10.500	600×600	300	300	400	200	12Φ22				1.(4×4)	Φ10@100
	10.500~22.500	500×500	250	250	300	200	12Φ22				1.(4×4)	Φ10@100/150
	22.500~37.500	500×500	250	250	300	200	12Φ22				1.(4×4)	Φ8@100/150
	37.500~43.500	500×500	250	250	300	200	12Φ22				1.(4×4)	Φ8@100/150
	43.500~46.500	500×500	250	250	300	200	12Φ22				1.(4×4)	Φ8@100/200
	46.500~49.500	500×500	250	250	300	200	12Φ22				1.(4×4)	Φ8@100/150
	49.500~52.500	500×500	250	250	300	200	12Φ22				1.(4×4)	Φ8@100/200
KZ-6	±0.000~10.500	600×600	300	300	200	400	12Φ22				1.(4×4)	Φ10@100
	10.500~22.500	500×500	250	250	200	300	12Φ22				1.(4×4)	Φ10@100/150
	22.500~34.500	500×500	250	250	200	300	12Φ22				1.(4×4)	Φ8@100/150
	34.500~37.500	500×500	250	250	200	300	12Φ22				1.(4×4)	Φ8@100/150
	37.500~49.500	500×500	250	250	200	300	12Φ22				1.(4×4)	Φ8@100/200
	49.500~52.500	500×500	250	250	200	300	12Φ22				1.(4×4)	Φ8@100/200
	52.500~55.500	400×400	200	200	200	200	8Φ20				1.(3×3)	Φ8@100/200
KZ-7	±0.000~7.500	600×600	400	200	300	300		4Φ25	3Φ25	2Φ25	1.(4×4)	Φ10@100
	7.500~10.500	600×600	400	200	300	300		4Φ25	3Φ25	2Φ25	1.(4×4)	Φ8@100/150
	10.500~13.500	500×500	300	200	250	250		4Φ25	3Φ25	2Φ25	1.(4×4)	Φ10@100/200
	13.500~16.500	500×500	300	200	250	250		4Φ25	3Φ25	2Φ25	1.(4×4)	Φ8@100/200
	16.500~22.500	500×500	300	200	250	250		4Φ25	3Φ25	2Φ25	1.(4×4)	Φ8@100/150
	22.500~43.500	500×500	300	200	250	250		4Φ25	3Φ25	2Φ25	1.(4×4)	Φ8@100/150
	43.500~49.500	500×500	300	200	250	250		4Φ25	3Φ25	2Φ25	1.(4×4)	Φ8@100/200
	49.500~52.500	500×500	300	200	250	250		4Φ25	3Φ25	2Φ25	1.(3×4)	Φ8@100

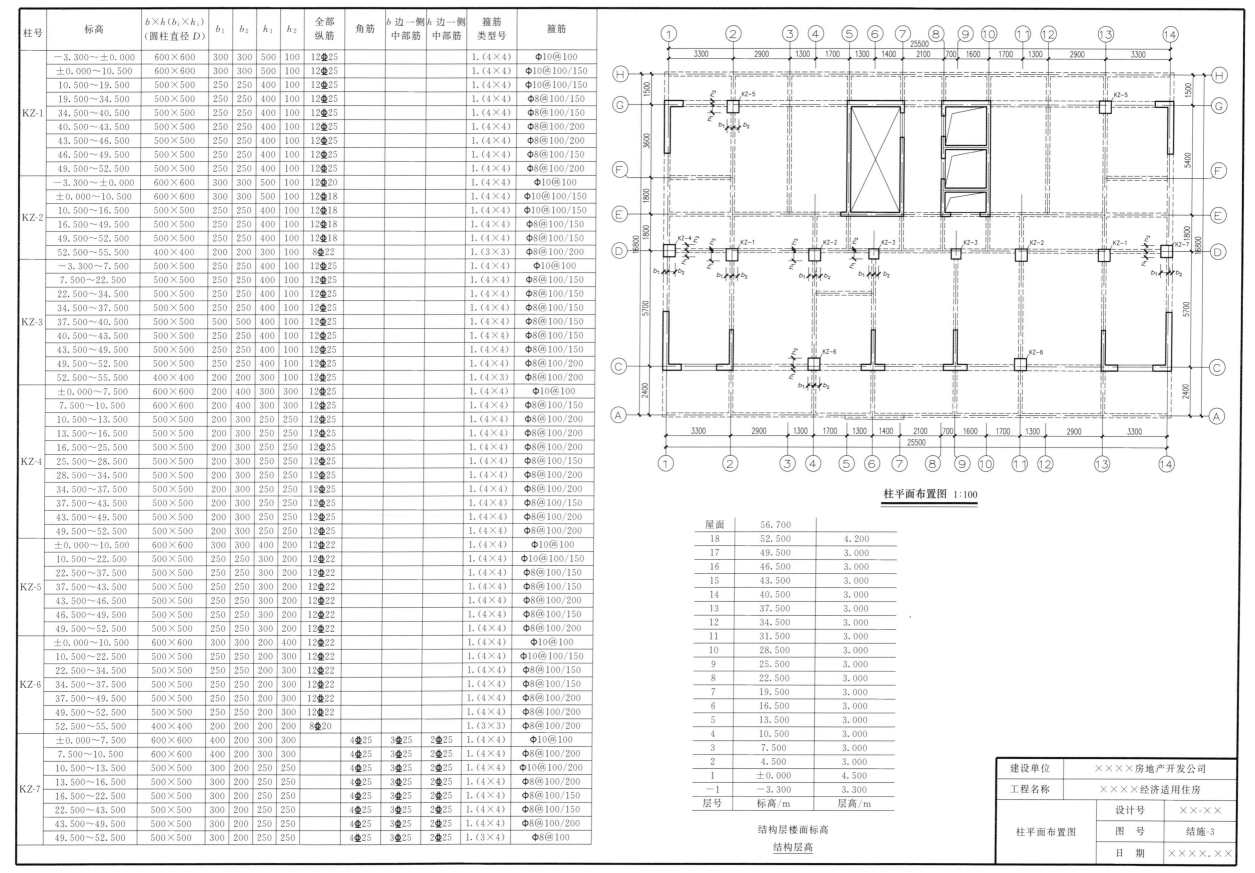

柱平面布置图 1:100

层号	标高/m	层高/m
屋面	56.700	
18	52.500	4.200
17	49.500	3.000
16	46.500	3.000
15	43.500	3.000
14	40.500	3.000
13	37.500	3.000
12	34.500	3.000
11	31.500	3.000
10	28.500	3.000
9	25.500	3.000
8	22.500	3.000
7	19.500	3.000
6	16.500	3.000
5	13.500	3.000
4	10.500	3.000
3	7.500	3.000
2	4.500	3.000
1	±0.000	4.500
−1	−3.300	3.300

结构层楼面标高
结构层高

建设单位	××××房地产开发公司
工程名称	×××经济适用住房

设计号	××-××
柱平面布置图 图号	结施-3
日期	××××.××

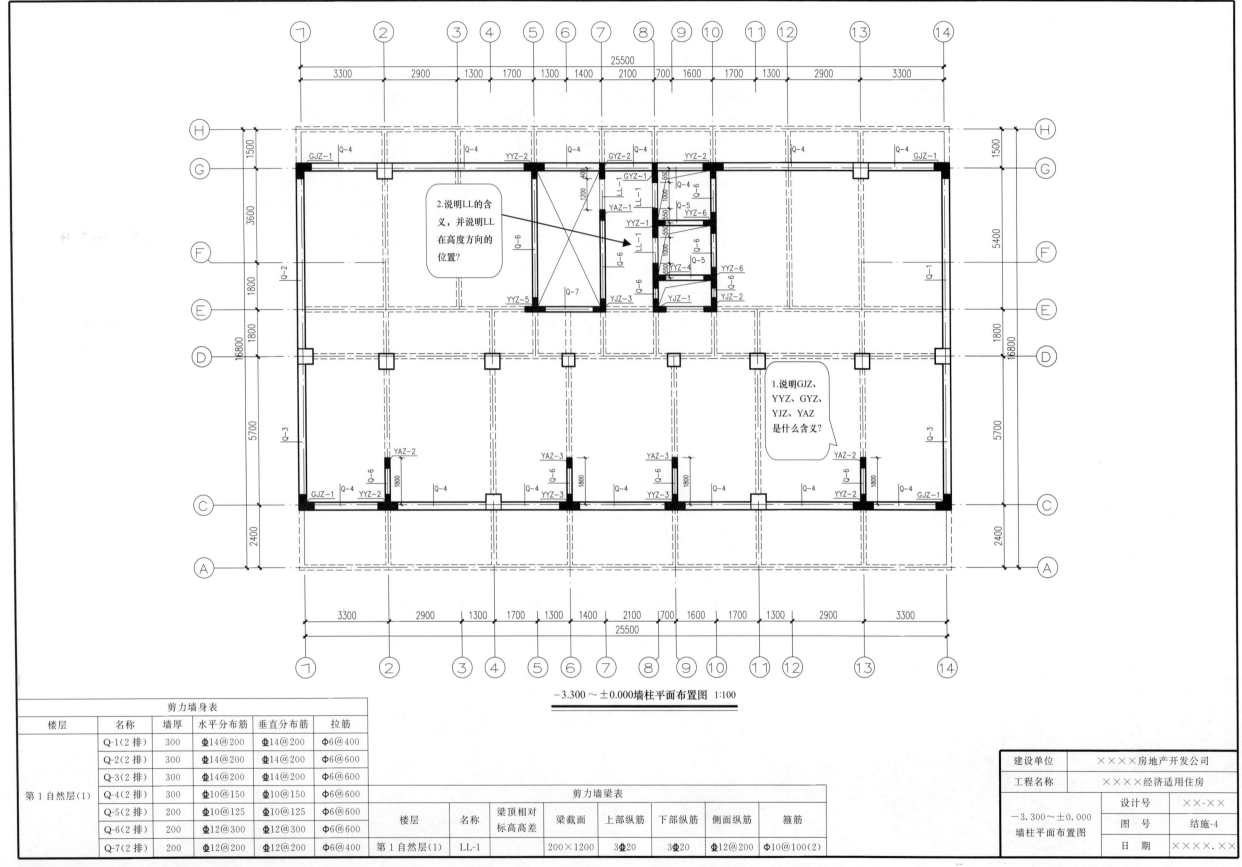

−3.300～±0.000墙柱平面布置图 1:100

剪力墙身表					
楼层	名称	墙厚	水平分布筋	垂直分布筋	拉筋
第1自然层(1)	Q-1(2排)	300	Φ14@200	Φ14@200	Φ6@400
	Q-2(2排)	300	Φ14@200	Φ14@200	Φ6@600
	Q-3(2排)	300	Φ14@200	Φ14@200	Φ6@600
	Q-4(2排)	300	Φ10@150	Φ10@150	Φ6@600
	Q-5(2排)	200	Φ10@125	Φ10@125	Φ6@600
	Q-6(2排)	200	Φ12@300	Φ12@300	Φ6@600
	Q-7(2排)	200	Φ12@200	Φ12@200	Φ6@400

剪力墙梁表							
楼层	名称	梁顶相对标高高差	梁截面	上部纵筋	下部纵筋	侧面纵筋	箍筋
第1自然层(1)	LL-1		200×1200	3Φ20	3Φ20	Φ12@200	Φ10@100(2)

建设单位	××××房地产开发公司		
工程名称	××××经济适用住房		
−3.300～±0.000墙柱平面布置图	设计号	××-××	
	图　号	结施-4	
	日　期	××××.××	

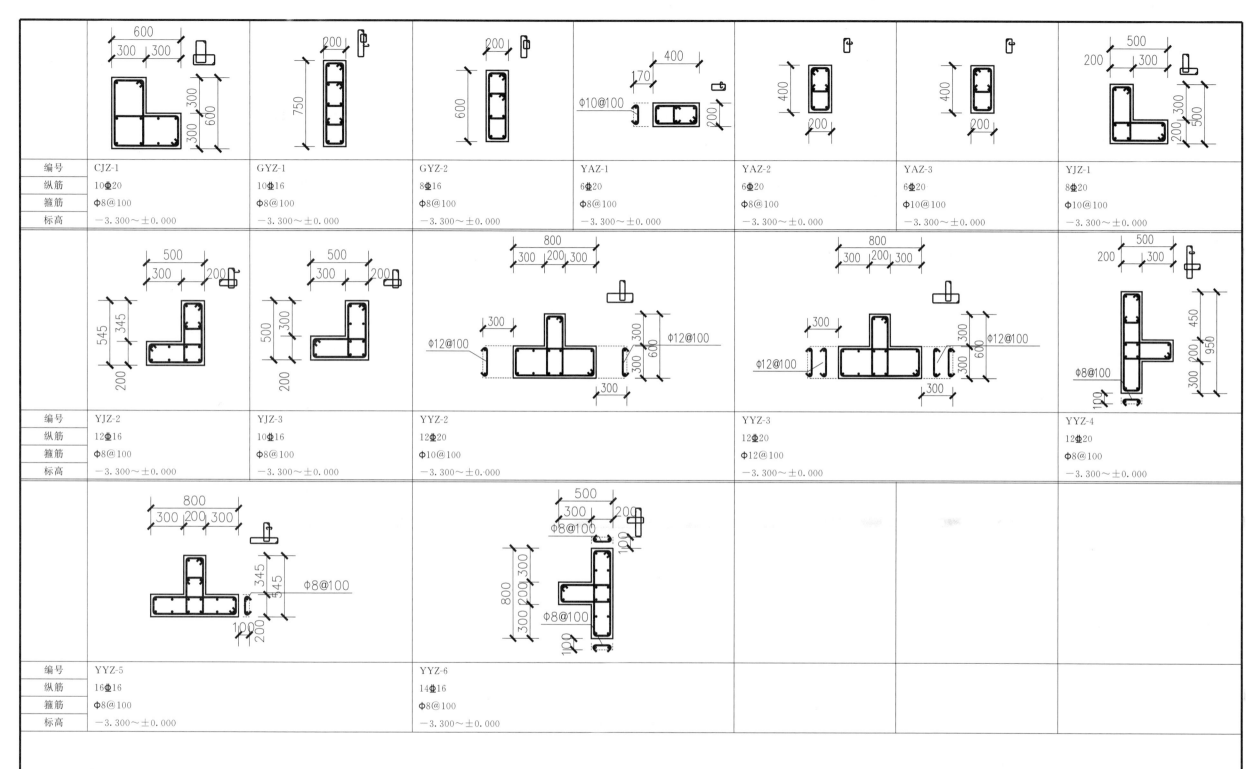

编号	CJZ-1	GYZ-1	GYZ-2	YAZ-1	YAZ-2	YAZ-3	YJZ-1
纵筋	10Φ20	10Φ16	8Φ16	6Φ20	6Φ20	6Φ20	8Φ20
箍筋	Φ8@100	Φ8@100	Φ8@100	Φ8@100	Φ8@100	Φ10@100	Φ10@100
标高	−3.300～±0.000	−3.300～±0.000	−3.300～±0.000	−3.300～±0.000	−3.300～±0.000	−3.300～±0.000	−3.300～±0.000

编号	YJZ-2	YJZ-3	YYZ-2	YYZ-3	YYZ-4
纵筋	12Φ16	10Φ16	12Φ20	12Φ20	12Φ20
箍筋	Φ8@100	Φ8@100	Φ10@100	Φ12@100	Φ8@100
标高	−3.300～±0.000	−3.300～±0.000	−3.300～±0.000	−3.300～±0.000	−3.300～±0.000

编号	YYZ-5	YYZ-6			
纵筋	16Φ16	14Φ16			
箍筋	Φ8@100	Φ8@100			
标高	−3.300～±0.000	−3.300～±0.000			

建设单位	××××房地产开发公司
工程名称	××××经济适用住房

−3.300～±0.000 剪力墙墙柱表	设计号	××-××
	图 号	结施-5
	日 期	××××.××

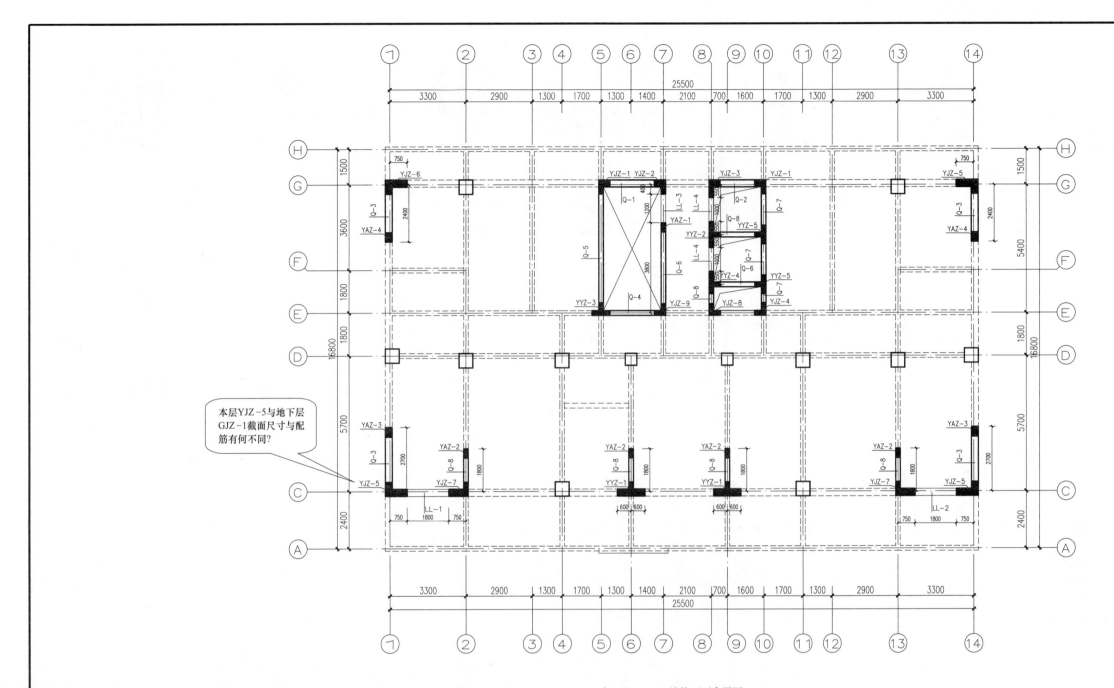

本层YJZ-5与地下层GJZ-1截面尺寸与配筋有何不同?

±0.000~7.500墙柱平面布置图 1:100

剪力墙身表				
名称	墙厚	水平分布筋	垂直分布筋	拉筋
Q-1(2排)	300	Φ14@150	Φ14@150	Φ6@450
Q-2(2排)	300	Φ10@125	Φ10@125	Φ6@375
Q-3(2排)	300	Φ10@150	Φ10@150	Φ6@450
Q-4(2排)	200	Φ14@200	Φ14@200	Φ6@400
Q-5(2排)	200	Φ10@125	Φ10@125	Φ6@375
Q-6(2排)	200	Φ10@150	Φ10@150	Φ6@450
Q-7(2排)	200	Φ14@300	Φ14@300	Φ6@600
Q-8(2排)	200	Φ12@300	Φ12@300	Φ6@600

剪力墙梁表						
名称	梁顶相对标高高差	梁截面	上部纵筋	下部纵筋	侧面纵筋	箍筋
LL-1		300×500	4Φ20	4Φ20		Φ10@100(3)
LL-2		300×500	3Φ20	3Φ20		Φ10@100(3)
LL-3		200×2400	4Φ20	4Φ20		Φ10@100(2)
LL-4		200×2400	4Φ20	4Φ20	Φ14@200	Φ10@100(2)
未注明的墙梁侧面纵筋同所在墙身的水平分布筋						

建设单位	××××房地产开发公司		
工程名称	××××经济适用住房		
±0.000~7.500墙柱平面布置图	设计号	××-××	
	图　号	结施-6	
	日　期	××××.××	

34

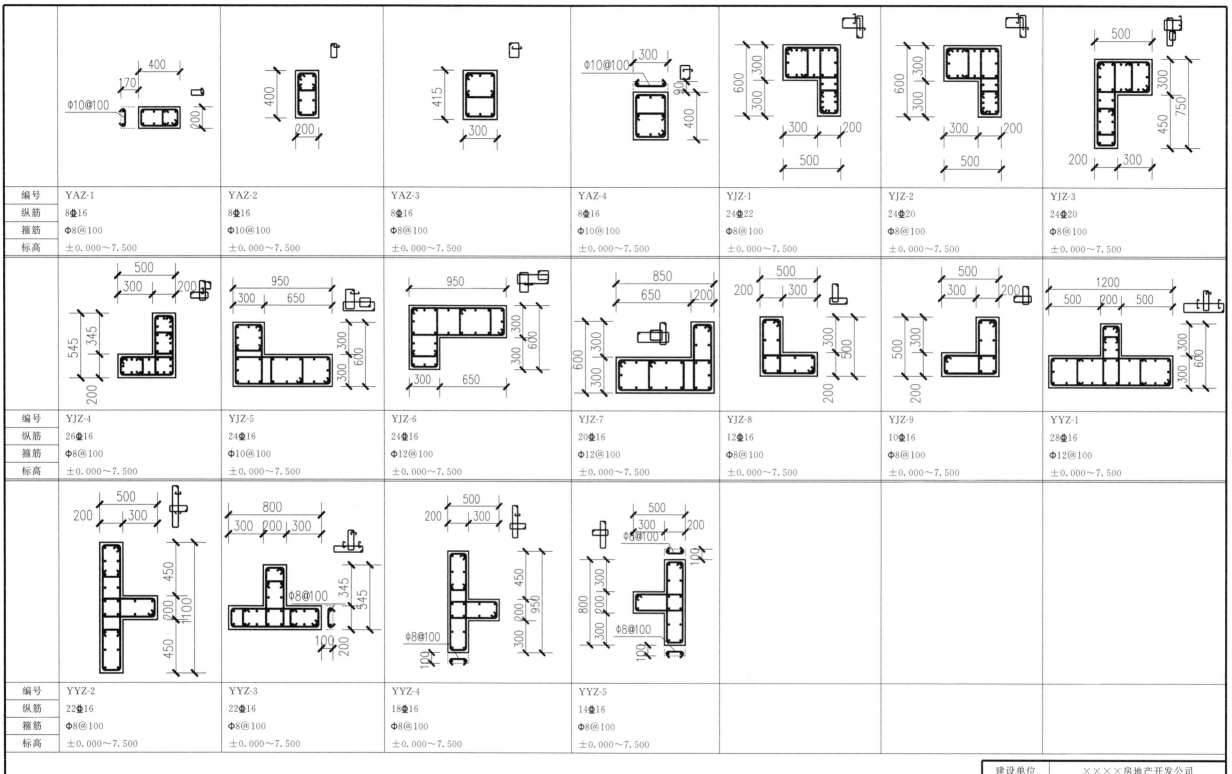

编号	YAZ-1	YAZ-2	YAZ-3	YAZ-4	YJZ-1	YJZ-2	YJZ-3
纵筋	8Φ16	8Φ16	8Φ16	8Φ16	24Φ22	24Φ20	24Φ20
箍筋	Φ8@100	Φ10@100	Φ8@100	Φ10@100	Φ8@100	Φ8@100	Φ8@100
标高	±0.000~7.500	±0.000~7.500	±0.000~7.500	±0.000~7.500	±0.000~7.500	±0.000~7.500	±0.000~7.500

编号	YJZ-4	YJZ-5	YJZ-6	YJZ-7	YJZ-8	YJZ-9	YYZ-1
纵筋	26Φ16	24Φ16	24Φ16	20Φ16	12Φ16	10Φ16	28Φ16
箍筋	Φ8@100	Φ10@100	Φ12@100	Φ12@100	Φ8@100	Φ8@100	Φ12@100
标高	±0.000~7.500	±0.000~7.500	±0.000~7.500	±0.000~7.500	±0.000~7.500	±0.000~7.500	±0.000~7.500

编号	YYZ-2	YYZ-3	YYZ-4	YYZ-5			
纵筋	22Φ16	22Φ16	18Φ16	14Φ16			
箍筋	Φ8@100	Φ8@100	Φ8@100	Φ8@100			
标高	±0.000~7.500	±0.000~7.500	±0.000~7.500	±0.000~7.500			

建设单位	××××房地产开发公司		
工程名称	××××经济适用住房		
±0.000~7.500 剪力墙墙柱表	设计号	××-××	
	图 号	结施-7	
	日 期	××××.××	

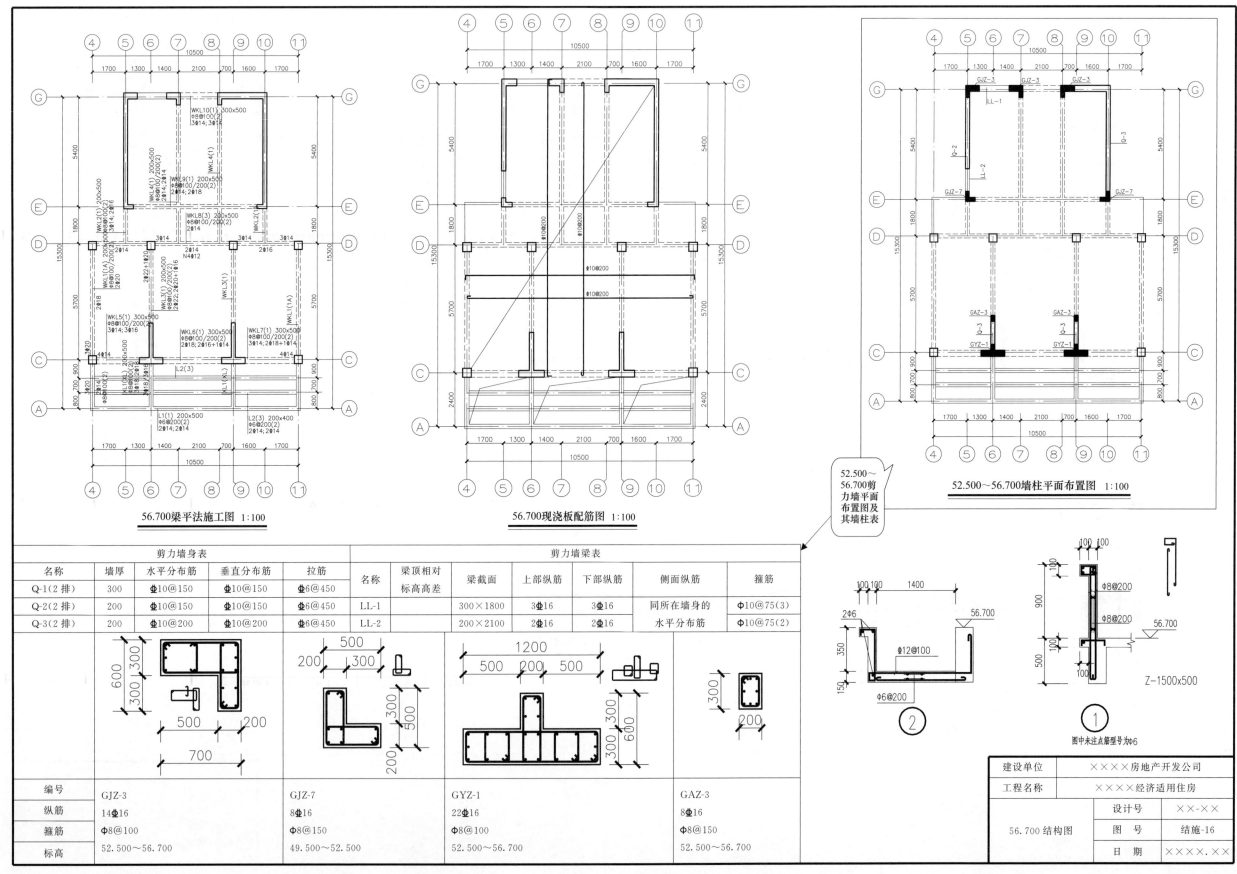

56.700梁平法施工图 1:100

56.700现浇板配筋图 1:100

52.500～56.700剪力墙平面布置图及其墙柱表

52.500～56.700墙柱平面布置图 1:100

剪力墙身表					剪力墙梁表					
名称	墙厚	水平分布筋	垂直分布筋	拉筋	名称	梁顶相对标高高差	梁截面	上部纵筋	下部纵筋	侧面纵筋	箍筋
Q-1(2排)	300	Φ10@150	Φ10@150	Φ6@450							
Q-2(2排)	200	Φ10@150	Φ10@150	Φ6@450	LL-1		300×1800	3Φ16	3Φ16	同所在墙身的水平分布筋	Φ10@75(3)
Q-3(2排)	200	Φ10@200	Φ10@200	Φ6@450	LL-2		200×2100	2Φ16	2Φ16		Φ10@75(2)

编号	GJZ-3	GJZ-7	GYZ-1	GAZ-3
纵筋	14Φ16	8Φ16	22Φ16	8Φ16
箍筋	Φ8@100	Φ8@150	Φ8@100	Φ8@150
标高	52.500～56.700	49.500～52.500	52.500～56.700	52.500～56.700

Z-1500x500

图中未注点箍型号为φ6

建设单位	××××房地产开发公司		
工程名称	××××经济适用住房		
		设计号	××-××
56.700 结构图		图 号	结施-16
		日 期	××××.××

附录三　混凝土结构 BIM 建模（Tekla Structures 20.0 软件）基本操作

　　Tekla Structures 20.0 广泛地应用于设计、制造、安装等领域，包含了 3D 实体结构模型与结构分析完成整合、3D 钢结构细部设计、3D 钢筋混凝土设计、专案管理、自动 Shop Drawing、BOM 表自动产生系统等功能。

　　Tekla Structures 完整深化设计是一种无所不包的配置，囊括了每个细部设计专业所用的模块。用户可以创建钢结构和混凝土结构的三维模型，然后生成制造和架设阶段使用的输出数据。

　　指导

　　1. 登录 TEKLA 官网，网址 campus. tekla. com（图 1），下载 Tekla Structures 学习版软件（图 2）。

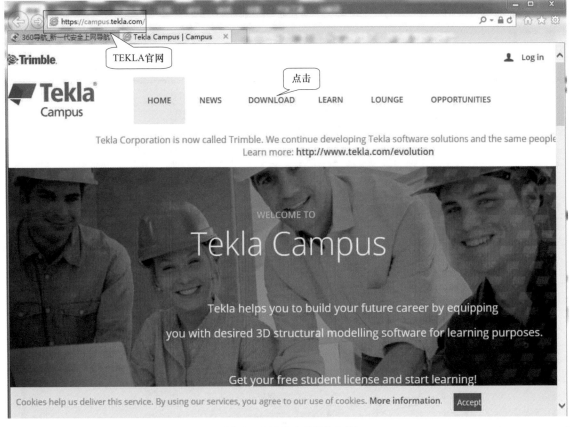

图 1　TEKLA 官网主页

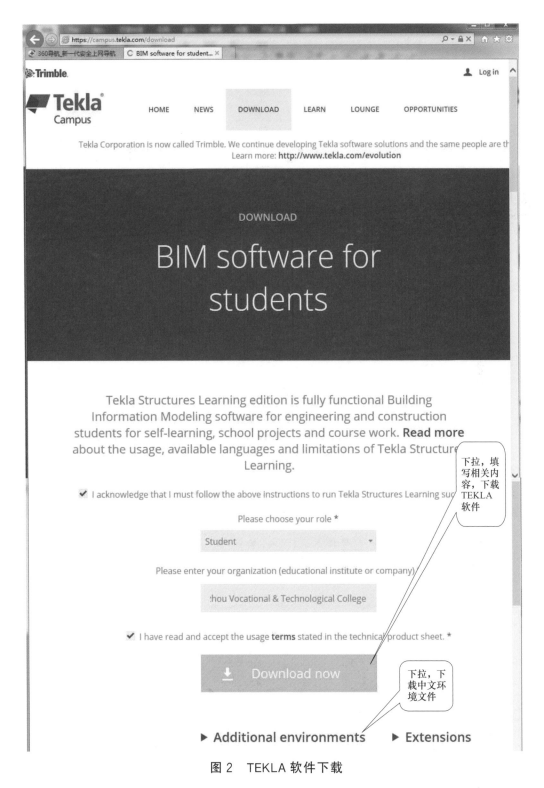

图 2　TEKLA 软件下载

　　2. 下载完成后将软件安装到计算机中，创建桌面快捷图标 。点击 Tekla Structures 桌面快捷图标，进行设置（图 3）。

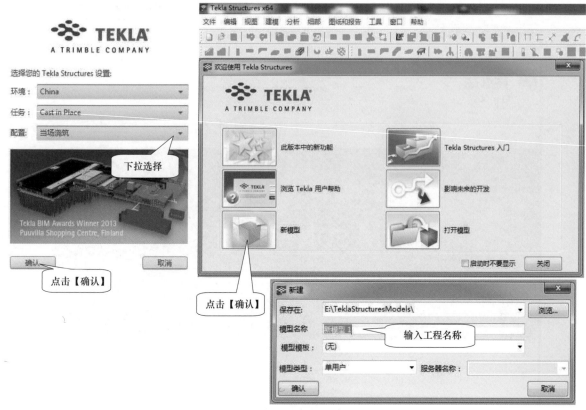

图 3　新模型设置

3. 双击轴线，查阅结构施工图轴线信息，填写轴线信息（图 4）。

(b) 修改轴线信息

图 4　创建轴线

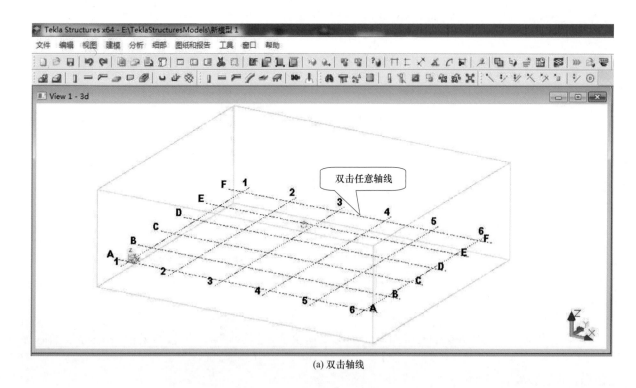

(a) 双击轴线

4. 单击选定轴线后右击，沿轴线创建平面视图（图 5）。

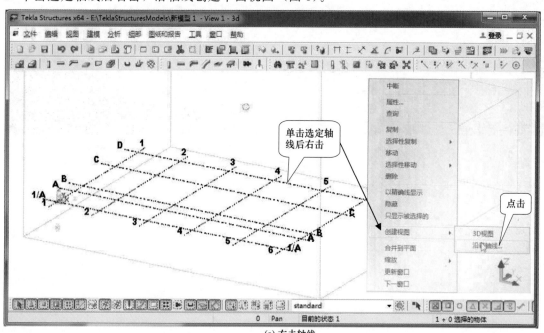

(a) 右击轴线

(b) 创建平面视图

图 5 沿轴线创建平面视图

5. 调用建模用视图，一般调用 3D 视图、两垂直向轴线视图、平面视图 4 个即可，见图 6。

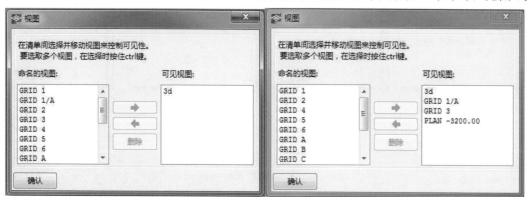

(a) 调用建模所需视图

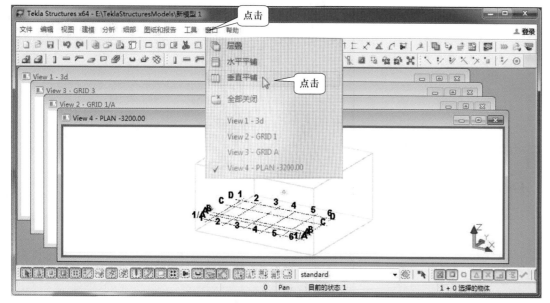

(b) 视图布局调整

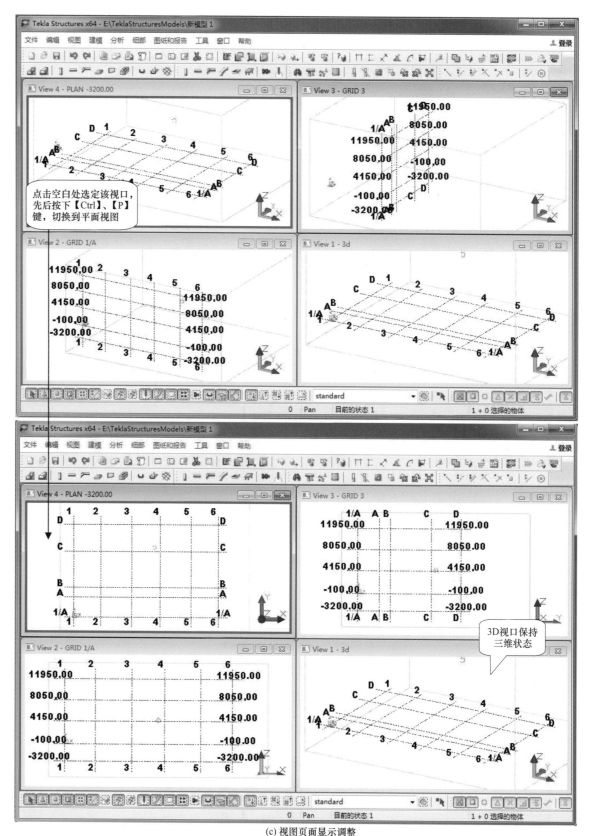

(c) 视图页面显示调整

图 6 建模视图调用与调整

6. 建模准备工作完成，模型轮廓已绘就，开始建模吧，先认识一下混凝土构件建模菜单，如图 7 所示。

图 7 混凝土构件建模菜单

（1）绘制 DJ$_J$-3（参见"××××电缆生产基地办公综合楼"结施 3/13）

① DJ$_J$-3 建模信息调整（图 8）

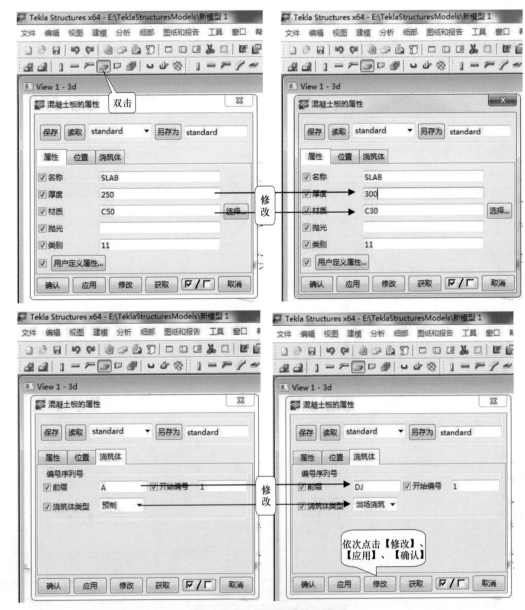

图 8 DJ$_J$-3 模型信息调整

② DJ$_J$-3 下阶建模过程（图 9）

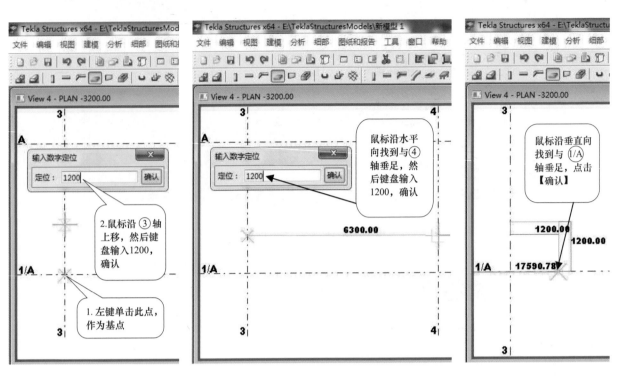

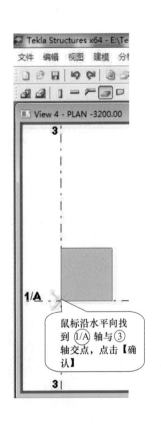
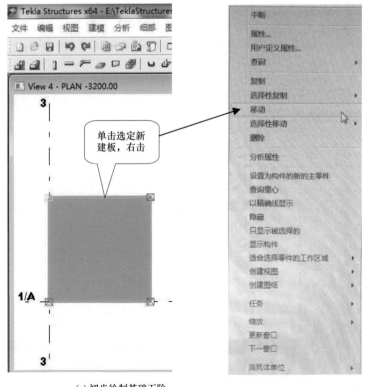

（a）初步绘制基础下阶

③ DJ_J-3 上阶建模过程（图10）

2.鼠标沿(1)/(A)轴向左移动，然后输入 600，点击确认

1.左键单击此点，作为移动原点

移动后位置

同样操作，向下移动至正确位置

(b) DJ_J-3下阶平移至正确位置

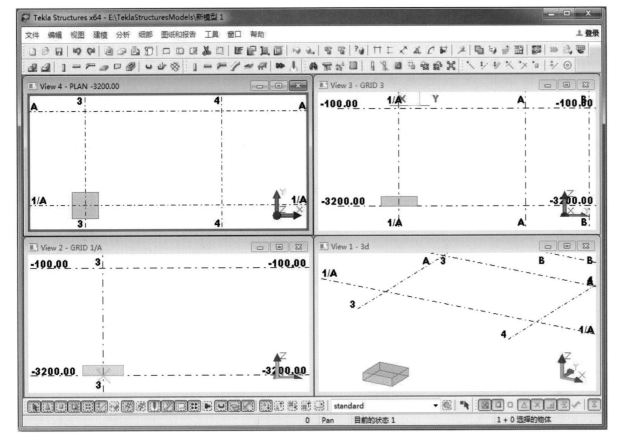

(c) DJ_J-3的下阶建模完成

图 9　DJ_J-3 下阶建模过程

注：其他视口观察位置是否正确，完成 DJ_J-3 的下阶建模。

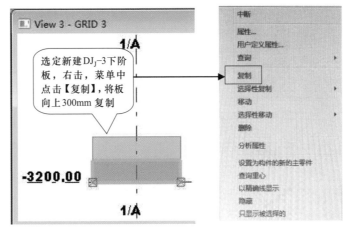

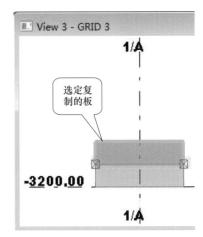

选定新建DJ_J-3下阶板，右击，菜单中点击【复制】，将板向上300mm 复制

选定复制的板

(a)复制基础下阶

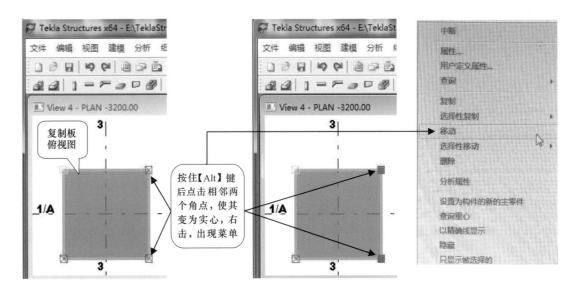

复制板俯视图

按住【Alt】键后点击相邻两个角点，使其变为实心，右击，出现菜单

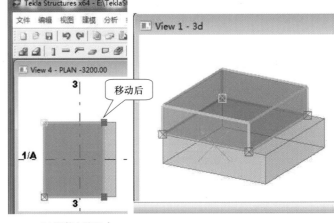

单击选定一个角点，向左平移鼠标，键盘输入200，确认

移动后

(b) 调整上阶尺寸

图 10　DJ_J-3 上阶建模过程

注：同样方法调整 DJ_J-3 的上阶其他边的尺寸。

41

③ DJ_J-3 建模过程（图 11）

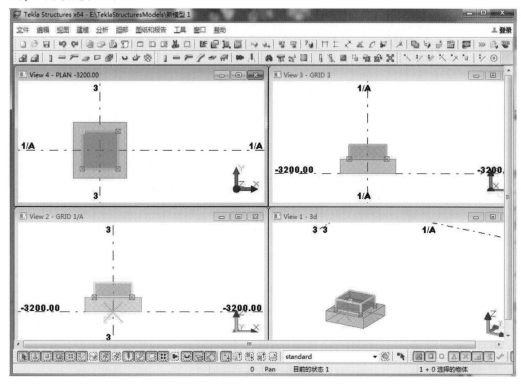

图 11　DJ_J-3 建模过程

注：其他视口观察位置是否正确，完成 DJ_J-3 的建模。

（2）绘制 DJ_J-3 上的基础柱 KZ-1（参见"××××电缆生产基地办公综合楼"结施 4/13）

① KZ-1 模型信息调整（图 12）

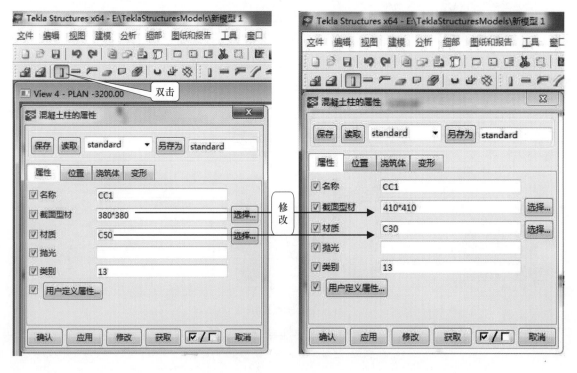

② 点击布置 KZ-1（图 13）

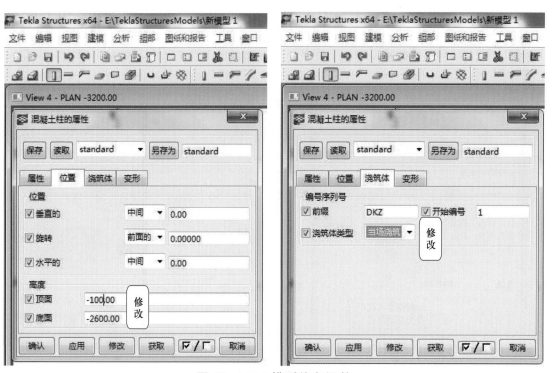

图 12　KZ-1 模型信息调整

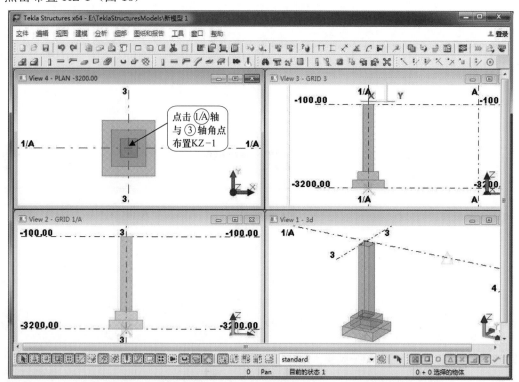

图 13　点击布置 KZ-1

（3）绘制 KZ-1 的基础插筋与箍筋

首先请阅读"××××电缆生产基地办公综合楼"结施 4/13，回顾一下 KZ-1 的基础插筋与箍筋配置与构造要求，见图 14。然后调整 KZ-4 基础插筋纵筋信息，见图 15。

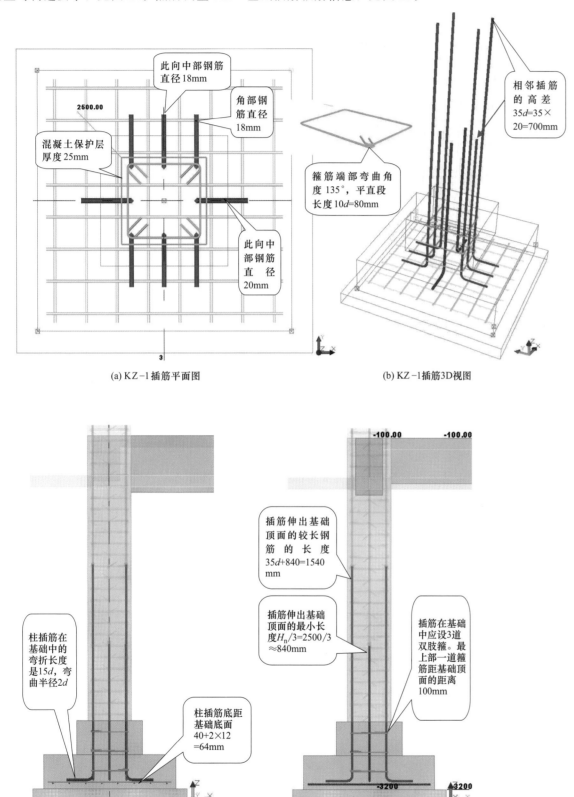

(a) KZ-1 插筋平面图

(b) KZ-1 插筋 3D 视图

(c) KZ-1 插筋立面图

图 14　KZ-1 基础插筋及其施工构造

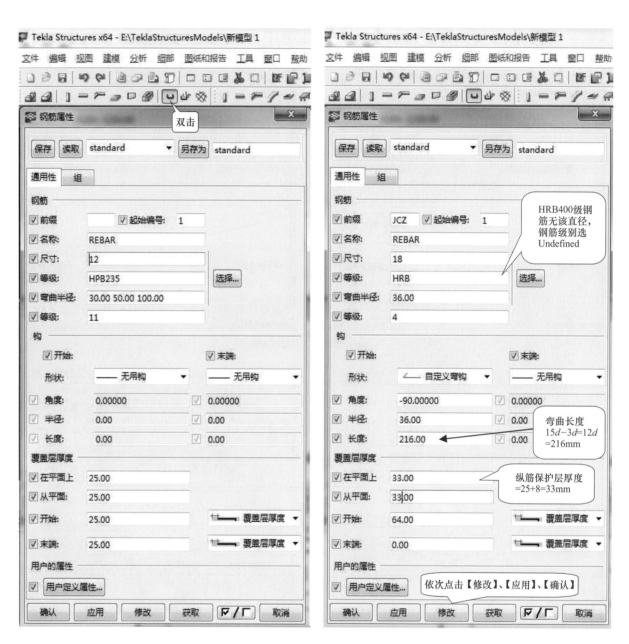

图 15　KZ-4 基础插筋纵筋信息调整

① 先绘制 KZ-1 的一根插筋，见图 16。

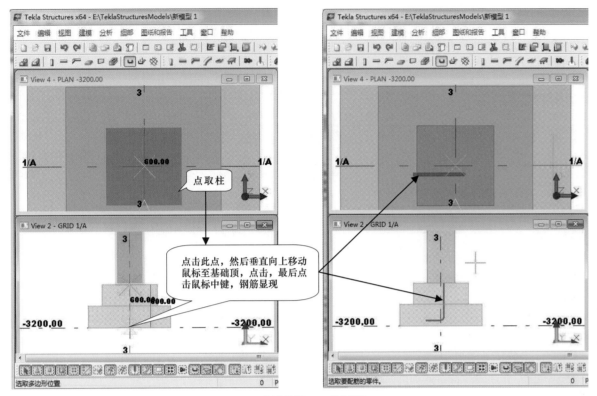

(a) 初步绘制KZ-1基础插筋

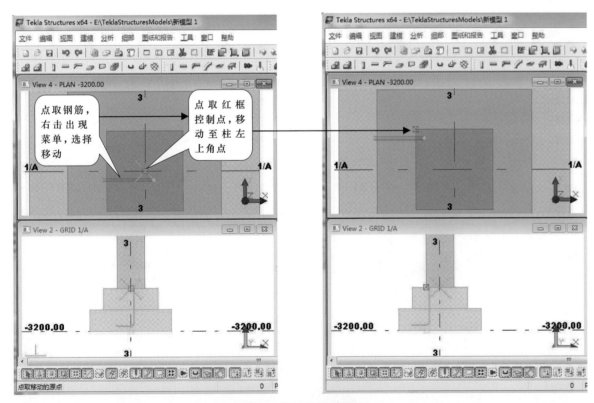

(b) 平移KZ-1基础插筋至正确位置

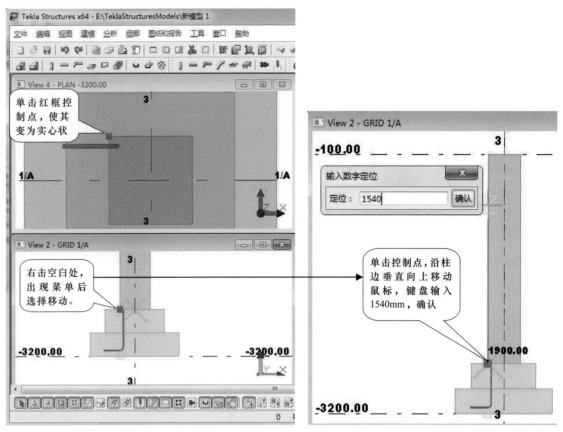

(c) 调整KZ-1基础插筋伸出基础顶长度

图16　KZ-1 的一根插筋绘制

② 复制已绘制的 KZ-1 插筋至其他位置，完成角部插筋的建模。见图 17。

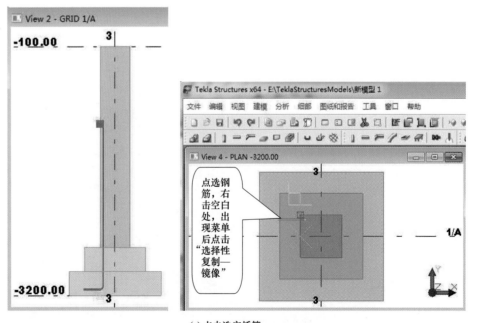

(a) 点击选定插筋

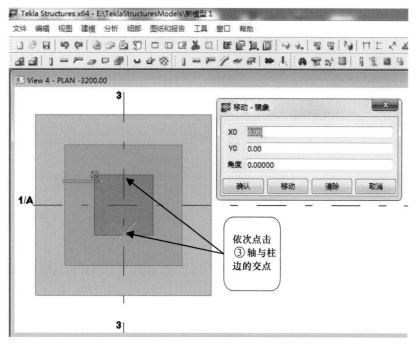

(b) 选取镜像轴

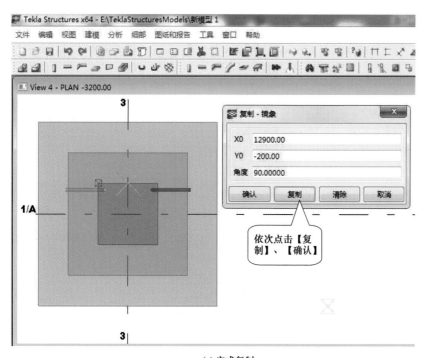

(c) 完成复制

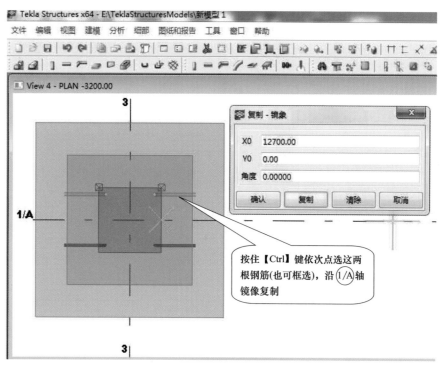

(d) 复制两角部插筋至对角

图 17　KZ-1 角部插筋建模

③ KZ-1 中部插筋建模（图 18）。

复制一根角部插筋至柱边中部，并旋转 90°，完成 KZ-1 一根中部插筋建模，同样方法绘制其他柱中部插筋，然后调整柱中部插筋长度。

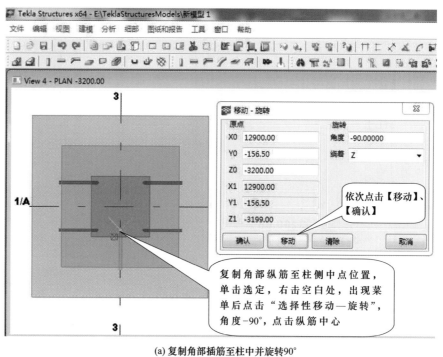

(a) 复制角部插筋至柱中并旋转90°

图 18

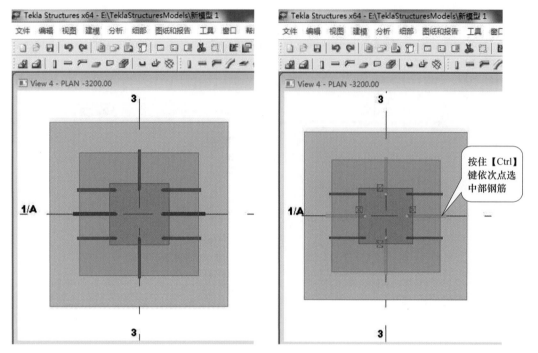

(b) 选取所有中部插筋

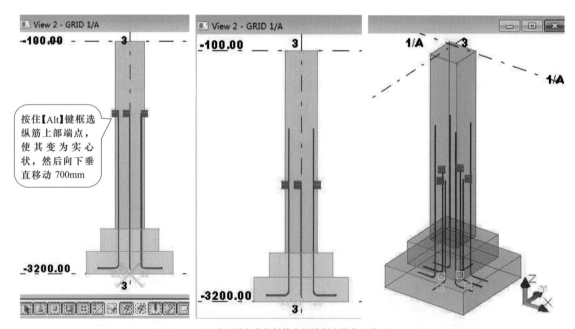

(c) 选取所有中部插筋上部控制点并向下移动

图 18 KZ-1 中部插筋建模

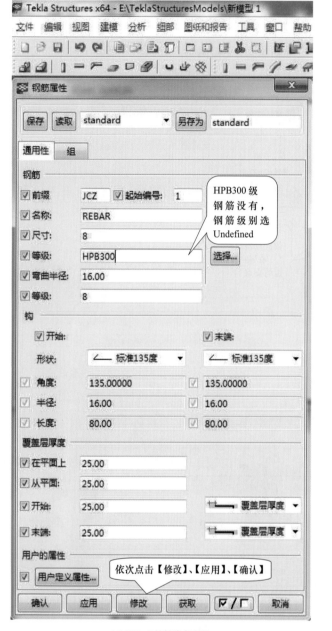

(a) KZ-4 箍筋信息调整

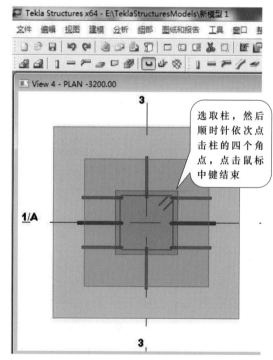

(b) 初步绘制 KZ-4 一个箍筋

（4）柱箍筋建模

先建一个箍筋的模型，然后依次旋转 90°，实现箍筋搭接沿柱四角螺旋布置的施工构造要求。如图 19 所示。

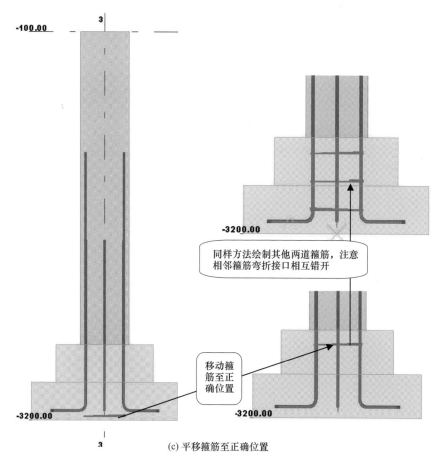

同样方法绘制其他两道箍筋，注意相邻箍筋弯折接口相互错开

移动箍筋至正确位置

(c) 平移箍筋至正确位置

Tekla Structures 软件功能强大，通过这次初步建模实践学习，可以掌握基本的建模操作，进行混凝土结构建模了，但要真正掌握软件，还需要刻苦训练。相关学习视频可网络搜索，网上学习资源非常丰富。

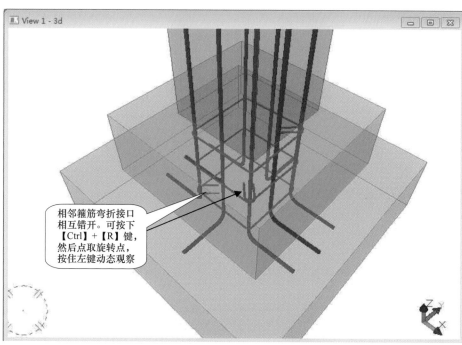

相邻箍筋弯折接口相互错开。可按下【Ctrl】+【R】键，然后点取旋转点，按住左键动态观察

(d) 箍筋搭接就沿柱四角螺旋布置

图 19　KZ-1 箍筋建模